国家级职业教育规划教材
对接世界技能大赛技术标准创新系列教材
全国技工院校工业机械自动化装调专业教材

气液电综合控制技术

人力资源社会保障部教材办公室　组织编写

中国劳动社会保障出版社

内 容 简 介

本书为全国技工院校工业机械自动化装调专业教材，主要内容包括电气－气动控制系统设计与装调、电气－液压控制系统设计与装调、液压与气动 PLC 自动控制系统设计与装调。

图书在版编目(CIP)数据

气液电综合控制技术 / 人力资源社会保障部教材办公室组织编写 . -- 北京：中国劳动社会保障出版社，2021

对接世界技能大赛技术标准创新系列教材

ISBN 978-7-5167-4873-2

Ⅰ. ①气…　Ⅱ. ①人…　Ⅲ. ①气压传动－教材②液压传动－教材③电力传动－教材　Ⅳ. ①TH138 ②TH137

中国版本图书馆 CIP 数据核字（2021）第 231162 号

中国劳动社会保障出版社出版发行

（北京市惠新东街 1 号　邮政编码：100029）

*

三河市华骏印务包装有限公司印刷装订　新华书店经销

787 毫米 ×1092 毫米　16 开本　13.5 印张　218 千字

2021 年 12 月第 1 版　　2021 年 12 月第 1 次印刷

定价：28.00 元

读者服务部电话：（010）64929211/84209101/64921644

营销中心电话：（010）64962347

出版社网址：http：//www.class.com.cn

http：//jg.class.com.cn

对接世界技能大赛技术标准创新系列教材

编审委员会

主　任：刘　康

副主任：张　斌　王晓君　刘新昌　冯　政

委　员：王　飞　翟　涛　杨　奕　张　伟　赵庆鹏
姜华平　杜庚星　王鸿飞

工业机械自动化装调专业课程改革工作小组

课 改 校：江苏省常州技师学院
广西机电技师学院
淄博市技师学院
徐州工程机械技师学院
成都市技师学院
金华市技师学院
新昌技师学院

技术指导：宋军民

编　　辑：姜华平

本书编审人员

主　编：汪　超

参　编：李攀攀　李　超　施红岩　王　磊　李　樾

主　审：宋军民

序

世界技能大赛由世界技能组织每两年举办一届，是迄今全球地位最高、规模最大、影响力最广的职业技能竞赛，被誉为“世界技能奥林匹克”。我国于 2010 年加入世界技能组织，先后参加了五届世界技能大赛，累计取得 36 金、29 银、20 铜和 58 个优胜奖的优异成绩。第 46 届世界技能大赛将在我国上海举办。2019 年 9 月，习近平总书记对我国选手在第 45 届世界技能大赛上取得佳绩作出重要指示，并强调，劳动者素质对一个国家、一个民族发展至关重要。技术工人队伍是支撑中国制造、中国创造的重要基础，对推动经济高质量发展具有重要作用。要健全技能人才培养、使用、评价、激励制度，大力发展技工教育，大规模开展职业技能培训，加快培养大批高素质劳动者和技术技能人才。要在全社会弘扬精益求精的工匠精神，激励广大青年走技能成才、技能报国之路。

为充分借鉴世界技能大赛先进理念、技术标准和评价体系，突出“高、精、尖、缺”导向，促进技工教育与世界先进标准接轨，完善我国技能人才培养模式，全面提升技能人才培养质量，人力资源社会保障部于 2019 年 4 月启动了世界技能大赛成果转化工作。根据成果转化工作方案，成立了由世界技能大赛中国集训基地、一体化课改学校，以及竞赛项目中国技术指导专家、企业专家、出版集团资深编辑组成的对接世界技能大赛技术标准深化专业课程改革工作小组，按照创新开发新专业、升级改造传统专业、深化一体化专业课程改革三种对接转化原则，以专业培养目标对接职业描述、专业课程对接世界技能标准、课程考核与评价对接评分方案等多种操作模式和路径，同时融入健康与安全、绿色与环保及可持续发展理念，开发与世界技能大赛项目对接的专业人才培养方案、教材及配套教学资源。首批对接 19 个世界技能大赛项目共 12 个专业的成果将于 2020—2021 年陆续出版，主要用于技工院校日常专业教学工作中，充分发挥世界技能大赛成果转化对技工院校技能人才的引领示范作用。在总结经验及调研的基础上选择新的对接项目，陆续启动第二批等世界技能大赛成果转化工作。

希望全国技工院校将对接世界技能大赛技术标准创新系列教材，作为深化专业课程建设、创新人才培养模式、提高人才培养质量的重要抓手，进一步推动教学改革，坚持高端引领，促进内涵发展，提升办学质量，为加快培养高水平的技能人才作出新的更大贡献！

2020 年 11 月

目　录

模块一　电气－气动控制系统设计与装调

模块二　电气－液压控制系统设计与装调

模块三　液压与气动 PLC 自动控制系统设计与装调

模块一 电气－气动控制系统设计与装调

气动是“气压传动技术”的简称。它是以空气压缩机为动力源，以压缩空气为工作介质，进行能量传递或信号传递的工程技术。它结合电气控制可以实现各种生产控制、自动控制。随着工业机械化和自动化的发展，电气－气动技术越来越广泛地应用于各个领域，如图 1–1 所示为电气－气动技术的应用。

图 1–1　电气－气动技术的应用

课题一 电气－气动控制安全保护冲压装置回路设计与装调

生产中经常利用气动控制系统作为冲压、剪切装置的动力机构，但由于冲压和剪切在实际应用中存在一定的危险性，所以，安全性成为气动控制系统必须考虑的重要因素之一。为了保证安全，要求冲压或剪切过程中，在启动时必须采用双手操作，即与冲压头或剪切刀头相连的气缸活塞杆必须在用两只手同时按下两个操作按钮后才能伸出，且当松开任意按钮时气缸活塞杆即回缩。图 1-2 所示为冲压气动系统的示意图和实物。

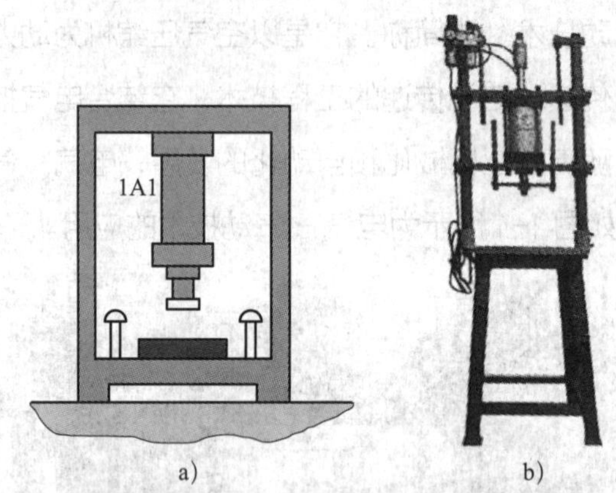

图 1-2　冲压气动系统的示意图和实物
a）示意图　b）实物

一、元件介绍

1. 单电控二位三通换向阀

（1）实物及图形符号

单电控二位三通换向阀属于气动控制元件，它依靠电磁力和弹簧力实现换向。

单电控二位三通换向阀有一个输入口、一个输出口、一个呼气口和一个电磁线圈，其实物与图形符号如图 1-3 所示。

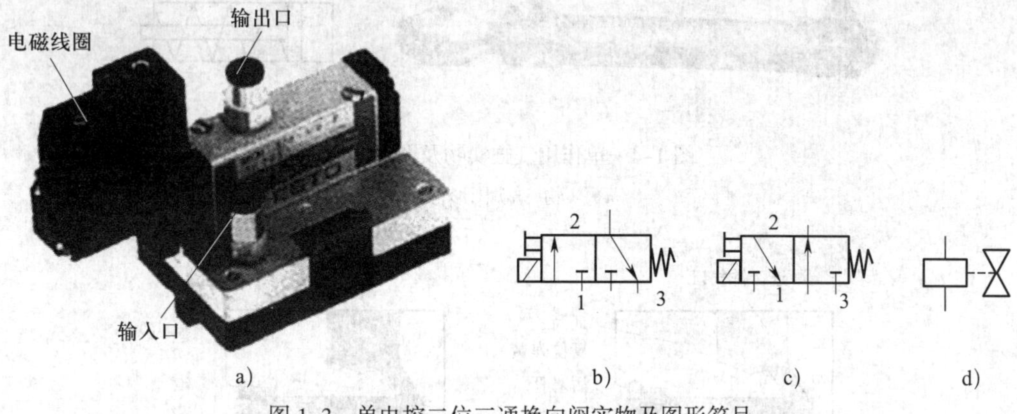

图 1-3　单电控二位三通换向阀实物及图形符号

a）实物　b）常开型图形符号　c）常闭型图形符号　d）电磁阀图形符号

（2）工作过程

常开型单电控二位三通换向阀图形符号如图 1-3b 所示。当电磁线圈失电时，单电控二位三通换向阀在弹簧作用下复位，1 口关闭，2 口和 3 口相接；当电磁线圈得电时，1 口与 2 口接通。

如果没有电压作用在电磁线圈上，单电控二位三通换向阀也可以手动驱动。

常闭型单电控二位三通换向阀动作过程与此相反。

（3）特点及使用场合

电磁阀具有换向频率高、响应速度快和动作准确的特点，但由于电磁吸力有限，只能适用于小型自动化电气控制系统或者大型电气控制系统的信号控制。

2. 单作用气缸

（1）实物及图形符号

单作用气缸属于气动执行元件。在压缩空气的作用下，单作用气缸的活塞杆伸出，当无压缩空气时，其在弹簧作用下回缩。单作用气缸有一个进气口、一个排气口和一个呼气口。呼气口必须洁净，以保证气缸活塞运动时无故障。通常将过滤器安装在呼气口上。单作用气缸实物与图形符号如图 1-4 所示。

（2）结构及工作过程

单作用气缸由进、排气口，呼气口，活塞杆，复位弹簧，缸筒，缸盖和密封圈组成，如图 1-5a 所示。

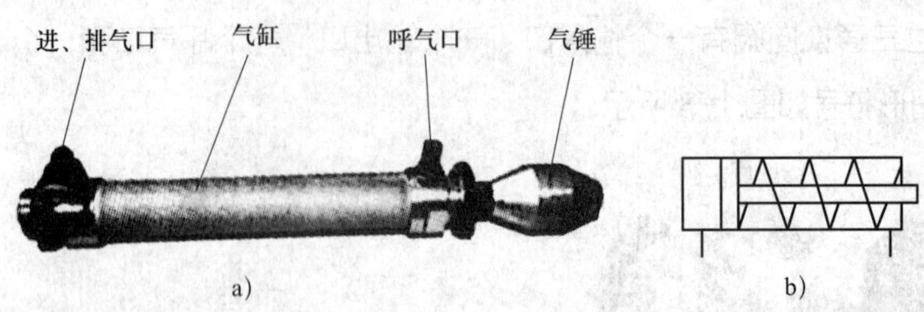

图 1-4　单作用气缸实物及图形符号

a）实物　b）图形符号

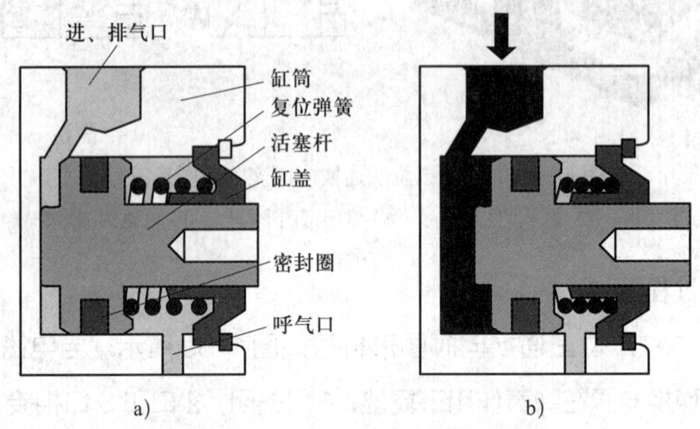

图 1-5　单作用气缸结构及工作过程

a）结构　b）工作过程

工作过程：当压缩空气从进、排气口进入，作用于活塞的无杆腔，空气的推力大于弹簧的反作用力时，气缸内通过呼气口与大气相通不构成阻力。此时，活塞杆伸出，如图 1-5b 所示。进、排气口保持足够压缩空气可使活塞杆一直处于伸出状态。当外部压缩空气撤去，缸内的压缩空气从进、排气口排出时，在复位弹簧的作用下，活塞杆缩回。

（3）特点及适用场合

单作用气缸结构简单，耗气少，由于缸体内安装复位弹簧，使得气缸有效行程减少；但由于复位弹簧的反作用力会随着压缩行程的增大而增大，使得活塞杆最后的输出力大大减小，所以单作用气缸多用于行程短且对活塞杆输出力和运动速度要求不高的场合。

3. 相关电气常识介绍

（1）电源

电源相关元件的图形符号及功能见表 1-1。

表 1–1　电源相关元件的图形符号及功能

序号	电源相关元件	图形符号	功能
1	电源正极	+24V	电源正极 24 V 接线端
2	电源负极	0V	电源负极 0 V 接线端
3	接线端		连接导线的位置
4	导线		用于连接两个接线端
5	T 形接线端		导线的连接点

（2）手动开关

手动开关的图形符号及功能见表 1–2。

表 1–2　手动开关的图形符号及功能

序号	手动开关	图形符号	功能
1	按钮开关（常开）		按下该按钮开关时，触点闭合；释放该按钮开关时，触点立即断开
2	按钮开关（常闭）		按下该按钮开关时，触点断开；释放该按钮开关时，触点立即闭合
3	按键开关（常开）		按下该按键开关时，触点闭合，并锁定闭合状态；再按下该按键开关时，触点断开
4	按键开关（常闭）		按下该按键开关时，触点断开，并锁定断开状态；再按下该按键开关时，触点闭合

（3）行程开关

行程开关的图形符号及功能见表 1–3。

表 1–3　行程开关的图形符号及功能

序号	行程开关	图形符号	功能
1	行程开关（常开）		执行机构驱动该行程开关时，触点闭合；执行机构释放该行程开关时，触点立即断开
2	行程开关（常闭）		执行机构驱动该行程开关时，触点断开；执行机构释放该行程开关时，触点立即闭合

(4) 接近开关

接近开关的图形符号及功能见表1-4。

表1-4 接近开关的图形符号及功能

序号	接近开关	图形符号	功能
1	磁感应式接近开关	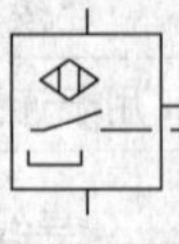	当该开关接近磁场时，开关触点闭合（只能检测磁性介质，检测的范围与磁场强度有关，磁场越强，检测范围越广）
2	电感式接近开关	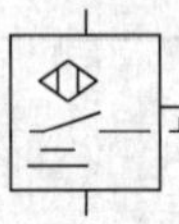	当该开关感应电磁场发生变化时，开关触点闭合（只能检测金属介质，传感器直径越大，检测距离越大）
3	电容式接近开关	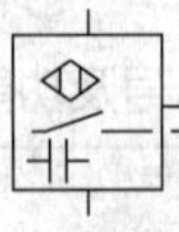	当该开关静电场发生变化时，开关触点闭合（能检测任何介质）
4	光电式接近开关	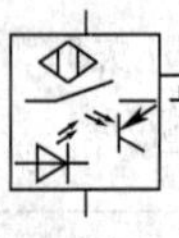	当该开关光路被阻碍时，开关触点闭合（能检测大部分介质）

(5) 继电器和触点

继电器和触点的图形符号及功能见表1-5。

表1-5 继电器和触点的图形符号及功能

序号	继电器或触点	图形符号	功能
1	继电器线圈	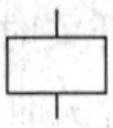	当继电器线圈流过电流时，继电器触点闭合；当继电器线圈无电流流过时，继电器触点立即断开
2	继电器常开触点		当线圈得电时，该触点闭合；当线圈失电时，该触点断开
3	继电器常闭触点	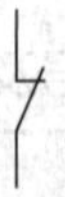	当线圈得电时，该触点断开；当线圈失电时，该触点闭合
4	通电延时继电器线圈	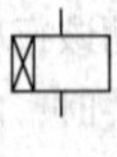	当继电器线圈流过电流时，经过预置时间延时，继电器触点闭合；当继电器线圈无电流流过时，继电器触点断开
5	延时闭合触点	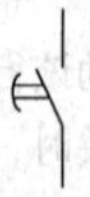	当线圈得电时，该触点经过一段延时闭合；当线圈失电时，该触点立即断开

续表

序号	继电器或触点	图形符号	功能
6	延时断开触点		当线圈得电时，该触点经过一段延时断开；当线圈失电时，该触点立即闭合
7	断电延时继电器线圈		当继电器线圈流过电流时，继电器触点立即闭合；当继电器线圈无电流流过时，经过预置时间延时，继电器触点断开
8	延时断开触点		当线圈得电时，该触点立即闭合；当线圈失电时，该触点经过一段延时断开
9	延时闭合触点		当线圈得电时，该触点立即断开；当线圈失电时，该触点经过一段延时闭合

（6）电磁线圈

电磁线圈的图形符号及功能见表 1–6。

表 1–6　电磁线圈的图形符号及功能

序号	图形符号	功能
1		电磁线圈可用于驱动电控阀动作

二、控制回路工作原理

在气动控制系统中，为了使回路控制响应速度更快，动作更准确，自动化程度更高，一般要加入电信号，电控元件和气控元件一起组成电气控制系统。

图 1–6 所示为电控安全保护冲压装置控制回路。它是通过两个电气开关的“与”来实现安全控制的，这也是最简单的电气控制系统。

当气源送到输入口 1 时，输入口 1 关闭，输出口 2 与呼气口 3 接通（换向阀处于零位状态），主控阀（1V1）不动作，单作用气缸（1A1）的活塞杆在弹簧的作用下处于缩回状态。

当同时按下 SB1 和 SB2 按钮时，电磁线圈（1Y1）得电，在主控阀（1V1）上的电磁铁动作，主控阀换向，则主动阀（1V1）的输入口 1 与输出口 2 接通，压缩空气从 1 口进，到 2 口出，驱动单作用气缸（1A1）活塞伸出，进行冲压。

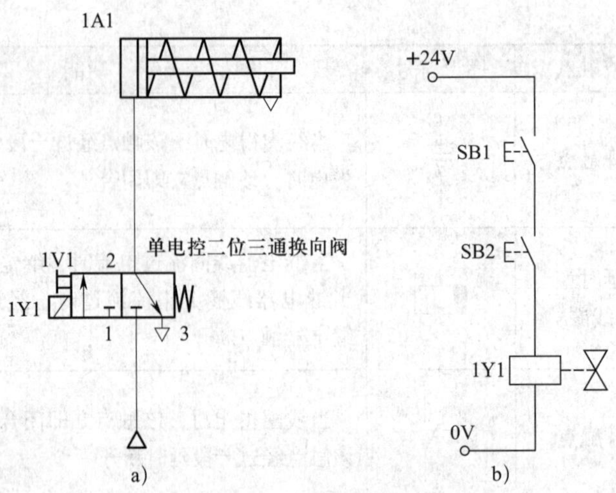

图 1-6 电控安全保护冲压装置控制回路

a）气动回路 b）电控回路

当释放 SB1 或 SB2 任意一个按钮时，1Y1 线圈失电，主控阀（1V1）在弹簧的作用下复位，驱动单作用气缸（1A1）的力消失，单作用气缸（1A1）的活塞在弹簧的作用下缩回，冲压结束。

三、技能训练

1. 设备和工具准备

（1）训练用气压控制阀若干。

（2）工具：数字式万用表、剥线钳、尖嘴钳、旋具、剪刀等。

（3）辅料：导线、气管、T 形三通、煤油等。

2. 回路的设计与装调

（1）气动回路的设计

气动回路设计如图 1-6 所示。

同时按下 SB1 和 SB2 按钮后，所得回路如图 1-7 所示。

释放 SB1 或 SB2 任意一个按钮时，电磁换向阀和气缸运动情况如图 1-8 和图 1-9 所示。

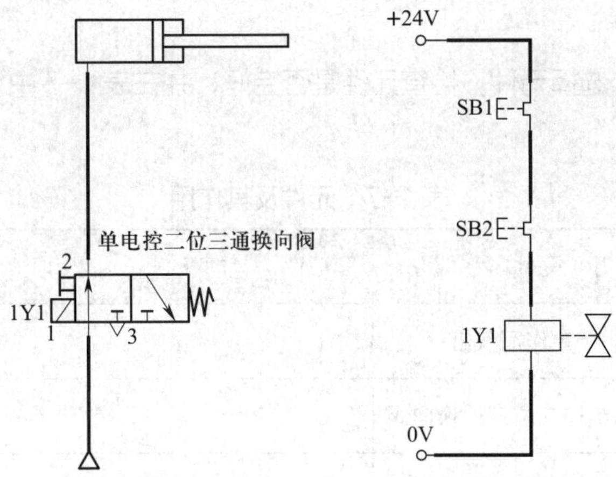

图 1–7　同时按下 SB1 和 SB2 按钮后的回路

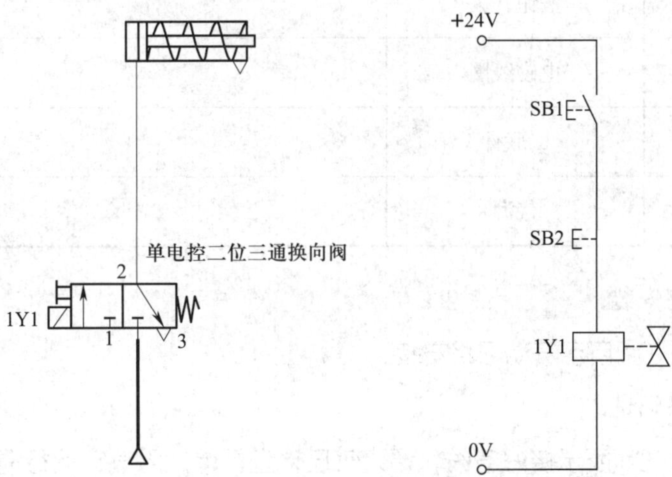

图 1–8　释放 SB1 按钮后的回路

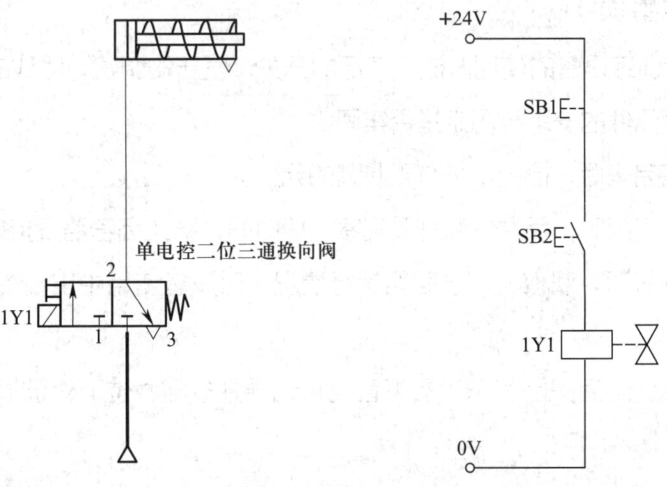

图 1–9　释放 SB2 按钮后的回路

（2）元件选择

根据任务要求选择元件，检查元件是否完好，并在表 1-7 中填写元件在回路中的作用。

表 1-7　元件及其作用

序号	符号	元件名称	作用
1	1A1	单作用气缸	
2	1V1	单电控二位三通换向阀	
3	SB1	按钮开关	
4	SB2	按钮开关	
5	1Y1	电磁线圈	
6	1Z1	二联件	
7	1P1	气源	

（3）气路安装

按照图 1-6a 所示气动回路安装。

（4）任务调试

按照图 1-6a 所示接好管线，调试气压，查看单作用气缸运行情况等，分析和解决在训练中出现的不正常情况，根据后面要求记录训练结果。

3. 注意事项

（1）熟悉训练设备的使用方法（气源的开关、气压的调整、管线的连接等）。

（2）检查元件的安装与固定是否牢固。

（3）安装完毕后，检查现场有无漏装的元件。

（4）打开气源时，手握气源开关观察一段时间，防止因管路没接好被打出。

（5）打开气源，观察、记录回路运行情况，对设备使用中出现的问题进行分析和解决。

（6）完成训练后关闭气源，拆下管线和元件并放回原位，对破损、老化管线应及时处理。

4. 训练分析与收获

（1）电控冲压装置的执行元件是______，主控元件是______，它有______个气口，分别是______，它的换向方式是______（电控、气控、机控、手控、弹簧）、复位方式是______（电控、气控、机控、手控、弹簧）；SB1 是______（常开、常闭）按钮，SB2 是______（常开、常闭）按钮。

（2）根据以上训练现象填写表 1-8 所列的各元件动作情况。

表 1-8　各元件动作情况

动作	电磁线圈 1Y1	主控阀 1V1	单作用气缸 1A1
同时按下 SB1 和 SB2			
释放 SB1 或 SB2			

5. 评价

评价表

<table>
<tr><td>班级</td><td></td><td>姓名</td><td></td><td>学号</td><td></td><td>日期</td><td>年　月　日</td></tr>
<tr><td>评价指标</td><td colspan="4">评价要素</td><td>配分</td><td colspan="2">得分</td></tr>
<tr><td>设备和工具准备</td><td colspan="4">能提前准备任务所需的设备和工具，未准备不得分，漏准备一样扣 0.5 分，扣完为止</td><td>5 分</td><td colspan="2"></td></tr>
<tr><td rowspan="5">回路的设计与仿真</td><td colspan="4">选择合理的图幅，图幅太大、太小都扣 2 分；原理图布局合理，线路重叠、压元件每一处扣 1 分，扣完为止</td><td>5 分</td><td colspan="2"></td></tr>
<tr><td colspan="4">根据现有元件，选用合适的元件，元件每选错、绘错一个扣 2 分，扣完为止</td><td>10 分</td><td colspan="2"></td></tr>
<tr><td colspan="4">主回路绘制动作功能齐全，每缺一个动作扣 2 分，扣完为止</td><td>10 分</td><td colspan="2"></td></tr>
<tr><td colspan="4">控制回路功能齐全，每缺一处扣 3 分，扣完为止</td><td>10 分</td><td colspan="2"></td></tr>
<tr><td colspan="4">能实现正确的功能仿真，每错一处扣 3 分，扣完为止</td><td>10 分</td><td colspan="2"></td></tr>
</table>

续表

评价指标	评价要素	配分	得分
安装与调试	管路长度过短扣 1 分；少连、连错或虚接一处扣 1 分，扣完为止，因此导致动作调试未完成的，按未完成动作扣分，不重复扣分	10 分	
	有多余管路、管路落地或管路缠绕现象，该项不得分	10 分	
	每少连接一个元件扣 3 分，扣完为止，影响调试动作的，按未完成动作扣分，不重复扣分	10 分	
	各动作符合任务要求，每错一个动作扣 5 分，扣完为止	15 分	
5S	安装与调试过程中遵守 5S 管理规定，不合格一处扣 1 分，扣完为止	5 分	
总分		100 分	

课题二
电气－气动控制自锁夹紧装置回路设计与装调

夹紧装置在工业自动化生产中使用较为广泛，它可以将物料定位、夹紧以确保加工时物料的准确性，并且要求在加工期间，夹紧装置应保持足够的夹紧力，如图1-10所示。完成这一动作的执行元件是单作用气缸或双作用气缸。本课题使用双作用气缸作为执行元件，根据控制方式的不同，完成不同的工作任务。

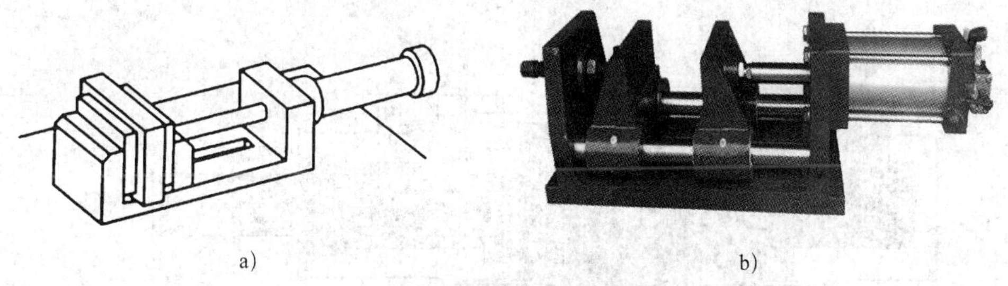

a)　　b)

图1-10　夹紧装置示意图和实物

a）示意图　b）实物

一、元件介绍

1. 双作用气缸

（1）实物及图形符号

双作用气缸属于气动执行元件。在压缩空气作用下，其活塞杆既可以伸出，也可以回缩。双作用气缸有两个相同的进、排气口，其实物结构与图形符号如图1-11所示。

（2）结构及工作过程

双作用气缸由进、排气口，活塞杆，缸筒，端盖等组成。其结构如图1-11a所示。

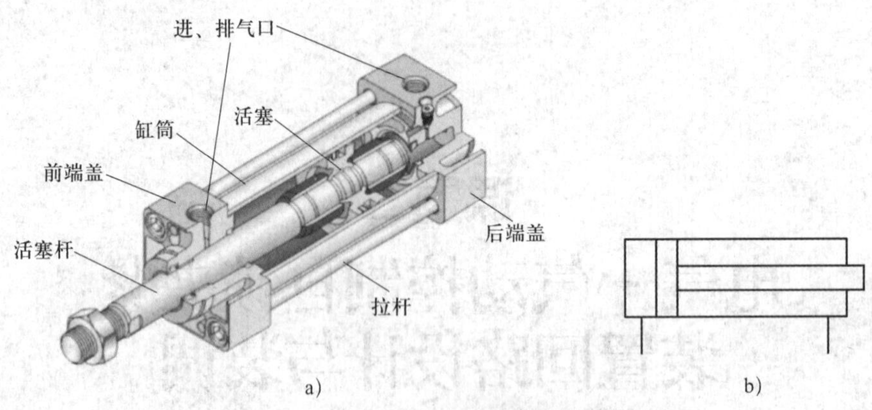

图 1-11　双作用气缸实物结构及图形符号

a）实物结构　b）图形符号

工作过程：当压缩空气从左进、排气口进入时，压缩空气作用于活塞的无杆腔，右进、排气口与大气相通不构成阻力。此时，活塞杆伸出，如图 1-12a 所示。与单作用气缸不同的是，当外部压缩空气撤去时，活塞杆不会缩回。只有当压缩空气从右进、排气口进入，左进、排气口与大气相通时，活塞杆才缩回，如图 1-12b 所示。

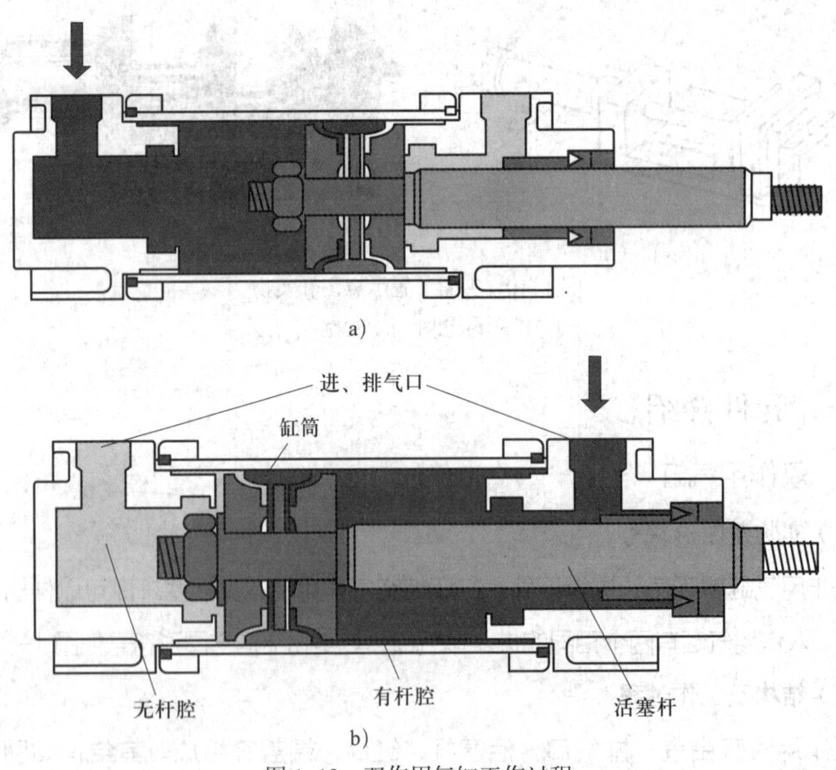

图 1-12　双作用气缸工作过程

a）活塞杆伸出　b）活塞杆缩回

（3）特点及使用场合

图 1-12 所示为无缓冲气缸。在行程较长或负荷较大时，当活塞接近行程末端仍具有较高的速度时，会对端盖形成较大的冲击，造成对气缸的损坏。为了避免这种现象，在气缸的两端设置了缓冲装置，这类气缸称为缓冲气缸。缓冲气缸结构及图形符号如图 1-13 所示。

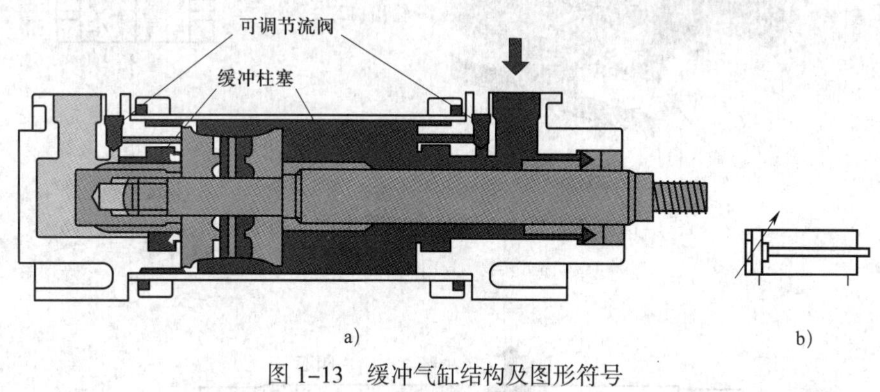

图 1-13　缓冲气缸结构及图形符号

a）结构　b）图形符号

当缓冲气缸活塞运动到接近行程末端时，缓冲柱塞阻断了空气直接流向外部的通路，这时空气只能通过一个可调节的节流阀排出。由于空气排出受阻，活塞运动速度就会降低，避免或减轻了活塞对端盖的冲击。如果节流阀的开口度可调，即缓冲作用大小可调，那么这种缓冲气缸称为可调缓冲气缸。缓冲气缸的使用可减低噪声和延长元件的使用寿命。

2. 双电控二位五通换向阀

（1）实物及图形符号

双电控二位五通换向阀属于气动控制元件，它依靠电磁力实现换向。双电控二位五通换向阀的实物与图形符号如图 1-14 所示。

（2）结构及工作过程

双电控二位五通换向阀由输入口、输出口、呼气口、阀芯、电磁线圈和手控杆等组成，如图 1-14 和图 1-15a 所示。

工作过程：当 1Y1 电磁线圈得电或按下左手控杆时，阀芯右移，输入口 1 与输出口 4 相通，同时输出口 2 与呼气口 3 相通，如图 1-15a 所示。当 1Y2 电磁线圈得电或按下右手控杆时，阀芯左移，输入口 1 与输出口 2 相通，同时输出口 4 与呼气口 5 相通，如图 1-15b 所示。

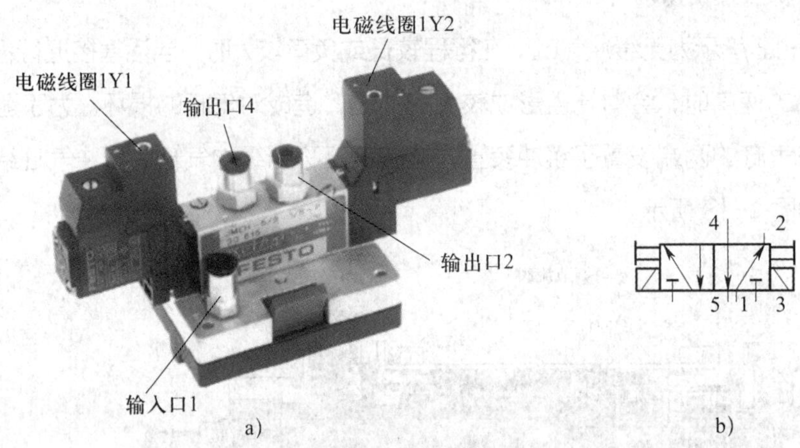

图 1-14　双电控二位五通换向阀实物及图形符号

a）实物　b）图形符号

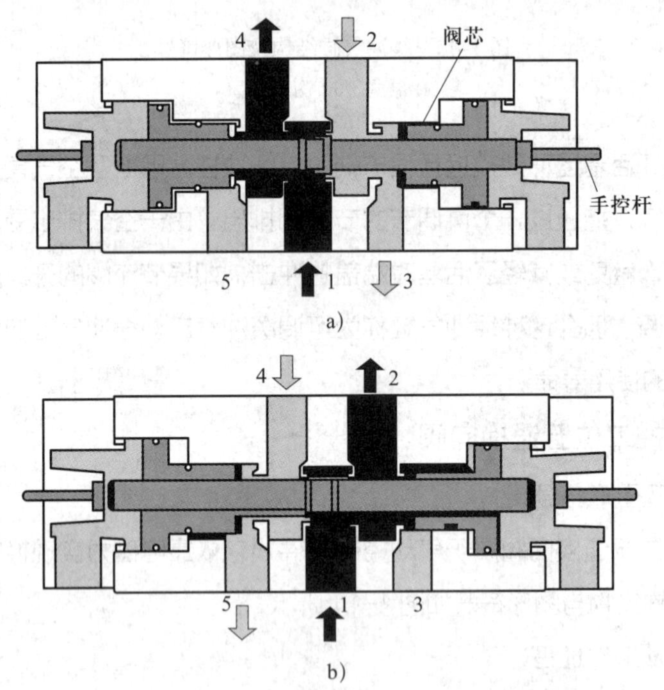

图 1-15　双电控二位五通换向阀结构及工作过程

a）1Y1 电磁线圈得电或按下左手控杆　b）1Y2 电磁线圈得电或按下右手控杆

1—输入口　2、4—输出口　3、5—呼气口

二、气缸的工作特性

气缸的工作特性见表 1-9。

表 1–9　气缸的工作特性

序号	特性参数	工作特性
1	速度	指活塞平均速度，在运动过程中气缸活塞的速度是变化的
2	理论输出力	$F_1=(A_1p_1-A_2p_2)\eta_m$ p_1、A_1 和 p_2、A_2 分别为无杆腔、有杆腔的压力和作用面积
3	效率	效率 η 表示气缸实际输出力受摩擦力影响的程度，η 一般为 0.7 ~ 0.95
4	负载率	为确定缸径和研究气缸性能的指标。负载率 β= 气缸实际负载 F/ 理论输出力 F_0
5	耗气量	最大耗气量指气缸活塞以最大速度完成一次行程所需的自由空气耗气量 $q_{max}=\dfrac{AS}{t\eta_v}\times\dfrac{p+p_0}{p_0}$ 式中，A 为气缸有效作用面积；S 为气缸行程；t 为气缸活塞完成一次行程的时间；p 为工作压力；p_0 为大气压；η_v 为气缸容积效率，一般取 0.9 ~ 0.95
		平均耗气量 q 用气缸累计行程 NL（N 为气缸每秒往复次数）取代最大耗气量气缸行程 L。平均耗气量 q 除与气缸的结构尺寸 D 和工作压力 p 有关外，还取决于气缸单位时间内往复动作次数
6	缓冲装置	缓冲装置位于气缸的两行程终端。高速运行的气缸在行程终端会对气缸盖产生冲击，造成机件变形或损坏，对此，必须采用缓冲装置

气缸缓冲结构如图 1–16 所示。

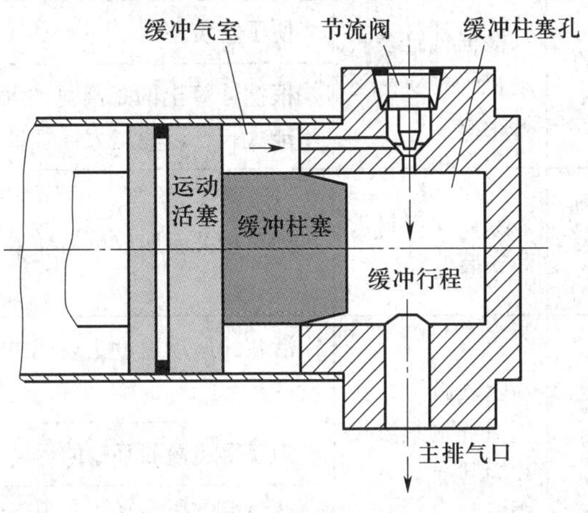

图 1–16　气缸缓冲结构

工作过程如下：

①活塞 $\xrightarrow{\text{接近终端}}$ 缓冲行程 $\xrightarrow{\text{缓冲柱塞}}$ 缓冲柱塞孔 $\xrightarrow{\text{堵死}}$ 主排气通道 $\xrightarrow{\text{节流阀}}$ 排气 $\xrightarrow{\text{压缩}}$ 缓冲气室 $\xrightarrow{\text{压力升高}}$ 形成背压 $\xrightarrow{\text{吸收}}$ 惯性动能 $\xrightarrow{\text{迅速减速}}$ 迫使活塞停止。

②调节节流阀开度，控制活塞运动速度。

③为了达到缓冲目的，缓冲气室内空气绝热压缩所能吸收的压缩能必须大于活塞等运动部件所具有的动能。

三、气缸的选择和使用要求

气缸的合理选用，是保证气动系统稳定工作的前提。

1. 气缸的主要工作条件

气缸的主要工作条件包括工作压力范围、负载要求、工作行程、工作介质温度、环境条件（温度等）、润滑条件及安装要求。

2. 气缸的选择要点

气缸的选择要点见表 1–10。

表 1–10　气缸的选择要点

序号	选择参数	选择要点	选择原则
1	确定缸径	根据气缸的负载状态	单作用缸按杆径 / 缸径 =0.5 预选，根据公式 $F_0=\frac{\pi}{4}D^2p-F_{t1}$（$F_{t1}$ 为弹簧作用力）确定
			双作用缸按杆径 / 缸径 =0.3 ~ 0.4 预选，根据公式 $F_0=\frac{\pi}{4}D^2p$ 确定
2	预选气缸的行程	根据气缸及传动机构的实际运行距离	便于安装调试
			根据计算出的距离再加大 10 ~ 20 mm 为宜，但不能太长，以免增大耗气量
3	确定气缸的品种和安装形式	根据使用目的和安装位置	参考相关手册或产品样本
4	选取气缸进、排气口及导管内径	以气缸进、排气口连接螺纹尺寸为基准	活塞的运动速度主要取决于气缸进、排气口及导管内径
			为获得缓慢而平稳的运动，可采用气、液阻尼缸
			普通气缸的运动速度为 0.5 ~ 1 m/s

3. 气缸的使用要求

气缸的使用要求见表 1-11。

表 1-11 气缸的使用要求

序号	气缸使用参数	使用要求	说明
1	周围环境及介质温度	5 ~ 60 ℃	—
2	工作压力	0.4 ~ 0.6 MPa（表压）	
3	试压压力	安装前应在 1.5 倍工作压力下试压	不允许有泄漏
4	气缸排气量	余量足够大	负载变化较大时，在整个工作行程中，应考虑排气余量
5	正确设置和调试油雾器	注意合理润滑	不能影响气缸运动性能和正常工作
6	活塞杆强度	考虑活塞杆受力方向，不允许承受径向载荷	活塞杆头部的螺纹受冲击而遭受破坏，大多数场合活塞杆承受的是推力负载，因此必须考虑细长杆的压杆稳定性和气缸水平安装时，活塞杆伸出因自重而引起活塞杆头部下垂的问题
7	负载的惯性力	设置负载停止的阻挡装置和缓冲装置	活塞杆头部连接处，在大惯性负载运动停止时，往往伴随着冲击，冲击作用容易引起活塞杆头部破坏。注意消除活塞杆上承受的不合理作用力

四、控制回路工作原理

在自动化生产中，自锁式夹紧装置多用于夹紧被加工物料，当加工完成后自动松开。夹紧的开启和关闭一般由传感器来控制，也可由传感器和时间继电器共同控制。本课题以如图 1-17 所示的控制回路为例介绍其工作原理。该回路由按钮开关代替传感器，夹紧的时间由时间继电器设定。

气源通过气动二联件的过滤和减压送到双电控二位五通换向阀（1V1）输入口 1，经过输出口 2 到双作用气缸（1A1）的有杆腔进气口并进入，使得气缸回缩。

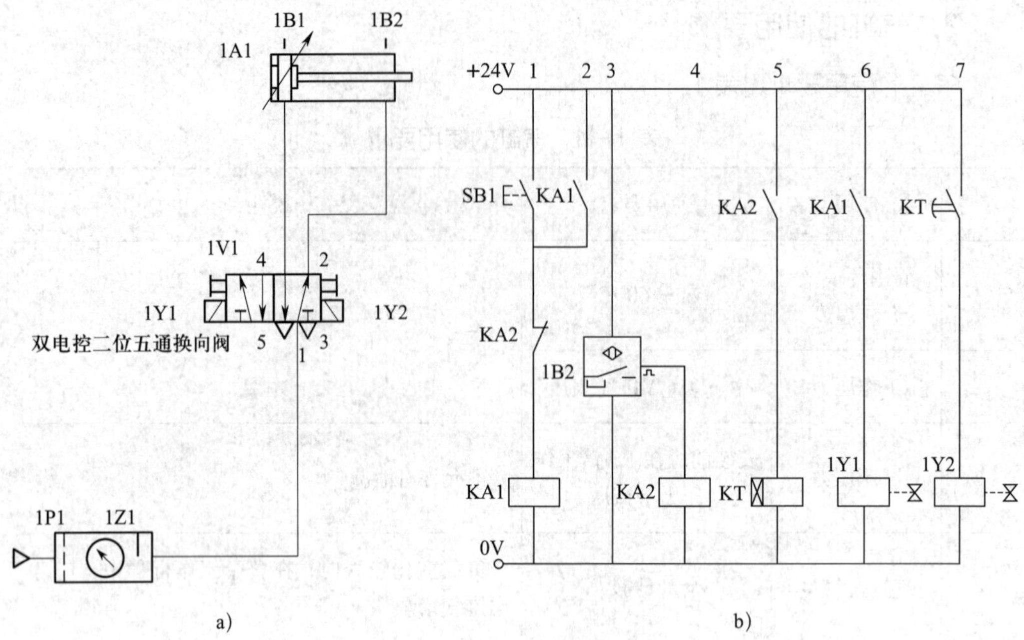

图 1-17　自锁夹紧装置控制回路

a）气动回路　b）电控回路

当按下启动按钮（SB1）时，气缸活塞杆伸出，到达 1B2 处气缸停止运动，停止一段时间后气缸回缩，气缸返回到位后系统动作结束。整个回路动作顺序如图 1-18 所示。

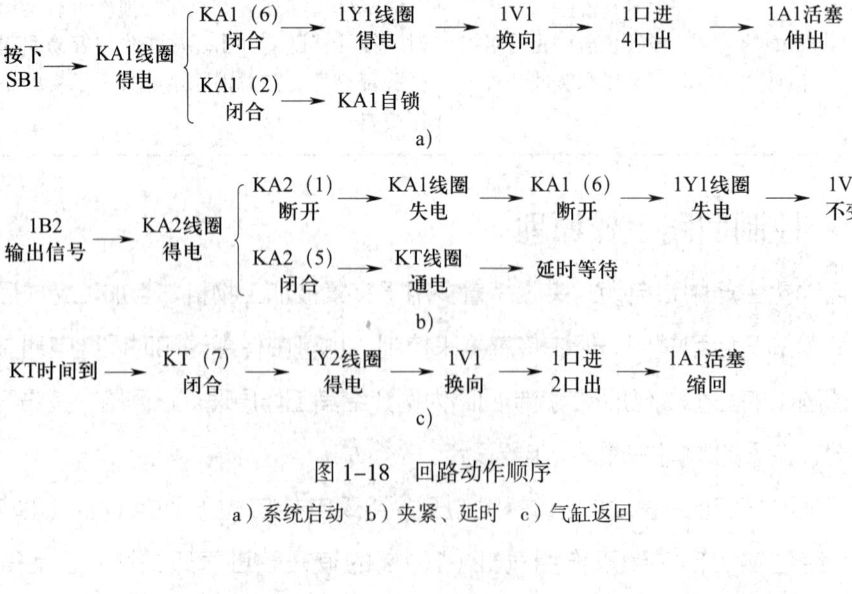

按下SB1 → KA1线圈得电 →

- KA1（6）闭合 → 1Y1线圈得电 → 1V1换向 → 1口进4口出 → 1A1活塞伸出
- KA1（2）闭合 → KA1自锁

a）

1B2输出信号 → KA2线圈得电 →

- KA2（1）断开 → KA1线圈失电 → KA1（6）断开 → 1Y1线圈失电 → 1V1不变
- KA2（5）闭合 → KT线圈通电 → 延时等待

b）

KT时间到 → KT（7）闭合 → 1Y2线圈得电 → 1V1换向 → 1口进2口出 → 1A1活塞缩回

c）

图 1-18　回路动作顺序

a）系统启动　b）夹紧、延时　c）气缸返回

五、技能训练

1. 设备和工具准备

（1）训练用气压控制阀若干。

（2）工具：数字式万用表、剥线钳、尖嘴钳、旋具、剪刀等。

（3）辅料：导线、气管、T 形三通、煤油等。

（4）设备：电气 - 气动训练台。

2. 回路的设计与装调

（1）气动回路的设计

气动回路的设计参见图 1-17。

按下 SB1 后释放，系统启动，仿真所得回路如图 1-19 所示。

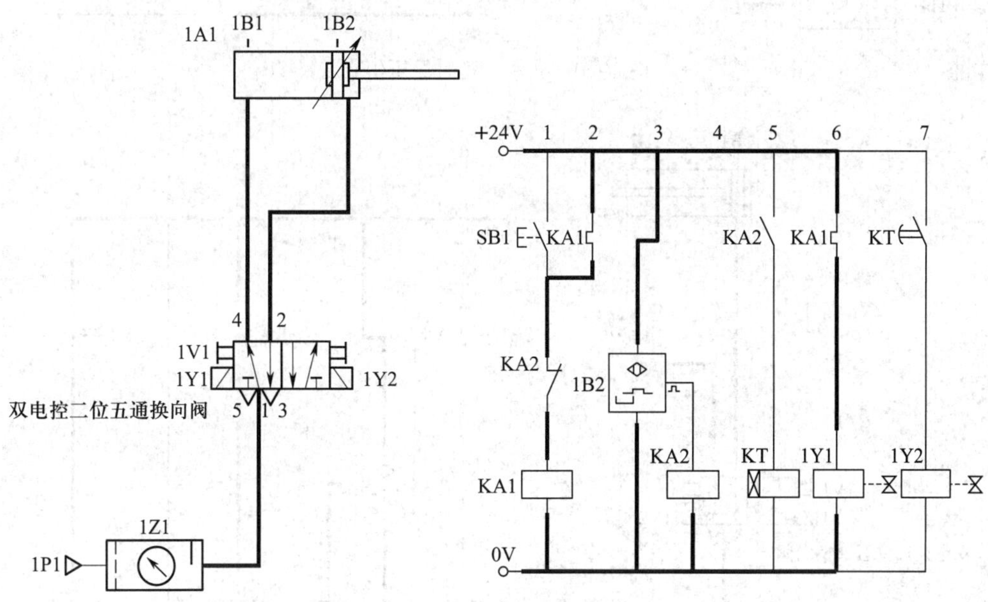

图 1-19　系统启动仿真

1B2 输出信号后，KA2 电磁线圈得电，1Y1 线圈失电，但此时因 1Y2 线圈也没有得电，所以 1V1 换向阀不变。此时，KT 线圈通电，1Y2 处于延时等待阶段，起到保压的作用。此时气路和电路的仿真情况如图 1-20 所示。

KT 时间到后，KT（7）闭合，1Y2 线圈得电，1V1 换向阀换向。此时，气缸活塞杆缩回。此时气路和电路的仿真情况如图 1-21 所示。

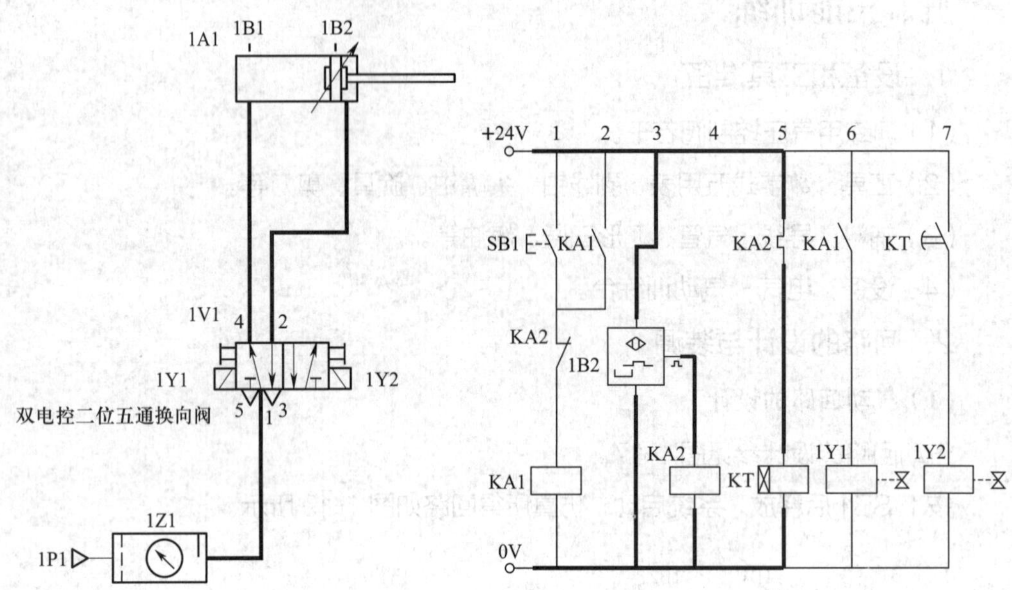

图 1–20　夹紧、延时保压仿真

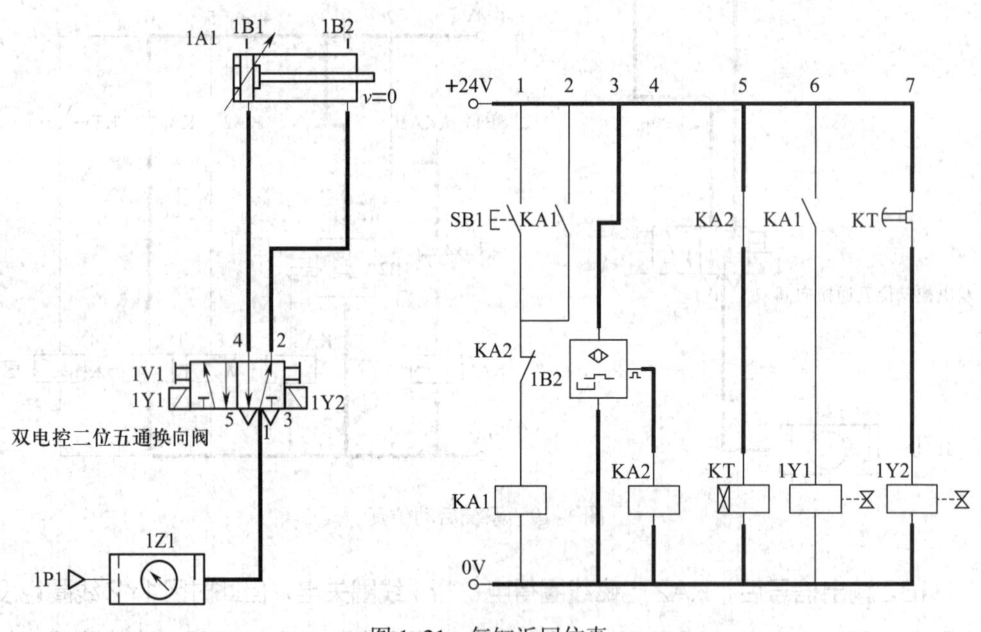

图 1–21　气缸返回仿真

（2）元件选择

根据任务要求选择元件，检查元件是否完好，并在表 1–12 中填写元件在回路中的作用。

表 1–12　元件及其作用

序号	符号	元件名称	作用
1	1A1	双作用气缸	
2	1V1	双电控二位五通换向阀	
3	SB1	按钮开关	
4	KA1	继电器	
5	KA2	继电器	
6	KT	时间继电器	
7	1Y1	电磁线圈	
8	1Y2	电磁线圈	
9	1Z1	二联件	
10	1P1	气源	
11	1B2	磁感应式接近开关	

（3）气路安装

按照气动控制回路图 1–17 进行气路安装。

（4）回路调试

按照图 1–17 所示接好管线，调试气压，调试双作用气缸到位情况等，分析和解决在训练中出现的不正常情况，根据后面要求记录训练结果。

3. 注意事项

（1）熟悉训练设备的使用方法（气源的开关、气压的调整、管线的连接等）。

（2）检查元件的安装与固定是否牢固。

（3）安装完毕后，检查现场有无漏装的元件。

（4）打开气源时，手握气源开关观察一段时间，防止因管路没接好被打出。

（5）打开气源，观察、记录回路运行情况，对设备使用中出现的问题进行分析和解决。

（6）完成训练后关闭气源，拆下管线和元件并放回原位，对破损、老化管线应及时处理。

4. 训练分析与收获

（1）自锁夹紧装置的执行元件是________，主控元件是________，它有________个气口，分别是________，它的换向方式是________（电控、气控、机控、手控、弹簧）、复位方式是________（电控、气控、机控、手控、弹簧）；时间继电器的用途是________，在自动化控制系统中还可以使用________替代。

（2）根据以上训练现象填写表 1-13 所列的双电控二位五通换向阀的进气、出气或无气情况。

表 1-13 双电控二位五通换向阀的进气、出气或无气情况

动作	1V1 阀芯（左移、右移）	1V1（1）	1V1（2）	1V1（3）	1V1（4）	1V1（5）
1Y1 线圈得电						
1Y1 线圈失电						

5. 评价

评价表

班级		姓名		学号		日期	年 月 日
评价指标	评价要素				配分	得分	
设备和工具准备	能提前准备任务所需的设备和工具，未准备不得分，漏准备一样扣 0.5 分，扣完为止				5 分		
回路的设计与仿真	选择合理的图幅，图幅太大、太小都扣 2 分；原理图布局合理，线路重叠、压元件一处扣 1 分，扣完为止				5 分		
	根据现有元件，选用合适的元件，元件每选错、绘错一个扣 2 分，扣完为止				10 分		
	主回路绘制动作功能齐全，每缺一个动作扣 2 分，扣完为止				10 分		
	控制回路功能齐全，每缺一处扣 3 分，扣完为止				10 分		
	能实现正确的功能仿真，每错一处扣 3 分，扣完为止				10 分		

续表

评价指标	评价要素	配分	得分
安装与调试	管路长度过短扣1分；少连、连错或虚接一处扣1分，扣完为止，因此导致动作调试未完成的，按未完成动作扣分，不重复扣分	10分	
	有多余管路、管路落地或管路缠绕现象，该项不得分	10分	
	每少连接一个元件扣3分，扣完为止，影响调试动作的，按未完成动作扣分，不重复扣分	10分	
	各动作符合任务要求，每错一个动作扣5分，扣完为止	15分	
5S	安装与调试过程中遵守5S管理规定，不合格一处扣1分，扣完为止	5分	
总分		100分	

课题三

电气 - 气动控制自动输送装置回路设计与装调

在工业自动化生产中，自动输送装置可以由自动识别系统来甄别物料的颜色、大小或加工情况，从而对将物料送入哪一条传送带上做出判断，如图 1-22 所示。自动识别系统可由各种传感器及 PLC 构成，在本课题中不做赘述。在此只探讨自动输送装置的执行机构及控制部分。

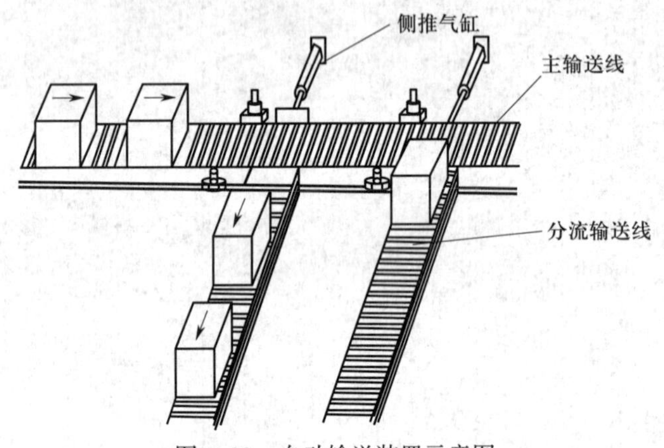

图 1-22　自动输送装置示意图

一、元件介绍

1. 单电控二位五通换向阀

（1）实物及图形符号

单电控二位五通换向阀属于气动控制元件，它依靠电磁力和弹簧力实现换向。单电控二位五通换向阀有一个输入口、两个输出口、两个呼气口和一个电磁线圈，其实物与图形符号如图 1-23 所示。

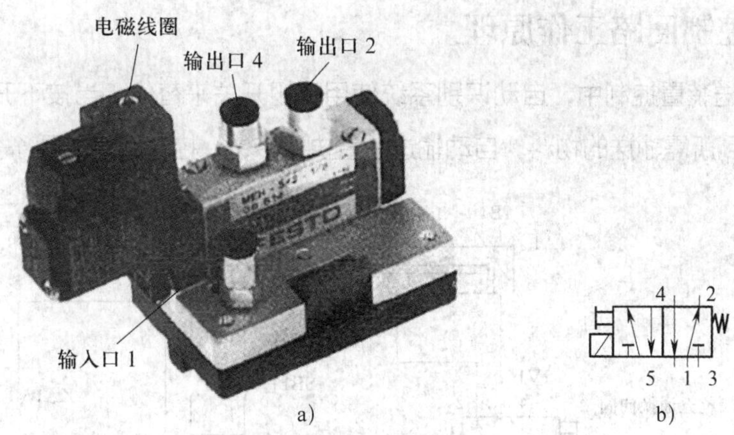

图 1–23　单电控二位五通换向阀实物及图形符号

a）实物　b）图形符号

（2）工作过程

如图 1–23 所示，当电磁线圈无信号输入时，在复位弹簧的作用下，使得输入口 1 与输出口 2、输出口 4 与呼气口 5 相通；当电磁线圈通电时，阀芯右移，使得输入口 1 与输出口 4、输出口 2 与呼气口 3 相通。

2．磁感应式传感器

磁感应式传感器是利用磁性物体的磁场作用来实现对物体感应的，它主要有霍尔式传感器和磁性开关两种。磁感应式传感器的实物和图形符号如图 1–24 所示。

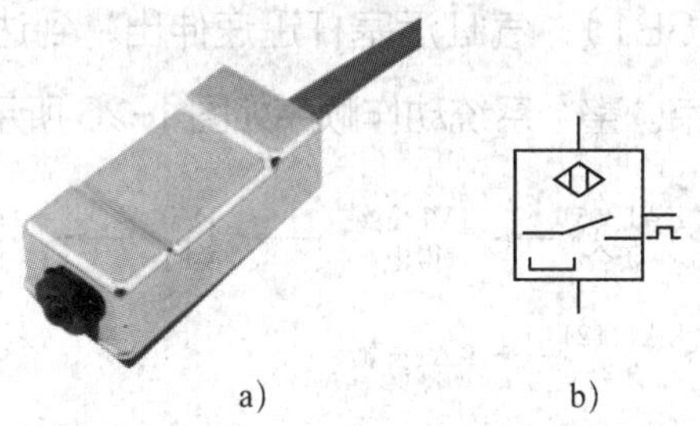

图 1–24　磁感应式传感器的实物和图形符号

a）实物　b）图形符号

磁性开关是流体传动系统中所特有的。磁性开关可以直接安装在气缸缸体上，当带有磁性的活塞移动到磁性开关所在位置时，磁性开关内的两个金属簧片在磁环磁场的作用下吸合，发出信号。当活塞移开时，舌簧开关离开磁场，触点自动断开，信号切断。通过这种方式可以很方便地实现对气缸活塞位置的检测。

二、控制回路工作原理

自动输送装置控制中，自动识别系统使用按钮开关来替代。当按下开关时，就相当于检测到所需输送的物料，自动输送装置执行传送。控制回路如图 1–25 所示。

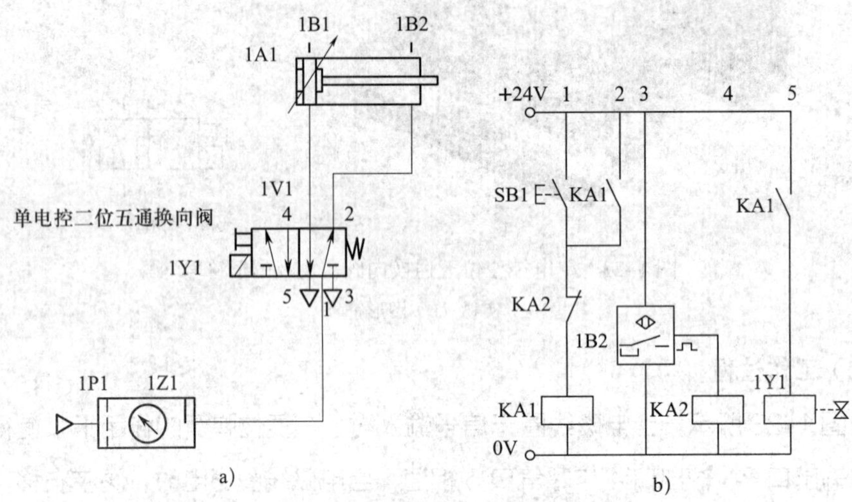

图 1–25　电控自动输送装置控制回路

a）气动回路　b）电控回路

如图 1–25 所示，气源通过气动二联件的过滤和减压送到单电控二位五通换向阀（1V1）输入口 1，经过输出口 2 到双作用气缸（1A1）的有杆腔进气口并进入，使得气缸回缩。

当按下启动按钮（SB1），气缸活塞杆迅速伸出，到达 1B2 处后，气缸回缩，返回到位后系统动作结束。整个系统动作顺序如图 1–26 所示。

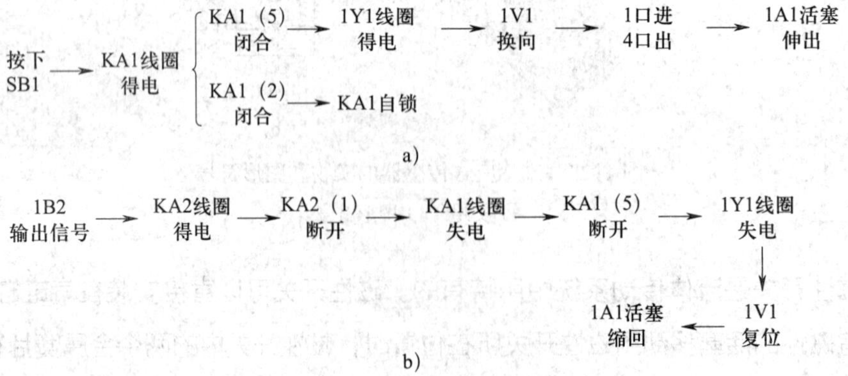

按下SB1 → KA1线圈得电 →
- KA1（5）闭合 → 1Y1线圈得电 → 1V1换向 → 1口进4口出 → 1A1活塞伸出
- KA1（2）闭合 → KA1自锁

a）

1B2输出信号 → KA2线圈得电 → KA2（1）断开 → KA1线圈失电 → KA1（5）断开 → 1Y1线圈失电 → 1V1复位 → 1A1活塞缩回

b）

图 1–26　系统动作顺序

a）系统启动　b）气缸返回

三、技能训练

1. 设备和工具准备

（1）训练用气压控制阀若干。

（2）工具：数字式万用表、剥线钳、尖嘴钳、旋具、剪刀等。

（3）辅料：导线、气管、T 形三通、煤油等。

2. 回路的设计与装调

（1）气动回路的设计

气动回路的设计参见图 1-25。

按下 SB1 后，所得回路如图 1-27、图 1-28 和图 1-29 所示。

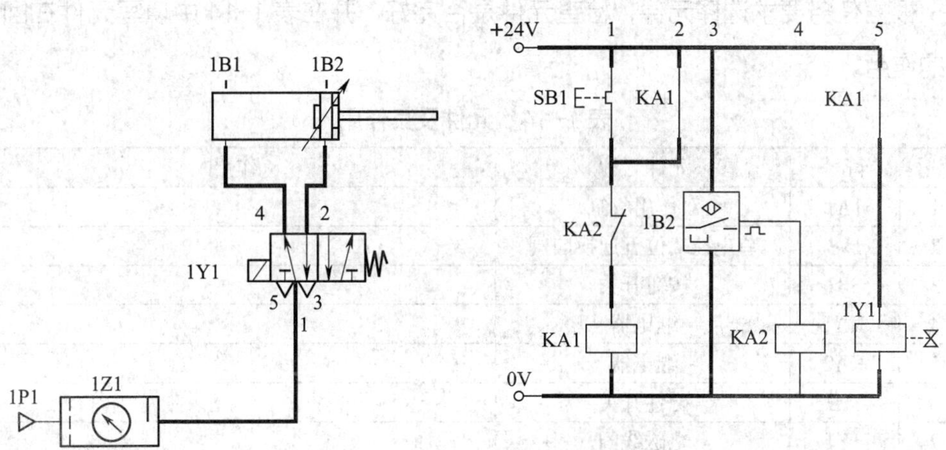

图 1-27　按下 SB1 后活塞伸出和 KA1 自锁

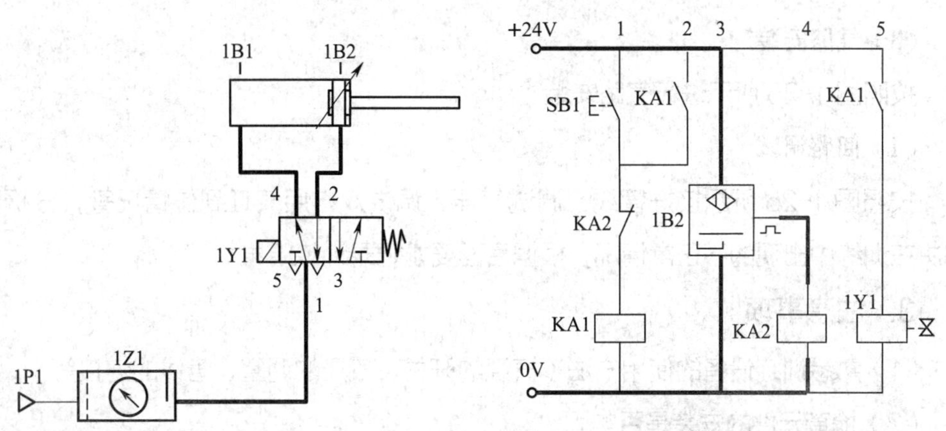

图 1-28　松开 SB1、1B2 输出信号后电磁换向阀换位

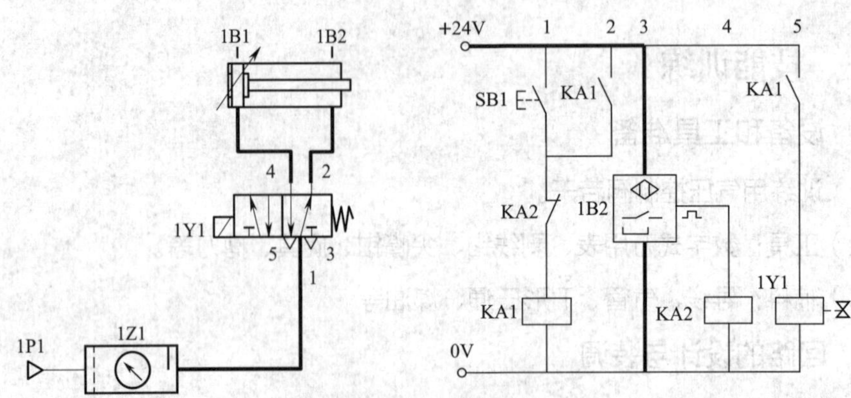

图 1-29　活塞缩回

（2）元件选择

根据任务要求选择元件，检查元件是否完好，并在表 1-14 中填写元件在回路中的作用。

表 1-14　元件及其作用

序号	符号	元件名称	作用
1	1A1	双作用气缸	
2	1V1	单电控二位五通换向阀	
3	SB1	按钮开关	
4	KA1	继电器	
5	KA2	继电器	
6	1B2	磁性开关	
7	1Y1	电磁线圈	
8	1Z1	二联件	
9	1P1	气源	

（3）气路安装

按照图 1-25 所示进行气路安装。

（4）回路调试

按照图 1-25 所示接好管线，调试气压，调试双作用气缸到位情况等，分析和解决在训练中出现的不正常情况，根据后面要求记录训练结果。

3. 注意事项

（1）熟悉训练设备的使用方法（气源的开关、气压的调整、管线的连接等）。

（2）检查元件的安装是否牢固。

（3）安装完毕，检查现场有无漏装的元件。

（4）打开气源时，手握气源开关观察一段时间，防止因管路没接好被打出。

（5）打开气源，观察、记录回路运行情况，对设备使用中出现的问题进行分析和解决。

（6）完成训练后关闭气源，拆下管线和元件并放回原位，对破损、老化管线应及时处理。

4. 训练分析与收获

（1）电控自动输送装置的执行元件是________，主控元件是________，它有________个气口，分别是________，它的换向方式是________（电控、气控、机控、手控、弹簧）、复位方式是________（电控、气控、机控、手控、弹簧）；按钮开关在自动化控制系统中还可以使用________替代。

（2）根据以上训练现象填写表 1–15 所列的单电控二位五通换向阀的进气、出气或无气情况。

表 1–15 单电控二位五通换向阀的进气、出气或无气情况

动作	1V1 阀芯（左移、右移）	1V1（1）	1V1（2）	1V1（3）	1V1（4）	1V1（5）
1Y1 线圈得电						
1Y1 线圈失电						

5. 评价

评价表

<table>
<tr><td>班级</td><td></td><td>姓名</td><td></td><td>学号</td><td></td><td>日期</td><td>年 月 日</td></tr>
<tr><td>评价指标</td><td colspan="4">评价要素</td><td>配分</td><td colspan="2">得分</td></tr>
<tr><td>设备和工具准备</td><td colspan="4">能提前准备任务所需的设备和工具，未准备不得分，漏准备一样扣 0.5 分，扣完为止</td><td>5 分</td><td colspan="2"></td></tr>
<tr><td rowspan="5">回路的设计与仿真</td><td colspan="4">选择合理的图幅，图幅太大、太小都扣 2 分；原理图布局合理，线路重叠、压元件一处扣 1 分，扣完为止</td><td>5 分</td><td colspan="2"></td></tr>
<tr><td colspan="4">根据现有元件，选用合适的元件，元件每选错、绘错一个扣 2 分，扣完为止</td><td>10 分</td><td colspan="2"></td></tr>
<tr><td colspan="4">主回路绘制动作功能齐全，每缺一个动作扣 2 分，扣完为止</td><td>10 分</td><td colspan="2"></td></tr>
<tr><td colspan="4">控制回路功能齐全，每缺一处扣 3 分，扣完为止</td><td>10 分</td><td colspan="2"></td></tr>
<tr><td colspan="4">能实现正确的功能仿真，每错一处扣 3 分，扣完为止</td><td>10 分</td><td colspan="2"></td></tr>
</table>

续表

评价指标	评价要素	配分	得分
安装与调试	管路长度过短扣 1 分；少连、连错或虚接一处扣 1 分，扣完为止，因此导致动作调试未完成的，按未完成动作扣分，不重复扣分	10 分	
	有多余管路，管路落地或管路缠绕现象，该项不得分	10 分	
	每少连接一个元件扣 3 分，扣完为止，影响调试动作的，按未完成动作扣分，不重复扣分	10 分	
	各动作符合任务要求，每错一个动作扣 5 分，扣完为止	15 分	
5S	安装与调试过程中遵守 5S 管理规定。不合格一处扣 1 分，扣完为止	5 分	
总分		100 分	

课题四
电气 – 气动控制自动多位置抬升装置回路设计与装调

在柔性自动化生产线中经常使用零件抬升装置，如立体加工、垂直传送等都会使用到零件抬升装置，如图 1–30 所示。零件在抬升过程中，可以使零件停留在一个或多个位置上，方便完成不同的工作任务。

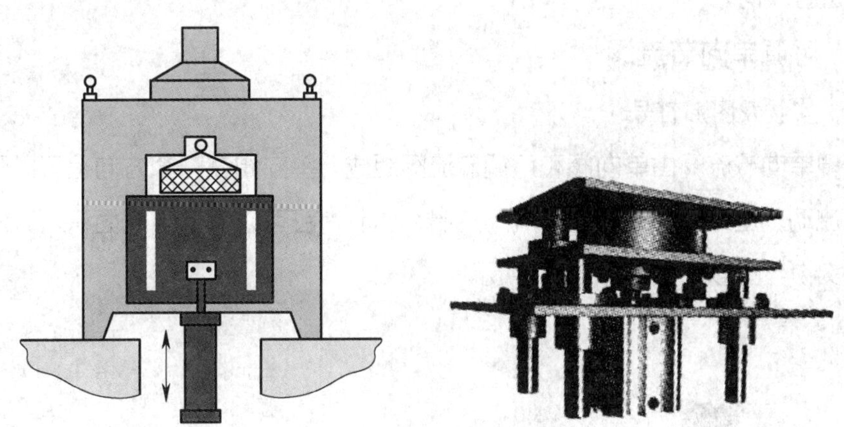

图 1–30　抬升装置示意图

一、元件介绍

1. 双电控三位五通换向阀

(1) 实物及图形符号

双电控三位五通换向阀属于气动控制元件，它依靠电磁和弹簧实现三个位置的转换。双电控三位五通换向阀有一个输入口、两个输出口、两个电磁线圈和两个呼气口，其实物与图形符号如图 1–31 所示。

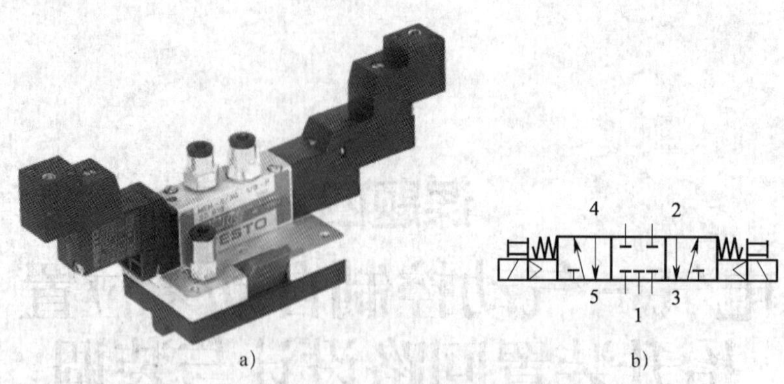

a)　　b)

图 1–31　双电控三位五通换向阀实物及图形符号

a）实物　b）图形符号

（2）工作过程

电磁线圈得电，双电控三位五通换向阀的 1 口与 4 口接通或 1 口与 2 口接通。电磁线圈失电，双电控三位五通换向阀在弹簧的作用下复位，此时，1 口、2 口和 4 口皆被关闭。如果没有电压作用在电磁线圈上，则双电控三位五通换向阀也可以手动驱动进行换向。

2. 可调单向节流阀

（1）实物及图形符号

可调单向节流阀由单向阀和可调节流阀组成。单向阀在一个方向上可以阻止压缩空气流动，压缩空气经可调节流阀流出，调节螺钉可以调节节流面积。可调单向节流阀实物与图形符号如图 1–32 所示。

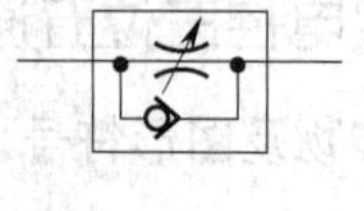

a)　　b)

图 1–32　可调单向节流阀实物及图形符号

a）实物　b）图形符号

(2) 结构及工作过程

可调单向节流阀由进气口、出气口、调节旋钮、阀体和单向阀芯等组成，其结构如图 1-33a 所示。

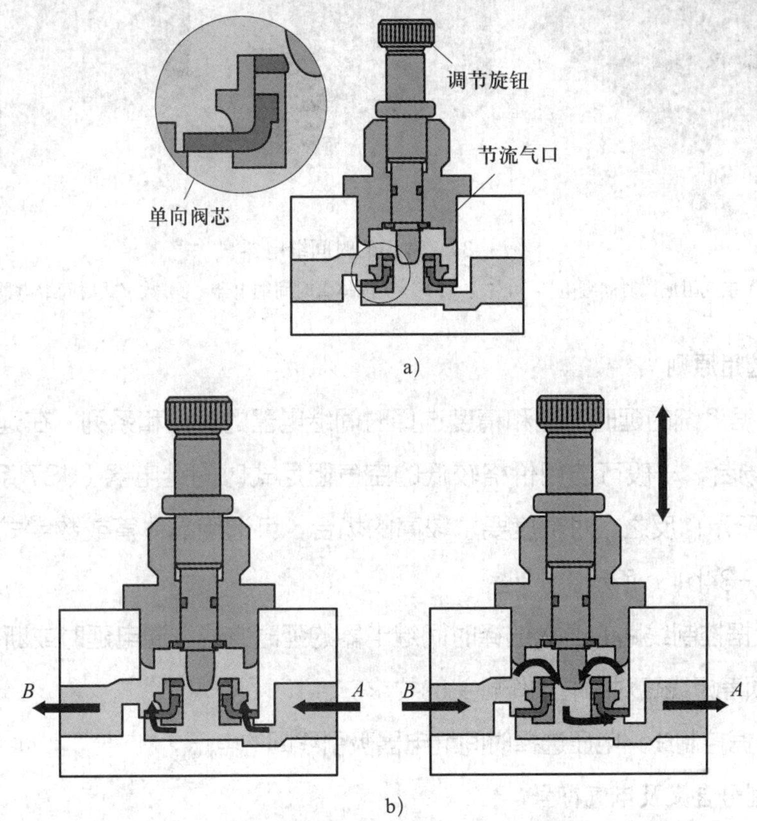

图 1-33　可调单向节流阀结构及工作过程

a）结构　b）工作过程

可调单向节流阀的工作过程如图 1-33b 所示，当压缩空气从 *A* 端进入时，单向阀芯打开，压缩空气顺利地从 *B* 端流出。当压缩空气从 *B* 端进入时，单向阀芯关闭，压缩空气只能从节流气口流出到 *A*。由于受到节流气口大小的影响，从而控制了空气的流量，达到了节流的目的。

3. 时间继电器

时间继电器是一种利用电磁原理或机械动作原理，来实现触头延时闭合或分断的自动控制电器。常用时间继电器如图 1-34 所示。

(1) 用途

时间继电器广泛应用于按时间顺序控制的电气线路中。

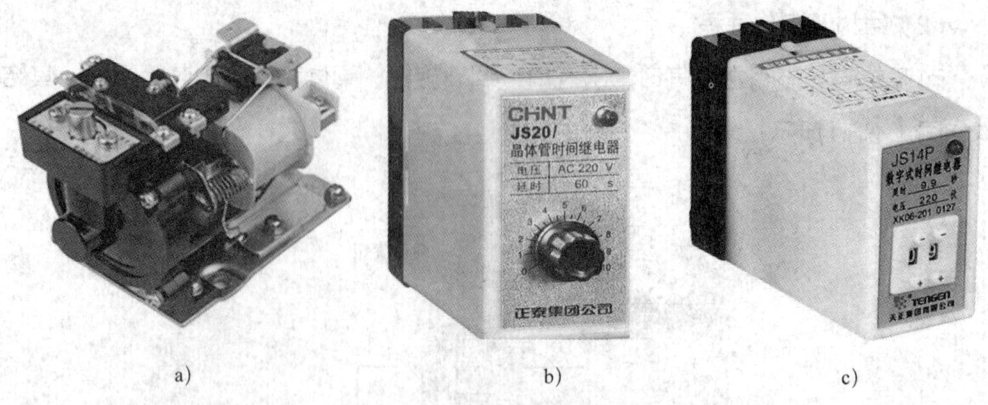

a)　　　　　　　　b)　　　　　　　　c)

图 1-34　常用的时间继电器

a）空气阻尼式时间继电器（JS7 系列） b）晶体管时间继电器　c）数字式时间继电器

（2）选用原则

1）根据系统的延时范围和精度选择时间继电器的类型和系列。在延时精度要求不高的场合，一般可选用价格较低的空气阻尼式时间继电器（JS7 系列），如图 1-34a 所示；反之，对精度要求较高的场合，可选用晶体管或数字式时间继电器，如图 1-34b、c 所示。

2）根据控制线路的要求选择时间继电器的延时方式（通电延时或断电延时），同时还必须考虑线路对瞬时动作触头的要求。

3）根据控制线路电压选择时间继电器吸引线圈的电压。

（3）型号含义及电气符号

1）时间继电器的型号含义如图 1-35 所示。

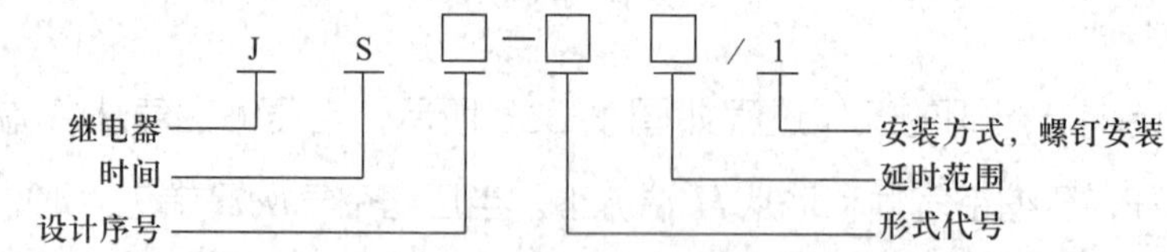

形式代号：1—通电延时，无瞬时触点　2—通电延时，有瞬时触点
3—断电延时，无瞬时触点　4—断电延时，有瞬时触点

图 1-35　型号含义

2）时间继电器的图形符号如图 1-36 所示。

（4）结构及工作过程

通电延时型空气式时间继电器的结构如图 1-37 所示。

工作过程如图 1-38 ~ 图 1-42 所示。

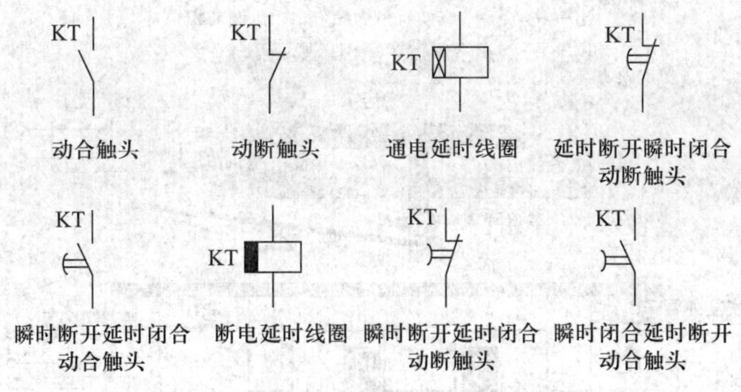

图 1-36　时间继电器的图形符号

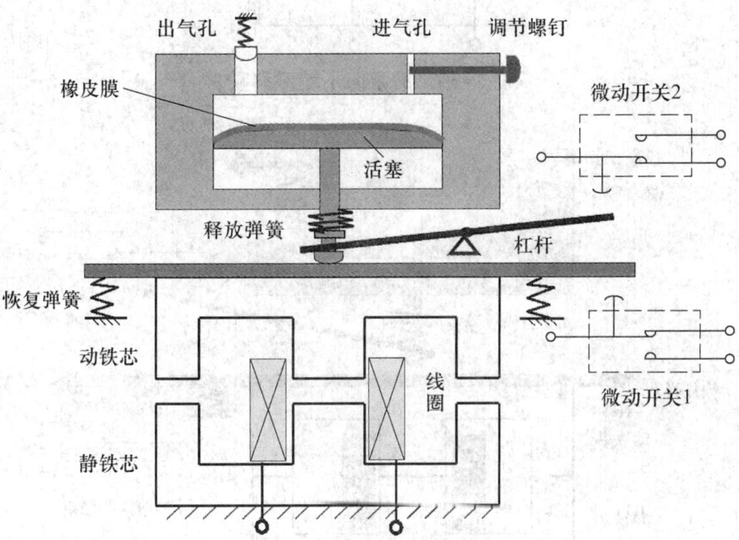

图 1-37　通电延时型时间继电器的结构

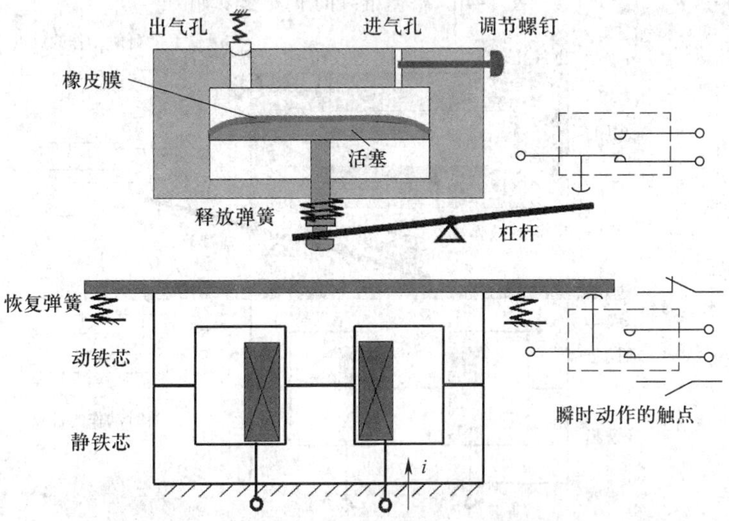

图 1-38　通电延时型时间继电器线圈通电后

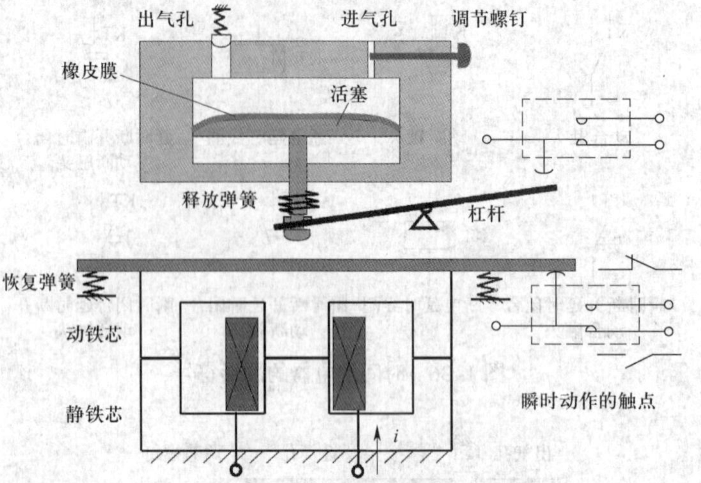

图 1-39　活塞向下缓慢移动

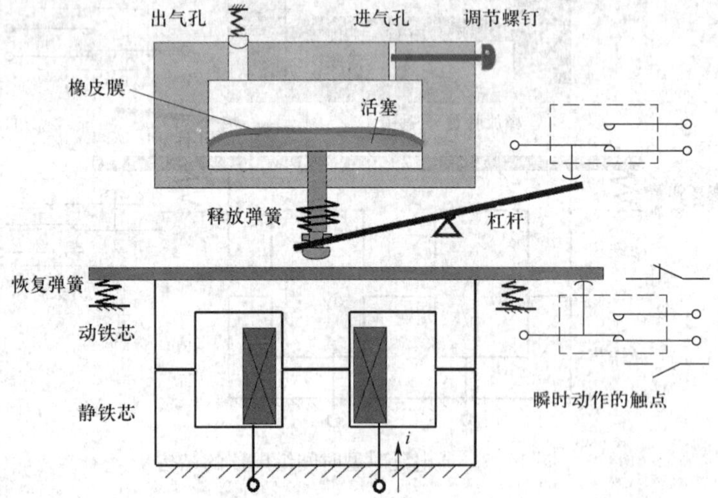

图 1-40　活塞继续向下缓慢移动

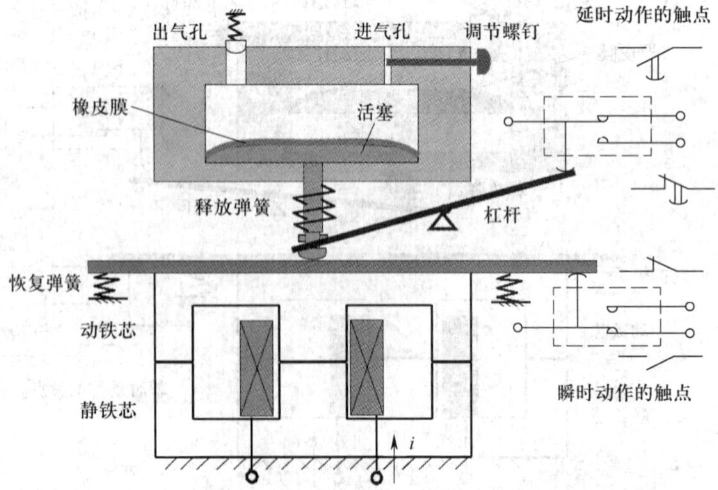

图 1-41　活塞达到最下位置

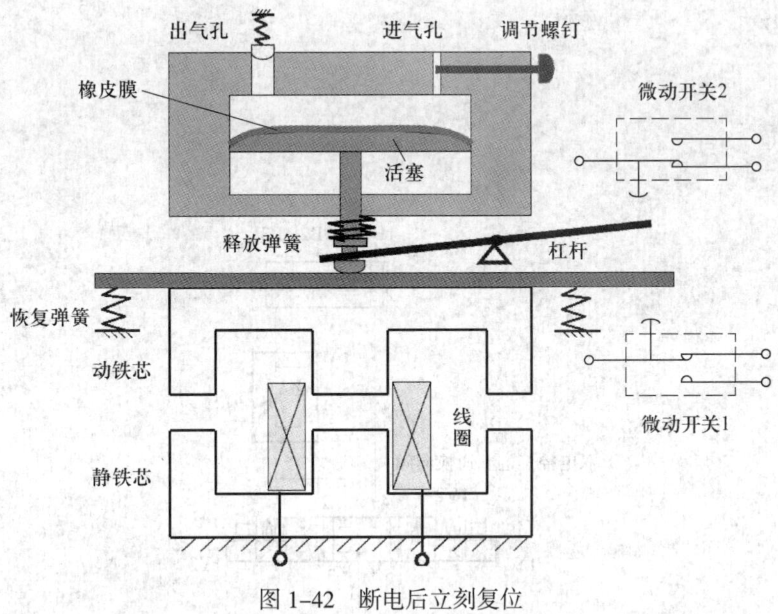

图 1–42　断电后立刻复位

二、控制回路工作原理

在自动化生产线中，经常需要自动抬升、下降加工零件，以达到自动化生产的目的。要实现气动系统的自动化，常使用电磁阀控制，这样可以使系统简洁明了，控制回路如图 1–43 所示。

如图 1–43 所示，气源通过气动二联件的过滤和减压送到 1V2 的 1 口而被关闭，双电控三位五通换向阀（1V2）无信号输入，各个气口关闭，气缸活塞杆处于原始状态。

当按下启动按钮 SB2 后，气缸活塞杆伸出，到达 1B2 处气缸停止，停止一段时间后气缸活塞杆继续伸出，到达 1B3 处气缸停止，停止一段时间后气缸返回，返回到位后系统动作结束。整个系统动作示意如图 1–44 所示。

三、技能训练

1. 设备和工具准备

（1）训练用气压控制阀若干。

（2）工具：数字式万用表、剥线钳、尖嘴钳、旋具、剪刀等。

（3）辅料：导线、气管、T 型三通、煤油等。

（4）设备：电气 – 气动训练台。

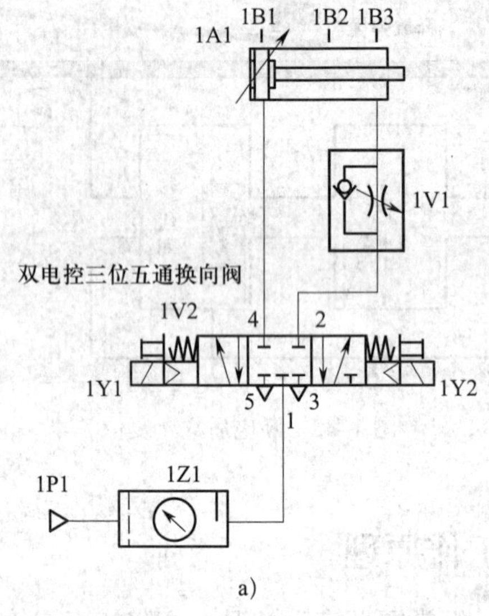

a)

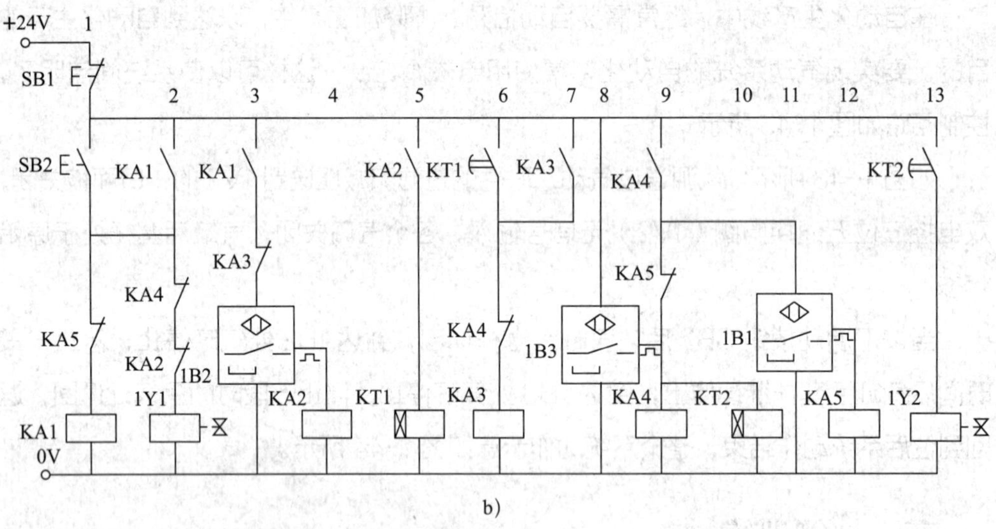

b)

图 1–43　自动电控多位置抬升装置控制回路

a）气动回路　b）电控回路

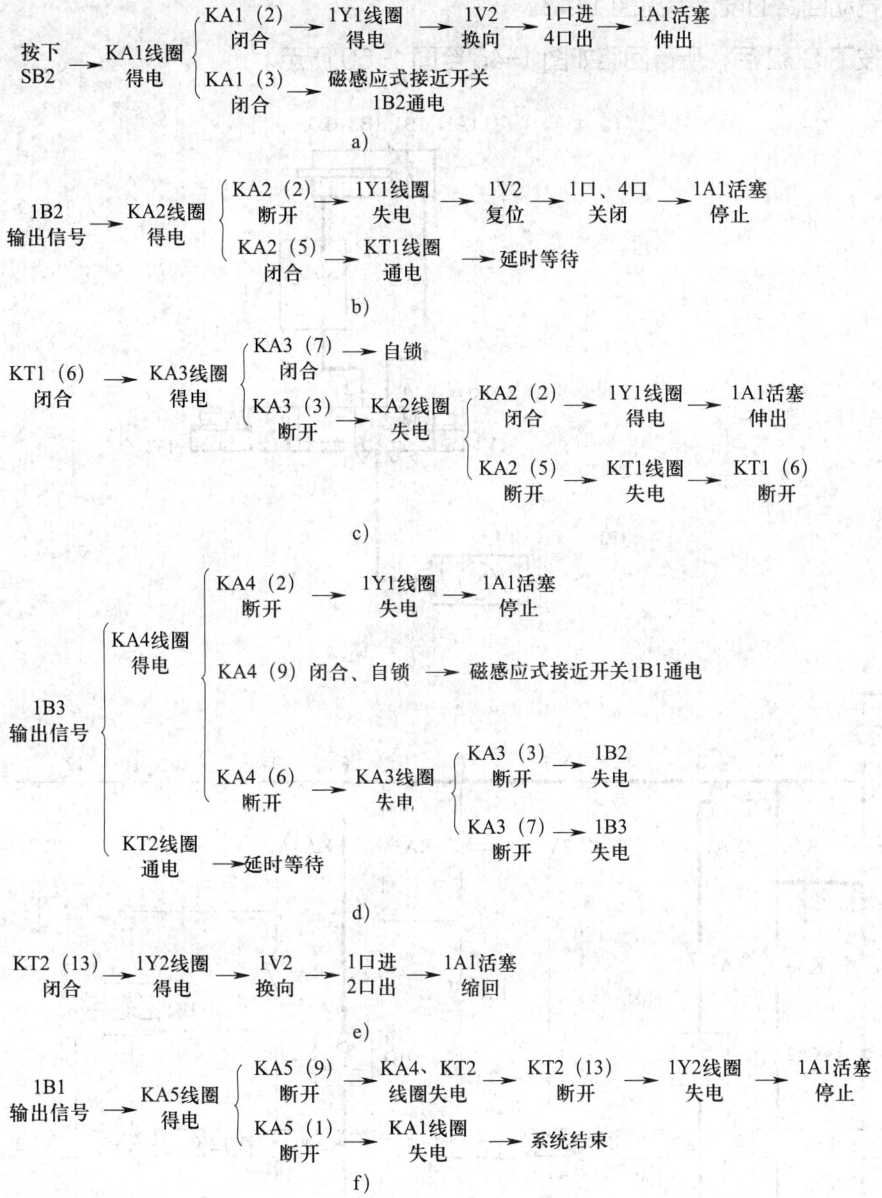

按下SB2 → KA1线圈得电
- KA1（2）闭合 → 1Y1线圈得电 → 1V2换向 → 1口进4口出 → 1A1活塞伸出
- KA1（3）闭合 → 磁感应式接近开关1B2通电

a）

1B2输出信号 → KA2线圈得电
- KA2（2）断开 → 1Y1线圈失电 → 1V2复位 → 1口、4口关闭 → 1A1活塞停止
- KA2（5）闭合 → KT1线圈通电 → 延时等待

b）

KT1（6）闭合 → KA3线圈得电
- KA3（7）闭合 → 自锁
- KA3（3）断开 → KA2线圈失电
  - KA2（2）闭合 → 1Y1线圈得电 → 1A1活塞伸出
  - KA2（5）断开 → KT1线圈失电 → KT1（6）断开

c）

1B3输出信号
- KA4线圈得电
  - KA4（2）断开 → 1Y1线圈失电 → 1A1活塞停止
  - KA4（9）闭合、自锁 → 磁感应式接近开关1B1通电
  - KA4（6）断开 → KA3线圈失电
    - KA3（3）断开 → 1B2失电
    - KA3（7）断开 → 1B3失电
- KT2线圈通电 → 延时等待

d）

KT2（13）闭合 → 1Y2线圈得电 → 1V2换向 → 1口进2口出 → 1A1活塞缩回

e）

1B1输出信号 → KA5线圈得电
- KA5（9）断开 → KA4、KT2线圈失电 → KT2（13）断开 → 1Y2线圈失电 → 1A1活塞停止
- KA5（1）断开 → KA1线圈失电 → 系统结束

f）

图 1-44　系统动作示意图

a）系统启动　b）气缸达到 1B2 处　c）KT1 时间到气缸继续输出

d）气缸到达 1B3 处　e）KT2 时间到　f）气缸到达 1B1 处系统结束

2. 回路的设计与装调

（1）气动回路的设计

气动回路的设计参见图 1-43。

按下 SB2 后，所得回路如图 1-45 至图 1-50 所示。

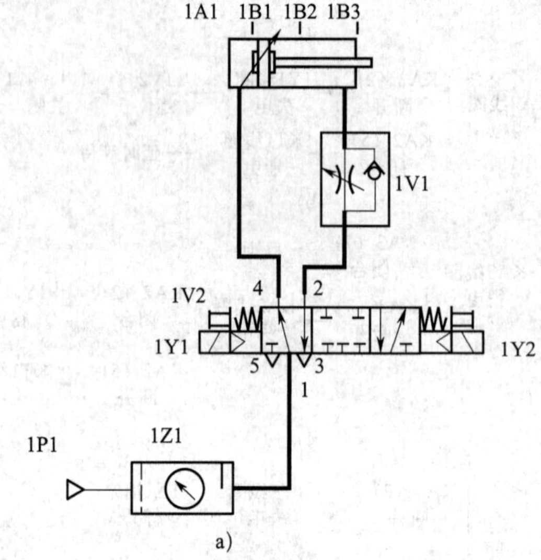

a)

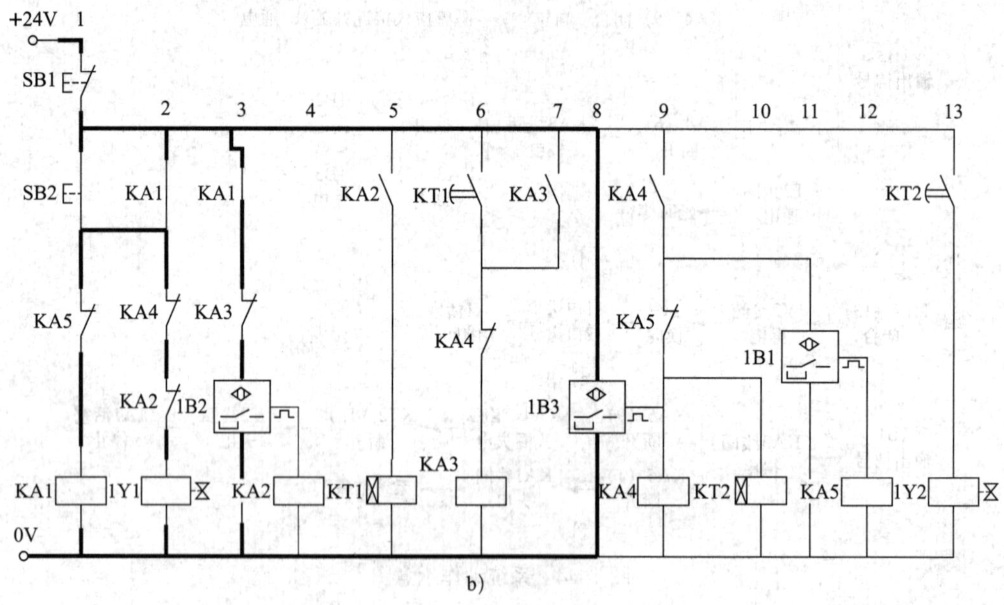

b)

图 1-45 系统启动

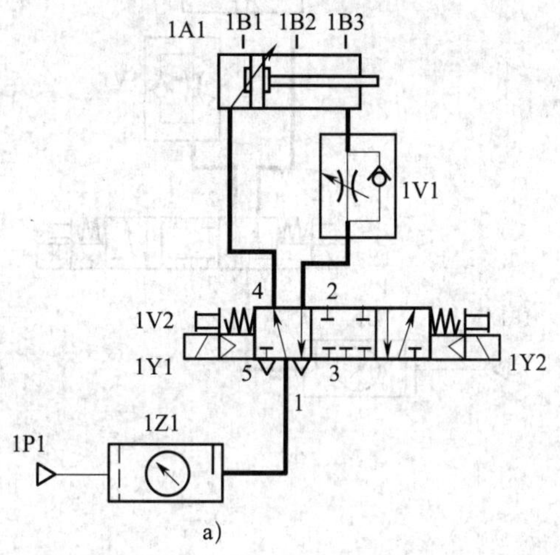

a)

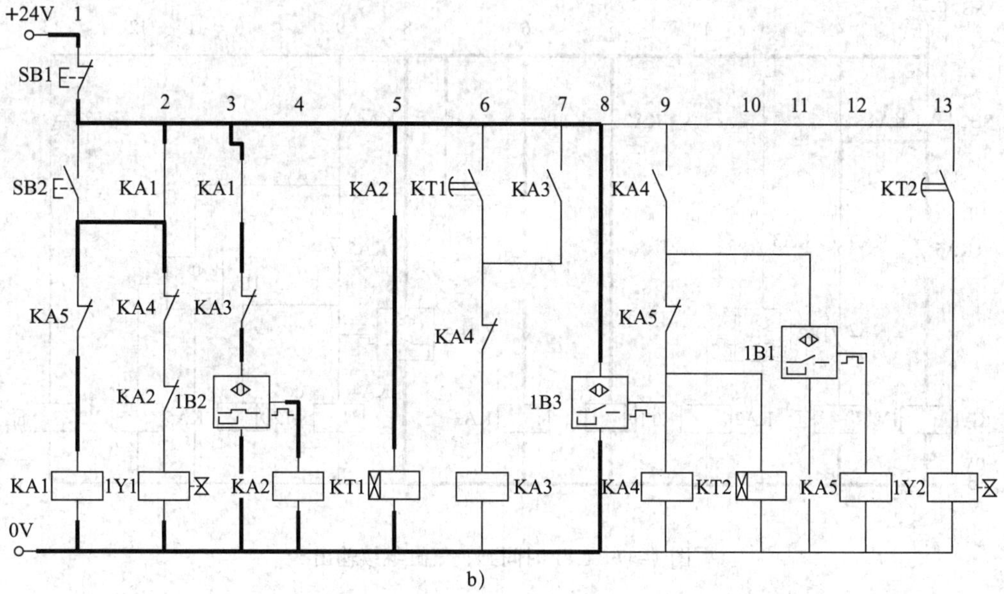

b)

图 1–46　气缸往 1B2 处运动

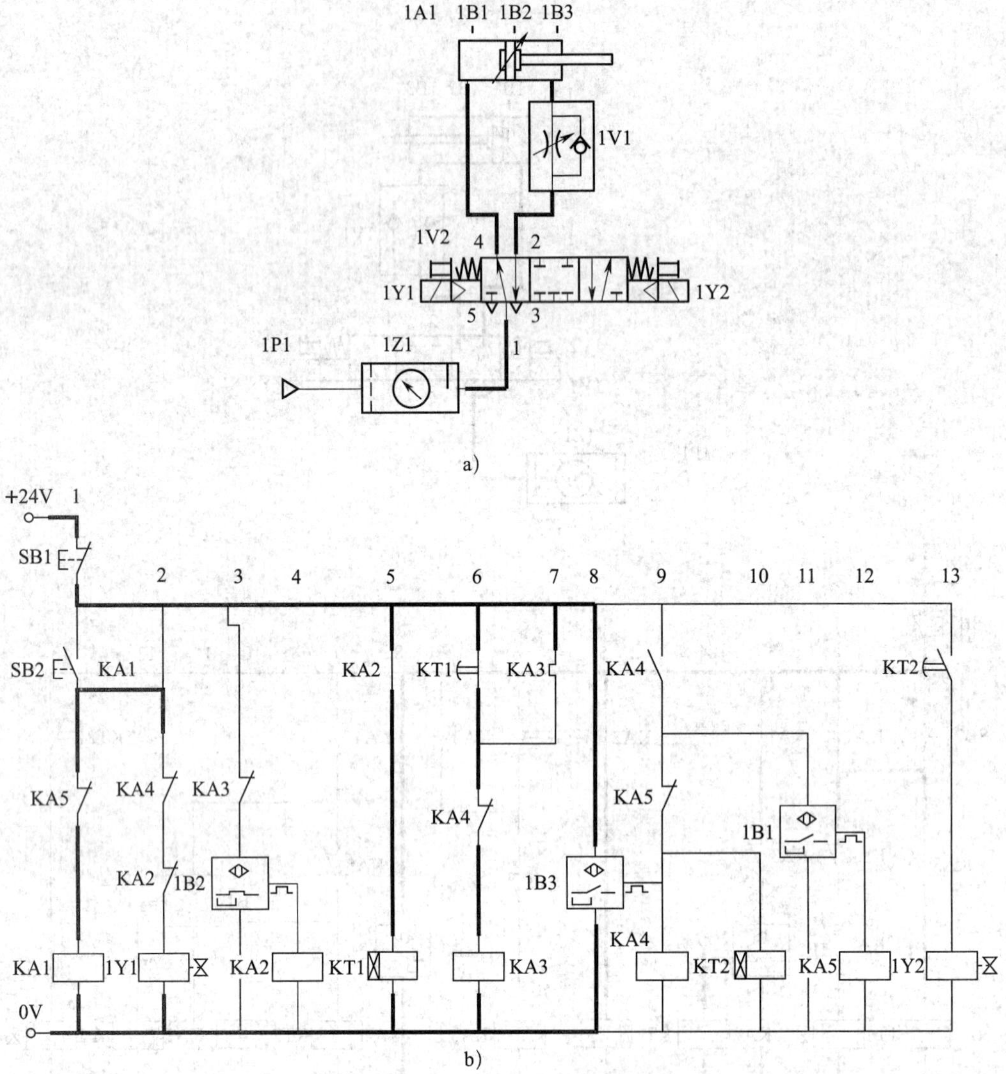

a)

b)

图 1-47　KT1 时间到，气缸继续输出

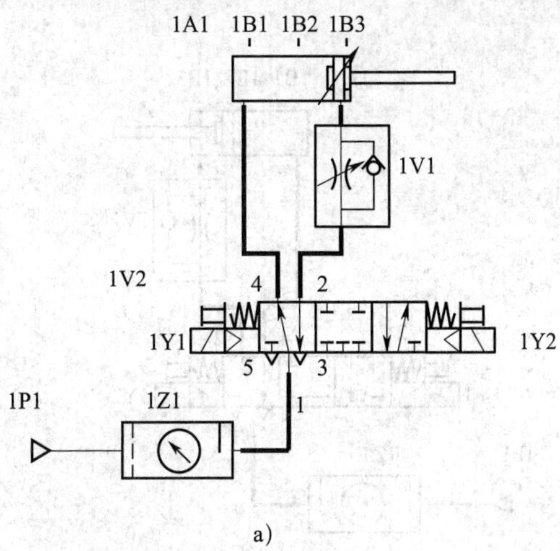

a)

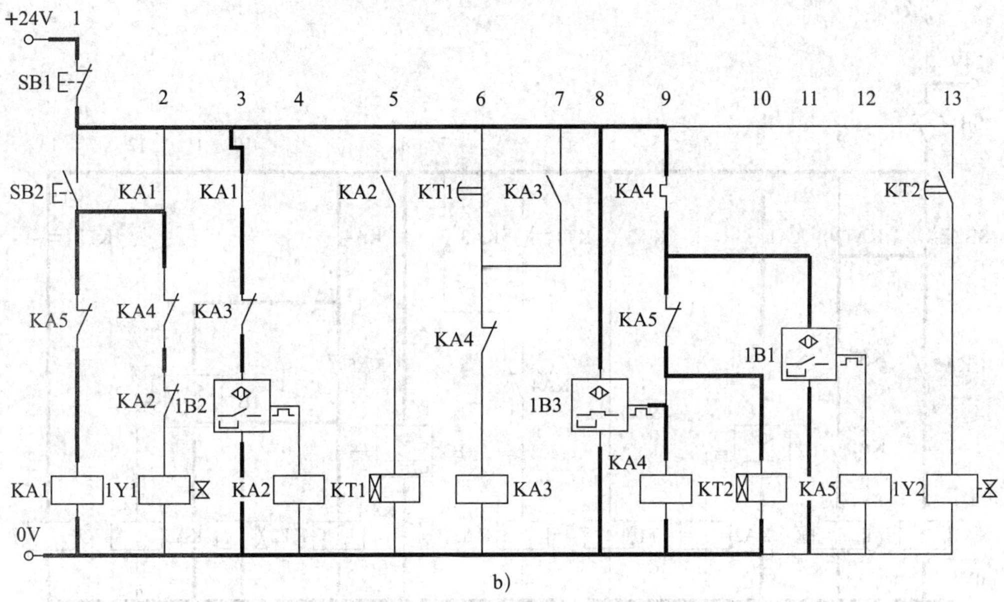

b)

图 1-48　气缸到达 1B3 处

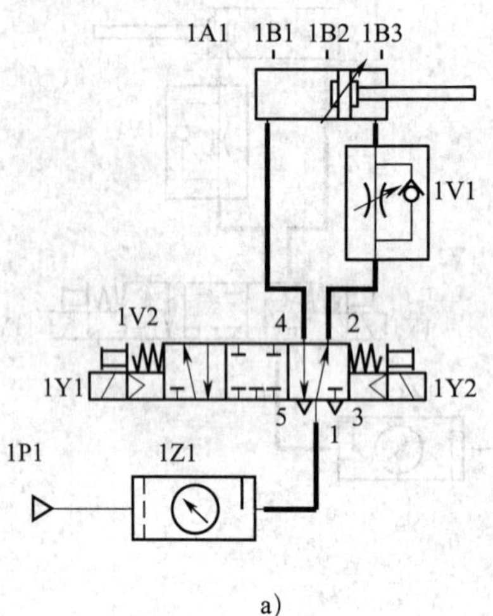

a)

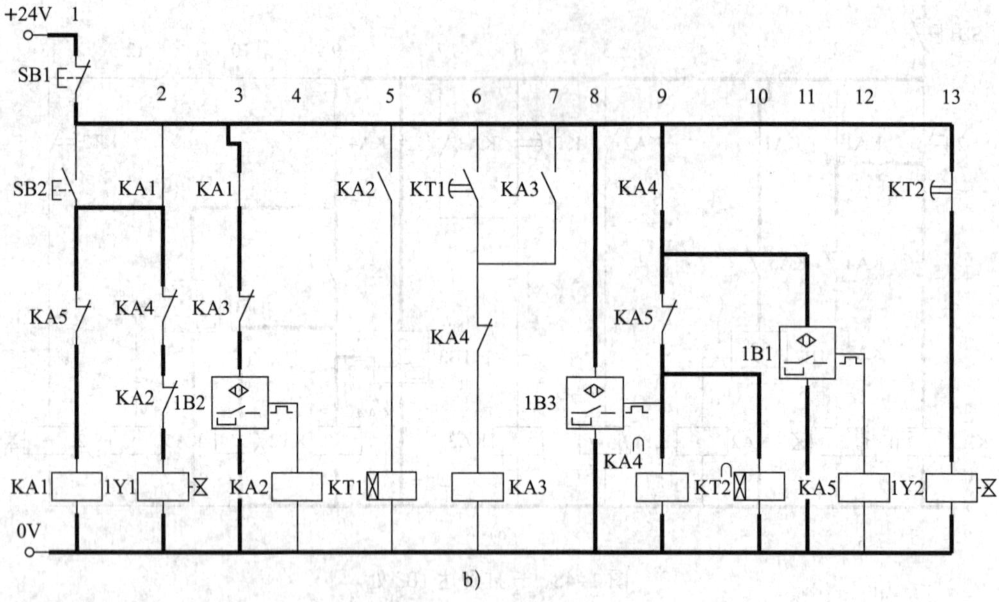

b)

图 1-49　KT2 时间到

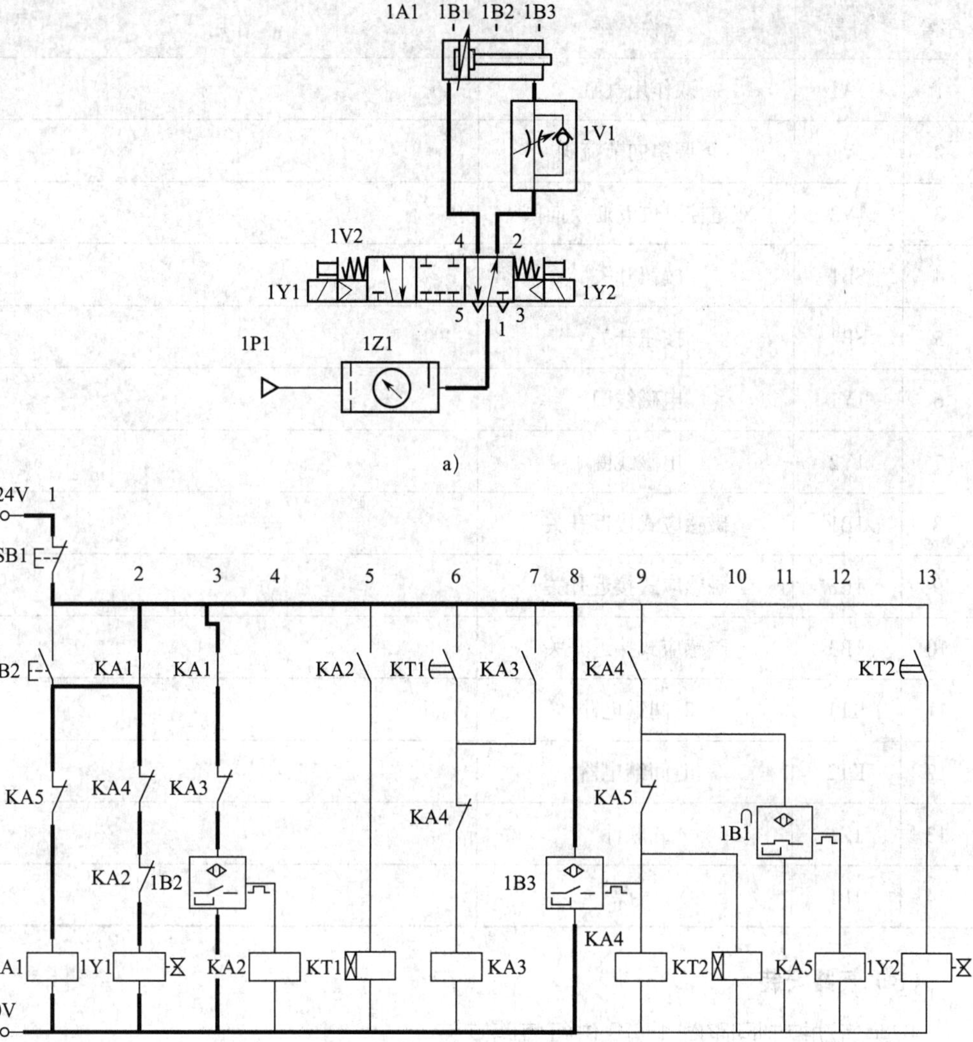

图 1–50　气缸到达 1B1 处，系统结束

（2）元件选择

根据任务要求选择元件，检查元件是否完好，并在表 1–16 中填写元件在回路中的作用。

表 1–16　元件及其作用

序号	符号	元件名称	作用
1	1A1	双作用气缸	
2	1V1	可调单向节流阀	
3	1V2	双电控三位五通换向阀	
4	SB1	按钮开关	
5	SB2	按钮开关	
6	1Y1	电磁线圈	
7	1Y2	电磁线圈	
8	1B1	磁感应式接近开关	
9	1B2	磁感应式接近开关	
10	1B3	磁感应式接近开关	
11	KT1	时间继电器	
12	KT2	时间继电器	
13	1Z1	二联件	
14	1P1	气源	

（3）气路安装

按照气动控制回路图 1–43 进行气路安装。

（4）任务调试

安装完后，调试气压，调试双作用气缸到位情况等，分析和解决在训练中出现的不正常情况，根据后面要求记录训练结果。

3. 注意事项

（1）熟悉训练设备的使用方法（气源的开关、气压的调整、管线的连接等）。

（2）检查元件的安装与固定是否牢固。

（3）安装完毕后，检查现场有无漏装的元件。

（4）打开气源时，手握气源开关观察一段时间，防止因管路没接好被打出。

（5）打开气源，观察、记录回路运行情况，对设备使用中出现的问题进行分析和解决。

（6）完成训练后关闭气源，拆下管线和元件并放回原位，对破损、老化管线应及时处理。

4．训练分析与收获

（1）气动抬升的执行元件是______，主控元件是______，双电控三位五通换向阀有______个位置______个气口，当电磁阀得电时，______口与______口接通或者______口与______口接通，其余气口与______相通。

（2）根据图 1–51 所示的时序状态图区分出气缸的各种工作状态，并计算出各个状态工作时间，填入表 1–17 中。

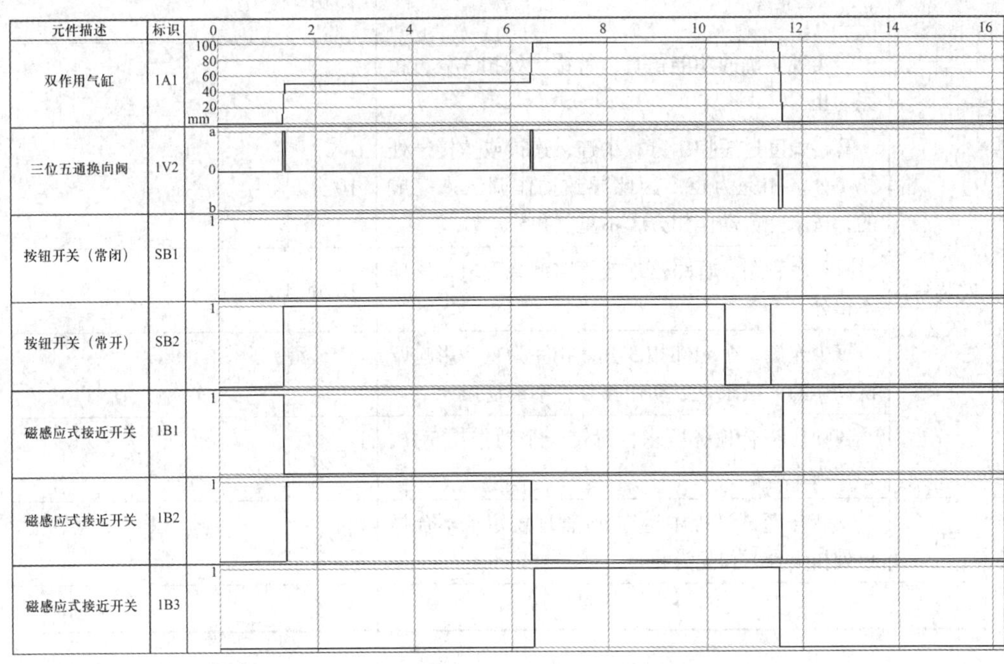

图 1–51　动作时序表

表 1–17　气缸各种工作状态的工作时长

工作状态	气缸伸出	1B2 处停止	气缸继续伸出	1B3 处停止	气缸缩回	回到起始位置
时间						

5. 评价

评价表

<table>
<tr><td>班级</td><td></td><td>姓名</td><td></td><td>学号</td><td></td><td>日期</td><td>年 月 日</td></tr>
<tr><td>评价指标</td><td colspan="5">评价要素</td><td>配分</td><td>得分</td></tr>
<tr><td>设备和工具准备</td><td colspan="5">能提前准备任务所需的设备和工具，未准备不得分，漏准备一样扣 0.5 分，扣完为止</td><td>5 分</td><td></td></tr>
<tr><td rowspan="5">回路的设计与仿真</td><td colspan="5">选择合理的图幅，图幅太大、太小都扣 2 分；原理图布局合理，线路重叠、压元件一处扣 1 分，扣完为止</td><td>5 分</td><td></td></tr>
<tr><td colspan="5">根据现有元件，选用合适的元件，元件每选错、绘错一个扣 2 分，扣完为止</td><td>10 分</td><td></td></tr>
<tr><td colspan="5">主回路绘制动作功能齐全，每缺一个动作扣 2 分，扣完为止</td><td>10 分</td><td></td></tr>
<tr><td colspan="5">控制回路功能齐全，每缺一处扣 3 分，扣完为止</td><td>10 分</td><td></td></tr>
<tr><td colspan="5">能实现正确的功能仿真，每错一处扣 3 分，扣完为止</td><td>10 分</td><td></td></tr>
<tr><td rowspan="4">安装与调试</td><td colspan="5">管路长度过短扣 1 分；少连、连错或虚接一处扣 1 分，扣完为止，因此导致动作调试未完成的，按未完成动作扣分，不重复扣分</td><td>10 分</td><td></td></tr>
<tr><td colspan="5">有多余管路、管路落地或管路缠绕现象，该项不得分</td><td>10 分</td><td></td></tr>
<tr><td colspan="5">每少连接一个元件扣 3 分，扣完为止，影响调试动作的，按未完成动作扣分，不重复扣分</td><td>10 分</td><td></td></tr>
<tr><td colspan="5">各动作符合任务要求，每错一个动作扣 5 分，扣完为止</td><td>15 分</td><td></td></tr>
<tr><td>5S</td><td colspan="5">安装与调试过程中遵守 5S 管理规定，不合格一处扣 1 分，扣完为止</td><td>5 分</td><td></td></tr>
<tr><td colspan="6">总分</td><td>100 分</td><td></td></tr>
</table>

课题五 电 – 气联合控制回路的延时顺序控制设计与装调

在自动化生产中经常需要将多个执行元件按照一定的顺序进行控制，这一需求通常采用延时顺序控制回路来实现。

一、元件介绍

1. 行程开关

（1）实物及图形符号

行程开关又称限位开关，工作原理与按钮相类似，不同的是行程开关触头动作不靠手工操作，而是利用机械运动部件的碰撞使触头动作，从而将机械信号转换为电信号，再通过其他电器间接控制机床运动部件的行程、运动方向或进行限位保护等。其实物如图 1–52 所示，结构与图形符号如图 1–53 所示。

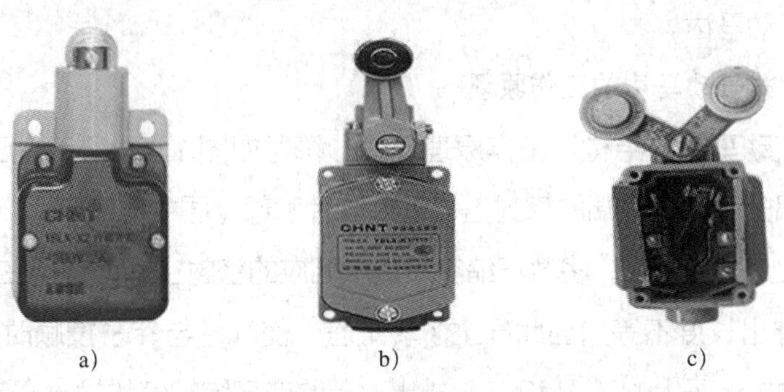

a)　　b)　　c)

图 1–52　行程开关实物

a）按钮式　b）单轮旋转式　c）双轮旋转式

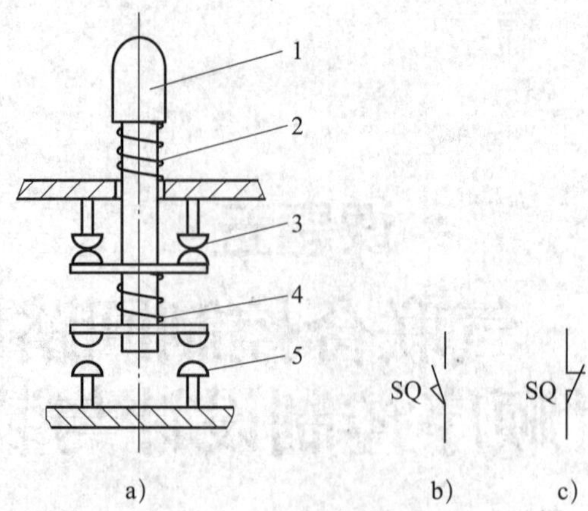

图 1-53　行程开关结构与图形符号

a）结构　b）常开触点　c）常闭触点

1—顶杆　2、4—弹簧　3—常闭触点　5—常开触点

（2）工作过程

如图 1-53a 所示，当运动机械的挡铁撞到行程开关的顶杆 1 时，顶杆受压触动使常闭触点 3 断开，常开触点 5 闭合；顶杆上的挡铁移走后，顶杆在弹簧 2 作用下复位，各触点回至原始通断状态。

2. 气动马达

气动马达是一种做连续旋转运动的气动执行元件，是把压缩空气的压力能转换成回转机械能的能量转换装置，其作用相当于电动机或液压马达，它输出转矩，驱动执行机构做旋转运动。在气压传动中使用广泛的是叶片式、活塞式和齿轮式气动马达。叶片式气动马达主要用于风动工具、高速旋转机械及矿山机械等。此处主要介绍叶片式气动马达。

（1）叶片式气动马达的工作原理

叶片式气动马达的结构、工作原理及图形符号如图 1-54 所示，压缩空气由 *A* 孔输入，小部分经定子两端的密封盖槽进入叶片底部（图中未表示），将叶片推出，使叶片紧贴在定子内壁上，多数压缩空气进入相应的密封空间而作用在两个叶片上。由于两叶片伸出长度不等，因此产生了转矩差，使叶片与转子按顺时针方向旋转，做功后的气体由定子上的 *C* 孔和 *B* 孔排出。若改变压缩空气的输入方向（即压缩空气由 *B* 孔进入，从 *A* 孔和 *C* 孔排出），则可改变转子的转向。

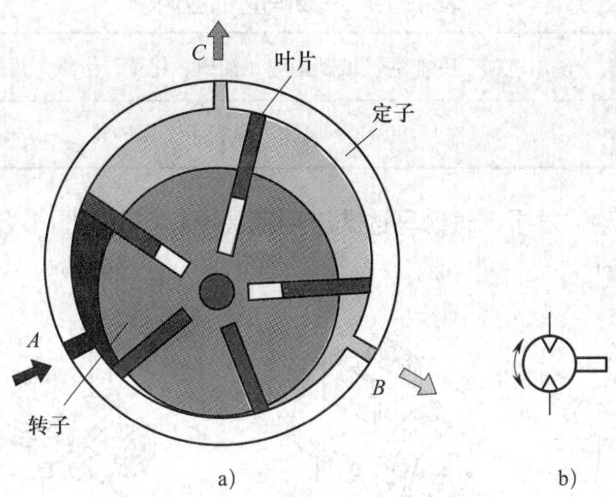

图 1–54　叶片式气动马达的结构、工作原理及图形符号

a）结构和工作原理　b）图形符号

（2）气动马达突出的特点（见表 1–18）

表 1–18　气动马达相对于电动马达和液压马达比较突出的特点

突出特点	主要原因
具有防爆性能，在易燃、易爆、高温、振动、潮湿、粉尘等场合均能正常工作，且无漏电的危险	由于气动马达的工作介质是空气，因此在工作中不产生火花
能长期满载工作，温升较小，且有过载保护的性能	由于气动马达本身的软特性，过载时，马达只是降低转速或停止转动，当过载解除，继续运转，并不产生故障
能直接带载启动，启动、停止迅速，可长期满载工作，而温升较小	具有较高的启动转矩
可实现无级调速，结构简单，操纵方便，可正、反转，维修容易，成本低	只要控制进气流量，就能调节马达的功率和转速
适用于安装在位置狭小的场合及手动工具上	与电动机相比，单位功率尺寸小，质量轻
输出功率惯性比较小，耗气量大，效率低，噪声大，易产生振动，速度稳定性差	比同功率的电动机轻 1/10 ~ 1/3

（3）气动马达的应用

气动马达的应用见表 1–19。

表 1-19　气动马达的应用

制造业	矿山机械、专业性机械制造业、油田、化工、造纸、炼钢、船舶、航空
气动工具类	风钻、风扳手、风砂轮

随着气压传动的发展，气动马达的应用范围更趋广泛。图 1-55 所示为气动马达的几个应用实例。

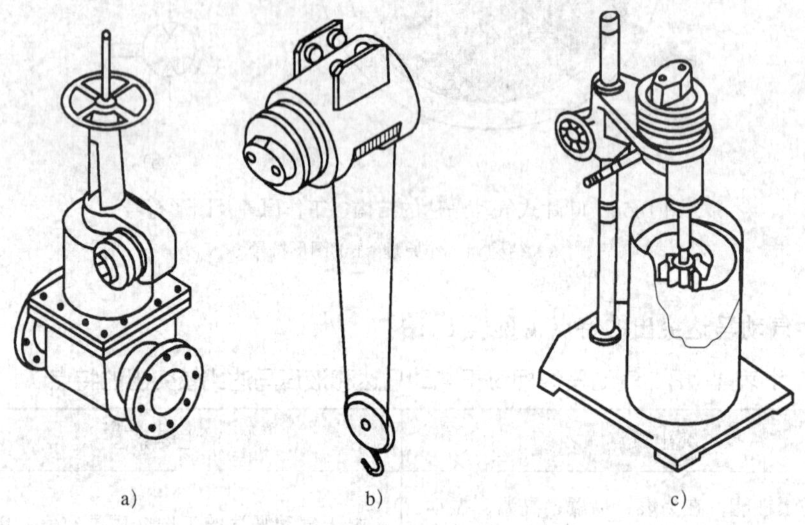

图 1-55　气动马达的应用实例

a）阀　b）升降机　c）搅拌机

3. 摆动气缸

摆动气缸是一种在小于 360° 角度范围内做往复摆动的气缸，它将压缩空气的压力能转换成机械能，输出力矩使机构实现往复摆动。摆动气缸按结构特点可分为叶片式和齿轮齿条式两种。

（1）叶片式摆动气缸

叶片式摆动气缸实物和图形符号如图 1-56 所示。它里面有 1 个或 2 个叶片，叶片连在心轴上，放在一个封闭的环形槽内。环形槽的一边通气的时候，叶片就摆向另一边。这种气缸是依靠外置的止动装置来设定角度的。

叶片式摆动气缸的结构如图 1-57 所示。它由叶片、转子（即输出轴）、定子、缸体等部分组成。定子和缸体固定在一起，叶片和转子连在一起。在定子上有两条气路，当左路进气时，右路排气，压缩空气推动叶片带动转子顺时针摆动；反之，做逆时针摆动。

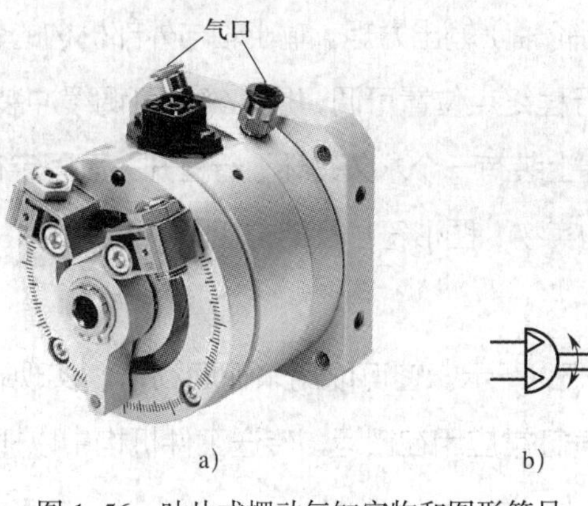

图 1-56　叶片式摆动气缸实物和图形符号

a）实物　b）图形符号

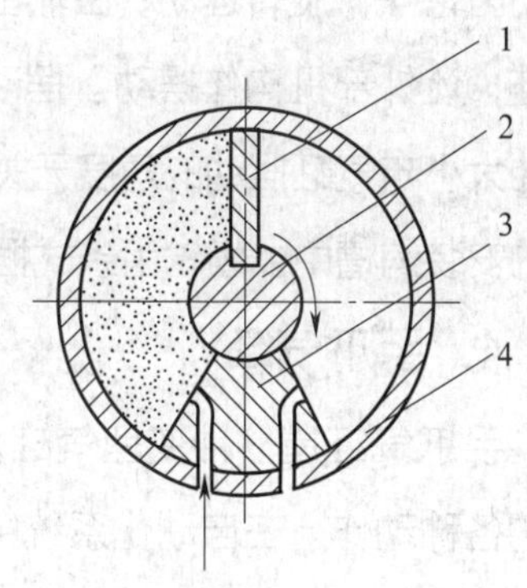

图 1-57　叶片式摆动气缸的结构示意图

1—叶片　2—转子　3—定子　4—缸体

叶片式摆动气缸体积小，重量轻，但制造精度要求高，密封困难，容易泄漏，而且动密封接触面积大，密封件的摩擦阻力损失较大，输出效率较低，小于 80%。因此，在应用上受到限制，一般只用在安装位置受到限制的场合，如夹具的回转、阀门开闭及工作台转位等。

（2）齿轮齿条式摆动气缸

齿轮齿条式摆动气缸有单齿条和双齿条两种。图 1-58 为单齿条式摆动气缸，其结构原理为压缩空气推动活塞 6 带动齿条组件 3 做直线运动，齿条组件 3 则

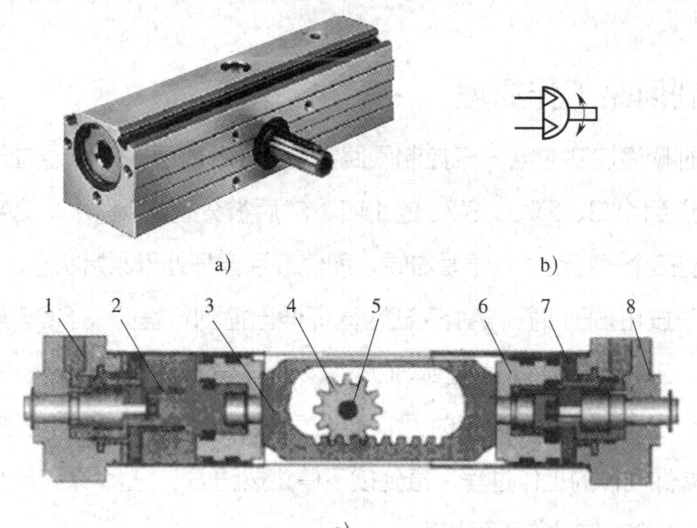

图 1-58　齿轮齿条式摆动气缸实物、图形符号及结构

a）实物　b）图形符号　c）结构

1—缓冲节流阀　2—缓冲柱塞　3—齿条组件

4—齿轮　5—输出轴　6—活塞　7—缸体　8—端盖

推动齿轮 4 做旋转运动，由输出轴 5（齿轮轴）输出力矩。输出轴与外部机构的转轴相连，让外部机构作摆动。摆动气缸的行程终点位置可调，且在终端可调缓冲装置，缓冲大小与气缸摆动的角度无关，在活塞上装有一个永久磁环，行程开关可固定在缸体的安装沟槽中。齿轮齿条式摆动气缸的实物、图形符号及结构如图 1–58 所示。

4. 手爪气缸

手爪气缸是一种变型气缸，如图 1–59 所示。它可以用来抓取物体，实现机械手的各种动作。在自动化系统中，手爪气缸常应用在搬运、传送工件机构中以抓取、拾放物体。

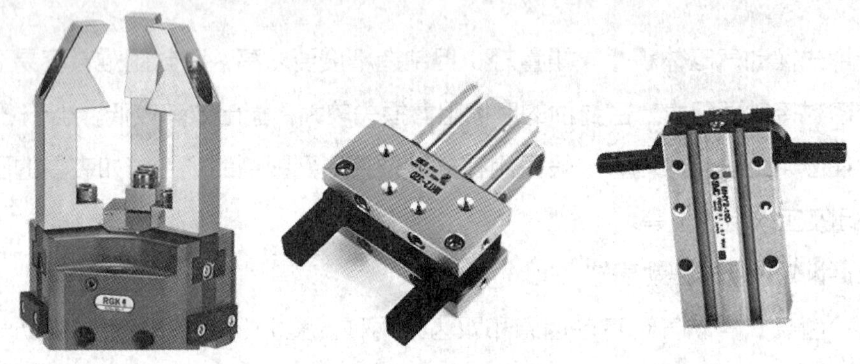

图 1–59　手爪气缸

二、控制回路工作原理

多气缸延时顺序控制的电 – 气控制回路如图 1–60 所示。气源通过气动二联件的过滤和减压送到 1V3、2V3、3V3 的 1 口，然后被分别送到 1A1、2A1、3A1 的有杆腔，从而使三个气缸活塞处于最左端，即气缸活塞杆处于原始状态。

当按下启动按钮 SB1 时，1A1 气缸活塞杆伸出撞到行程开关 SQ2 后，2A1 气缸活塞杆伸出，2A1 气缸活塞杆撞到 SQ4 后，3A1 气缸活塞杆伸出，3A1 气缸活塞杆撞到 SQ6 后，经过延时设定时间，三个气缸 3A1、2A1、1A1 按先后顺序收回。收回后重复做同样的工作过程，直到按下停止按钮 SB2 整个系统动作结束。如图 1–60 所示，整个系统动作过程如下：

1）按下 SB1，KA1（1）线圈得电，KA1（2）常开触点闭合处于自锁状态。KA1（6）常开触点闭合，1Y1 线圈得电，1V3 电磁换向阀左位接通，气缸活塞 1A1 伸出，SQ2（8）常开触点闭合。

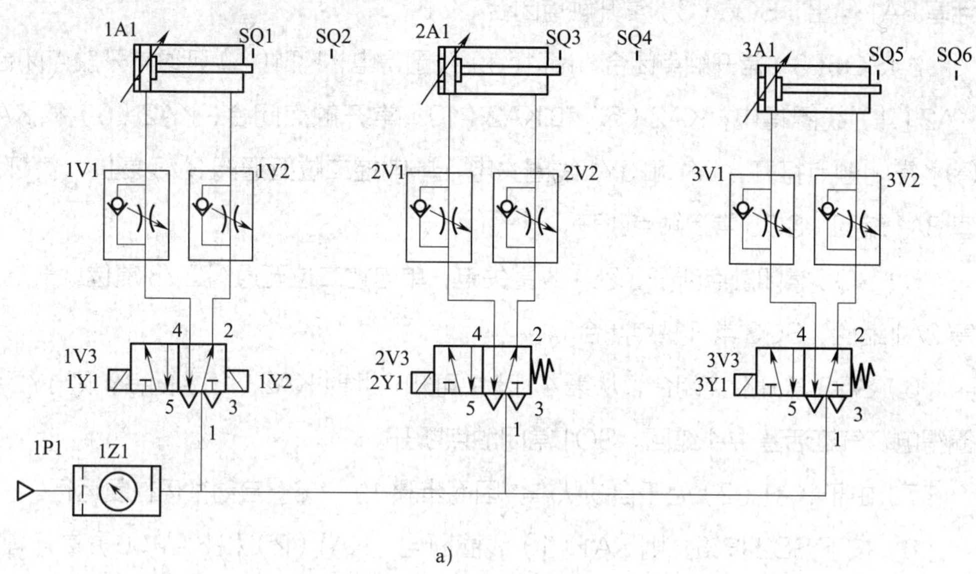

a)

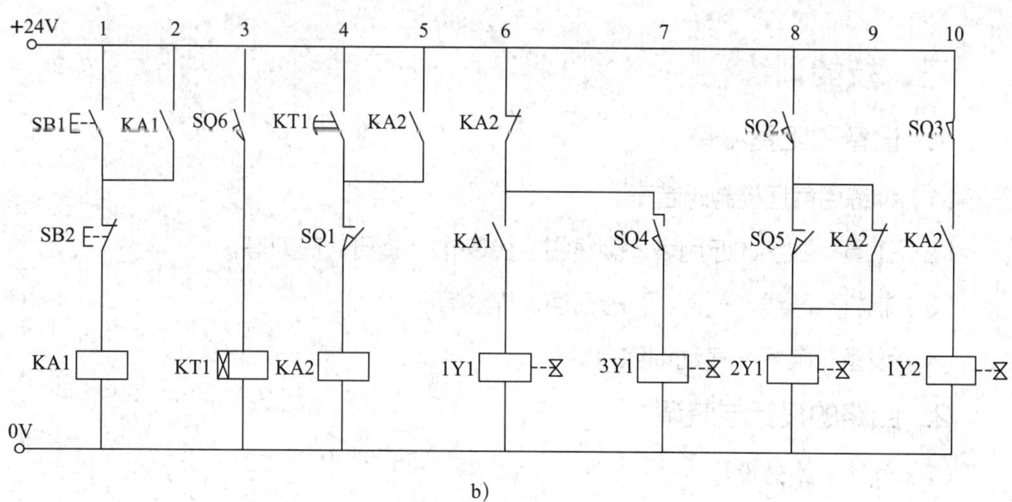

b)

图 1-60　多气缸延时顺序控制的电 - 气控制回路

a）气动回路　b）电控回路

2）SQ2（8）常开触点闭合，2Y1 线圈得电，2V3 电磁换向阀左位接通，气缸活塞 2A1 伸出，SQ4（7）常开触点闭合。

3）SQ4（7）常开触点闭合，3Y1 线圈得电，3V3 电磁换向阀左位接通，气缸活塞 3A1 伸出，SQ6（3）常开触点闭合。

4）SQ6（3）常开触点闭合，KT1（3）线圈得电，KT1（4）延时常开触点闭合。KA2（4）线圈得电，KA2（5）和 KA2（10）常开触点闭合，KA2（6）和 KA2（9）常闭触点打开，1Y1 和 3Y1 线圈失电，单电控二位五通阀 3V3 复位，气缸活塞 3A1 缩回，SQ5 常闭触点断开。

5）SQ5 常闭触点断开，2Y1 线圈失电，单电控二位五通阀 2V3 复位，气缸活塞 2A1 缩回，SQ3 常开触点闭合。

6）SQ3 常开触点闭合，从第 4）步中可知，此时 KA2（10）闭合，则 1Y2 线圈得电，气缸活塞 1A1 缩回，SQ1 常闭触点断开。

7）由于 KA1（2）处于自锁状态，因而步骤 1）~ 6）自动循环往复运行。

8）按下 SB2 按钮，则 KA1（1）线圈断电，KA1（2）和 KA1（6）常开触点断开，待到 3A1、2A1、1A1 按先后顺序活塞缩回后，停止工作。

三、技能训练

1. 设备和工具准备

（1）训练用气压控制阀若干。

（2）工具：数字式万用表、剥线钳、尖嘴钳、旋具、剪刀等。

（3）辅料：导线、气管、T 形三通、煤油等。

（4）设备：电气 - 气动训练台。

2. 回路的设计与装调

（1）气动回路的设计

气动回路设计如图 1-60 所示。

按下 SB1 后，所得回路如图 1-61 至图 1-66 所示。

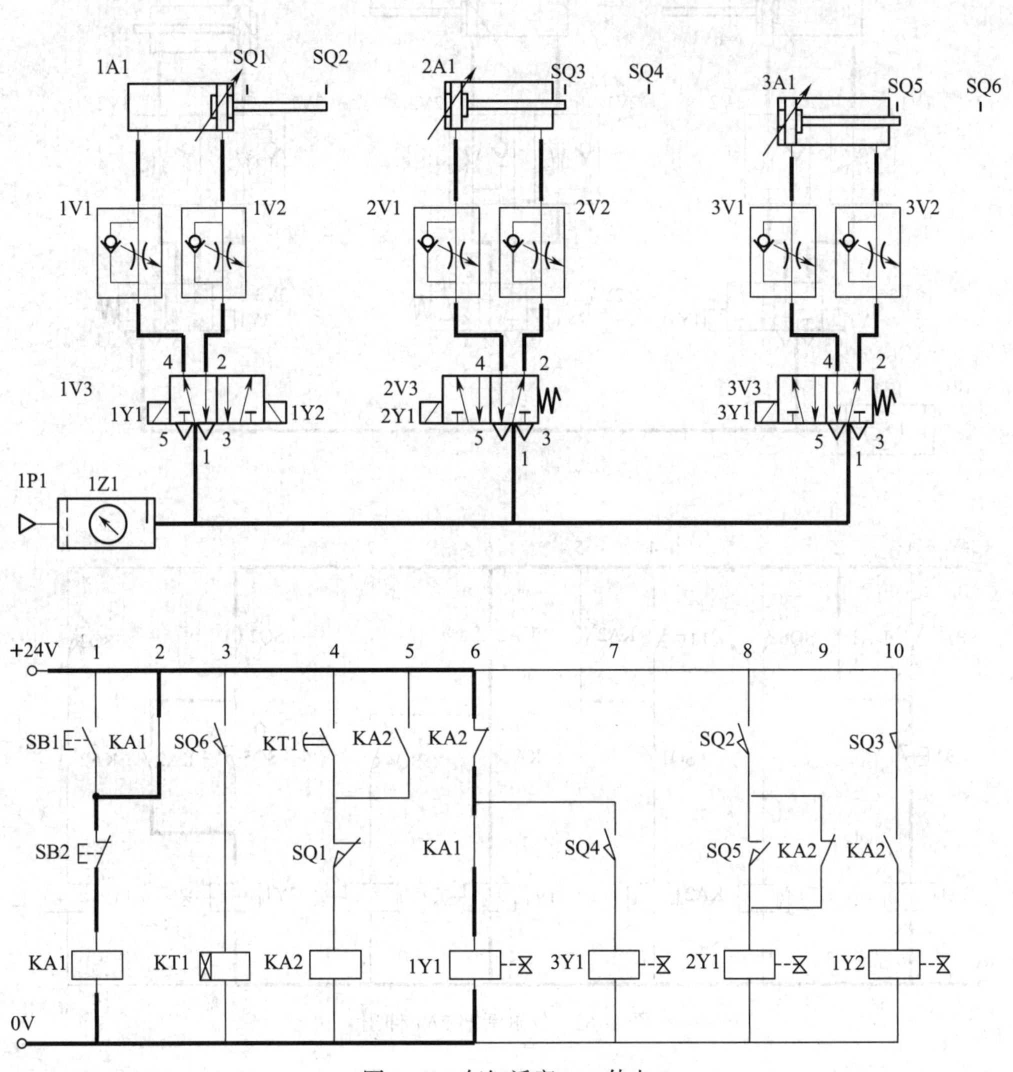

图 1–61　气缸活塞 1A1 伸出

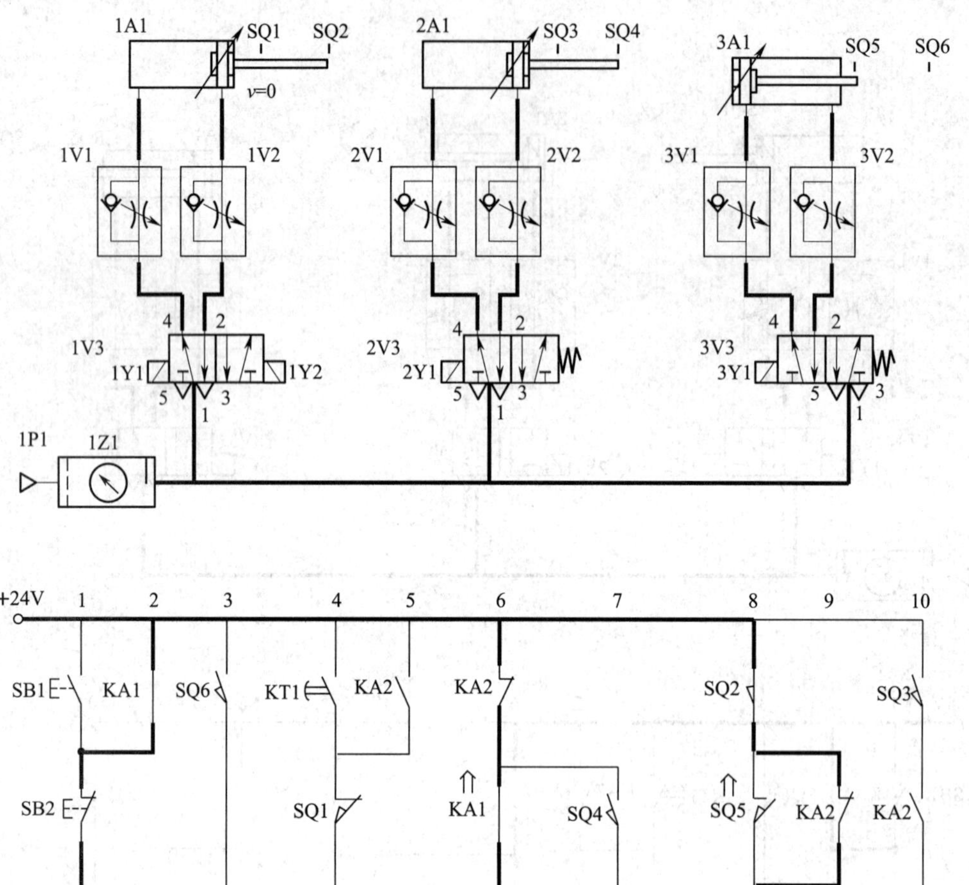

图 1-62　气缸活塞 2A1 伸出

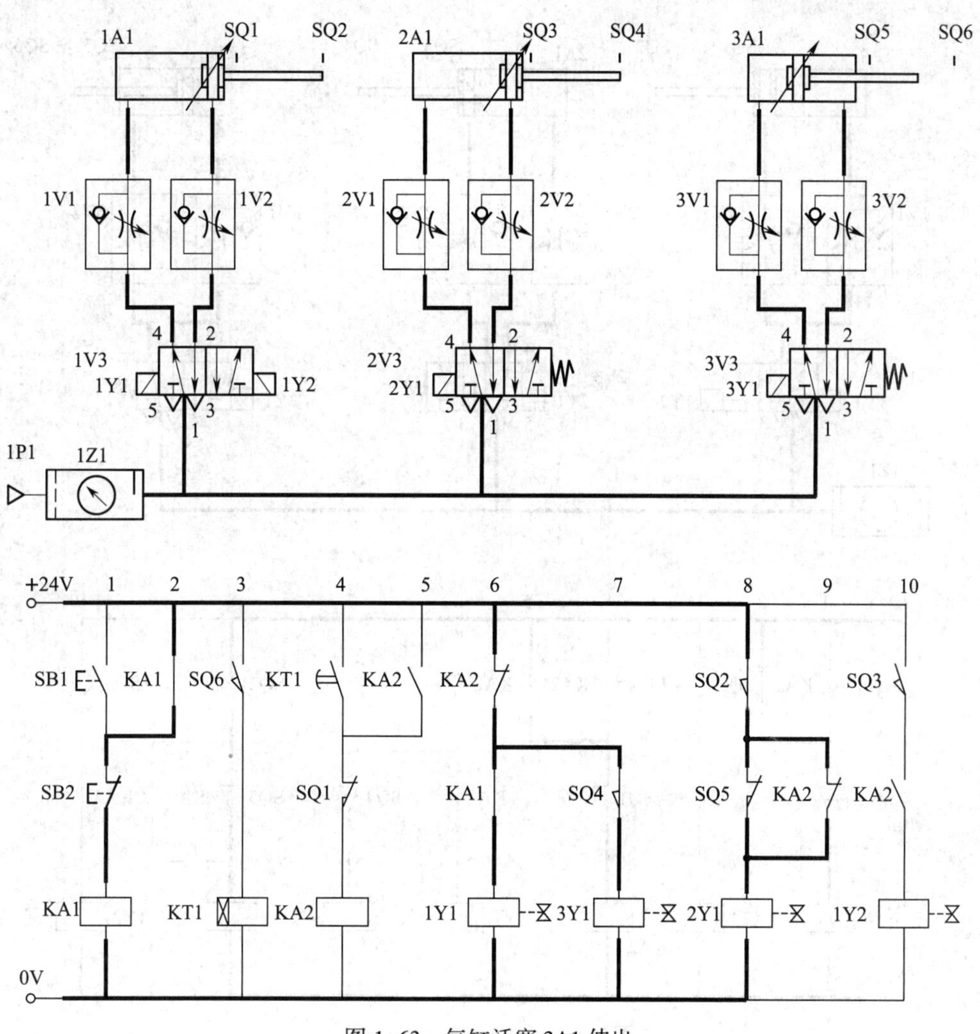

图 1-63　气缸活塞 3A1 伸出

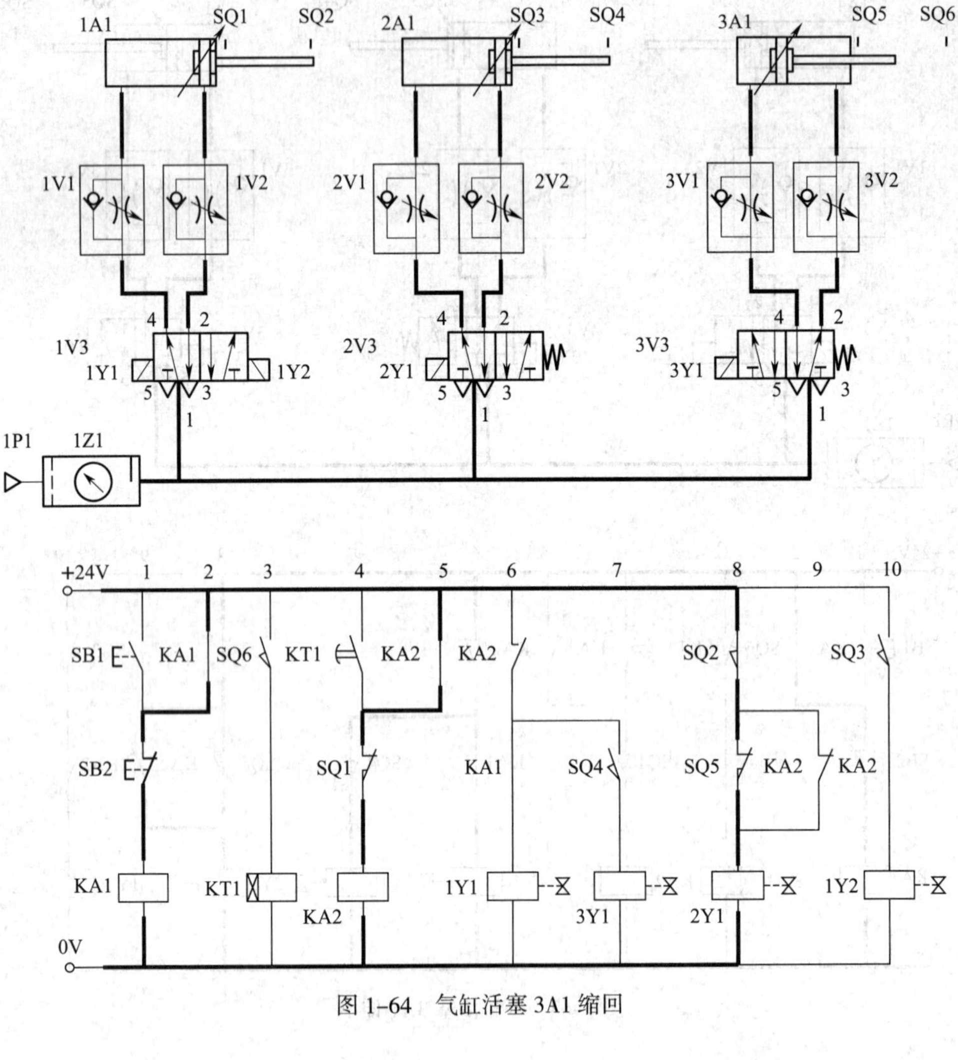

图 1-64　气缸活塞 3A1 缩回

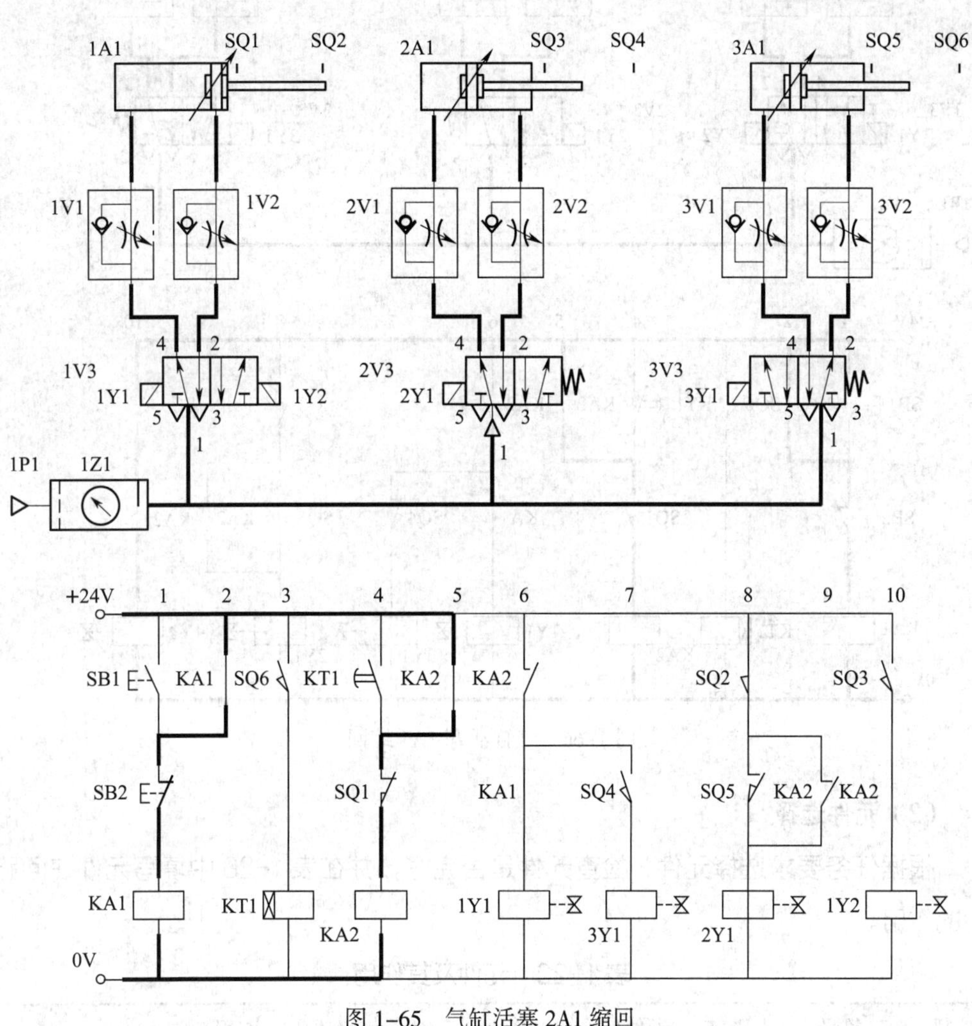

图 1-65　气缸活塞 2A1 缩回

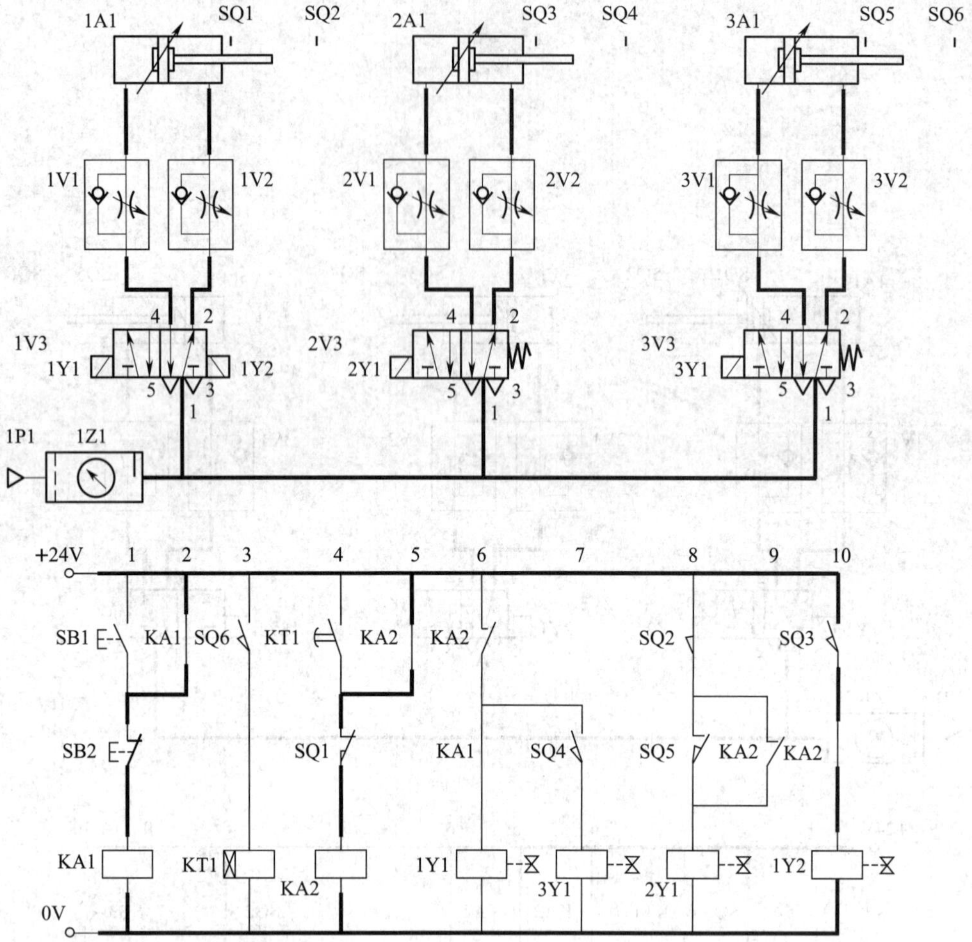

图 1-66 气缸活塞 1A1 缩回

(2) 元件选择

根据任务要求选择元件，检查元件是否完好，并在表 1-20 中填写元件在回路中的作用。

表 1-20 元件及其作用

序号	符号	元件名称	作用
1	1A1 ~ 3A1	双作用气缸	
2	1V1、1V2	可调单向节流阀	
3	2V1、2V2	可调单向节流阀	
4	3V1、3V2	可调单向节流阀	
5	1V3	双电控二位五通换向阀	
6	2V3、3V3	单电控二位五通换向阀	

续表

序号	符号	元件名称	作用
7	SB1、SB2	按钮开关	
8	1Y1、1Y2	电磁线圈	
9	2Y1、3Y1	电磁线圈	
10	KA1、KA2	电磁继电器	
11	KT1	时间继电器	
12	SQ1 ~ SQ6	行程开关	
13	1Z1	二联件	
14	1P1	气源	

（3）气路安装

按照图 1-60 进行气路安装。

（4）任务调试

按照图 1-60 所示接好管线和控制电路，调试气压，调试双作用气缸到位情况等，分析和解决在训练中出现的不正常情况，根据后面要求记录训练结果。

（5）工艺要求

1）元件安装要牢固，不能出现松动。

2）管路连接要可靠，气管插入插头时要到底。

3）管路走向要合理，避免气管缠绕。

4）电路连接要安全，避免短路。

5）电路连线要合理，避免互相交叠。

3. 注意事项

（1）熟悉训练设备的使用方法（气源的开关、气压的调整、管线的连接等）。

（2）检查元件的安装与固定是否牢固。

（3）安装完毕后，检查现场有无漏装的元件。

（4）打开气源时，手握气源开关观察一段时间，防止因管路没接好被打出。

（5）打开气源，观察、记录回路运行情况，对设备使用中出现的问题进行分析和解决。

（6）完成训练后关闭气源，拆下管线和元件并放回原位，对破损、老化管线应及时处理。

4. 训练分析与收获

（1）气动顺序控制的执行元件是________，主控元件是____________，双电控二位五通换向阀有____个位置______个气口，当电磁阀得电时________口与________口接通或者________口与________口接通，其余气口与________相通。

（2）根据图 1-60 所示及工作过程，填写表 1-21（得电填 +，失电填 -）。

表 1-21 各工作状态下对应电路的动作

	SB1	1Y1	1Y2	2Y1	3Y1	SB2
启动						
1A1 伸						
2A1 伸						
3A1 伸						
3A1 缩						
2A1 缩						
1A1 缩						
停止						

5. 评价

评价表

班级		姓名		学号		日期	年 月 日
评价指标	评价要素				配分	得分	
设备和工具准备	能提前准备任务所需的设备和工具，未准备不得分，漏准备一样扣 0.5 分，扣完为止				5 分		
回路的设计与仿真	选择合理的图幅，图幅太大、太小都扣 2 分；原理图布局合理，线路重叠、压元件一处扣 1 分，扣完为止				5 分		
	根据现有元件，选用合适的元件，元件每选错、绘错一个扣 2 分，扣完为止				10 分		
	主回路绘制动作功能齐全，每缺一个动作扣 2 分，扣完为止				10 分		
	控制回路功能齐全，每缺一处扣 3 分，扣完为止				10 分		
	能实现正确的功能仿真，每错一处扣 3 分，扣完为止				10 分		

续表

评价指标	评价要素	配分	得分
安装与调试	管路长度过短扣 1 分；少连、连错或虚接一处扣 1 分，扣完为止，因此导致动作调试未完成的，按未完成动作扣分，不重复扣分	10 分	
	有多余管路、管路落地或管路缠绕现象，该项不得分	10 分	
	每少连接一个元件扣 3 分，扣完为止，影响调试动作的，按未完成动作扣分，不重复扣分	10 分	
	各动作符合任务要求，每错一个动作扣 5 分，扣完为止	15 分	
5S	安装与调试过程中遵守 5S 管理规定，不合格一处扣 1 分，扣完为止	5 分	
总分		100 分	

模块二
电气 – 液压控制系统设计与装调

液压传动是用液体作为工作介质传递能量和进行控制的传动方式，具有质量轻、承载能力大、易实现无级调速等特点。电气控制技术与液压传动结合后，让液压传动实现了自动化，例如，机械制造业中的自动化机床、加工中心、机械手、机器人，冶金工业的轧机，工程机械，化工机械等对自动化的需求程度越来越高，所以电气 – 液压控制技术的应用越来越广泛，如图 2–1 所示。

图 2–1　电气 – 液压控制技术的应用

课题一 电气 - 液压控制压力机系统设计与装调

压力机是锻压、冲压、冷挤、校直、弯曲、粉末冶金、成形、打包等加工工艺中广泛应用的压力加工机械设备。液压压力机（简称液压机）是压力机的一种类型，它通过液压系统产生很大的静压力对工件进行挤压、校直、弯曲等加工。液压机的结构类型有单柱式、三柱式、四柱式等形式，其中以四柱式液压机最为典型，它主要由横梁、导柱、工作台、上滑块、下滑块和顶出机构等部件组成，如图 2-2 所示。

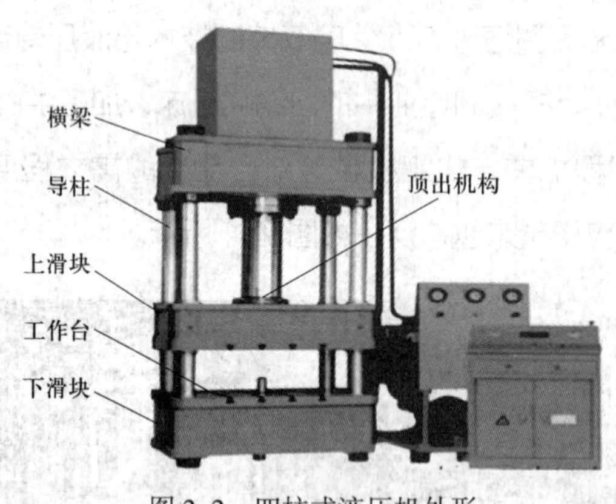

图 2-2　四柱式液压机外形

一、电磁换向阀

1. 工作原理

电磁换向阀简称电磁阀，是液压与气动控制元件中最主要的方向控制元件，如图 2-3、图 2-4 所示。其品种规格繁多，结构各异。按操纵方式不同分为直动式和先导式两类。按结构形式不同分为滑柱式、截止式和同轴截止式三类。按密封形式不同分为间隙密封和弹性密封两类。按所用电源不同分为直流和交流两类。按使用环境不同分为普通型和防爆型两类。

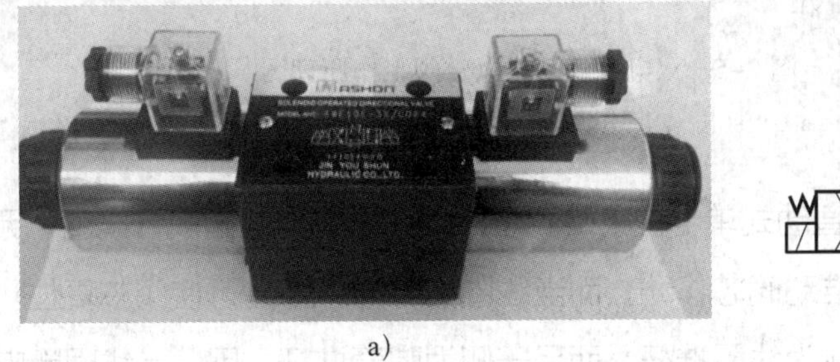

a)

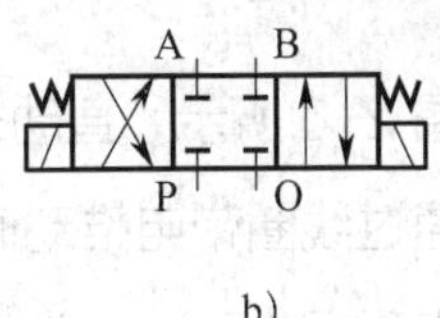

b)

图 2-3　双电控三位四通电磁阀实物及图形符号

a）实物　b）图形符号

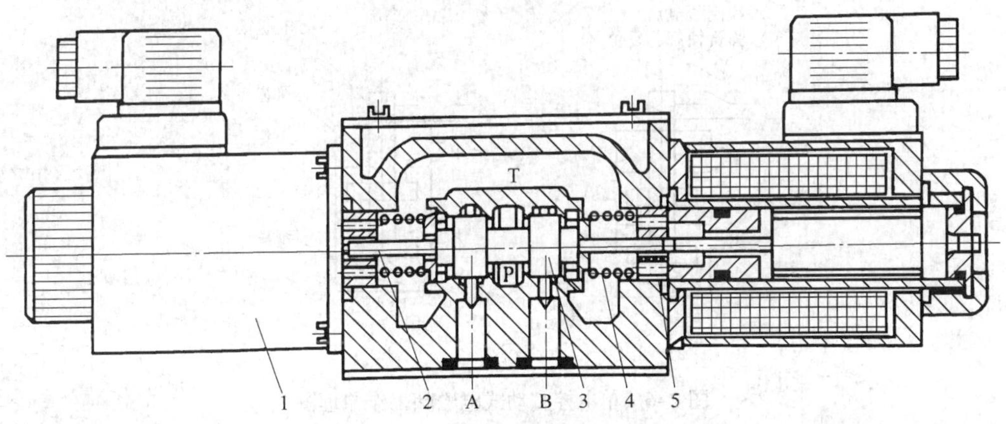

图 2-4　双电控三位四通电磁阀的结构

1—电磁铁　2—推杆　3—阀芯　4—弹簧　5—挡圈

（1）直动式电磁阀

直动式电磁阀利用电磁力直接推动阀杆从而带动阀芯实现换向。根据阀芯复位的控制方式，有单电控和双电控两种。

如图 2-5 所示，直动式双电控电磁阀是指阀芯两端各有一电磁推杆的吸合线圈，通过线圈带电推动阀芯移动。由于阀芯是具有密封阻力的游动形式，当线圈带电后，如果阀芯与线圈带电后的推动方向不同，则线圈铁芯推杆带动阀芯移动到运动方向的同一侧；如果方向相同，铁芯推杆没有推动力，则阀芯保持不动。因此，在同一侧的阀芯位置保持时段中，线圈带电使阀芯落平和线圈长期通电的效果是相同的，在同一侧阀芯具有记忆功能，线圈通断电的位置状态不改变。

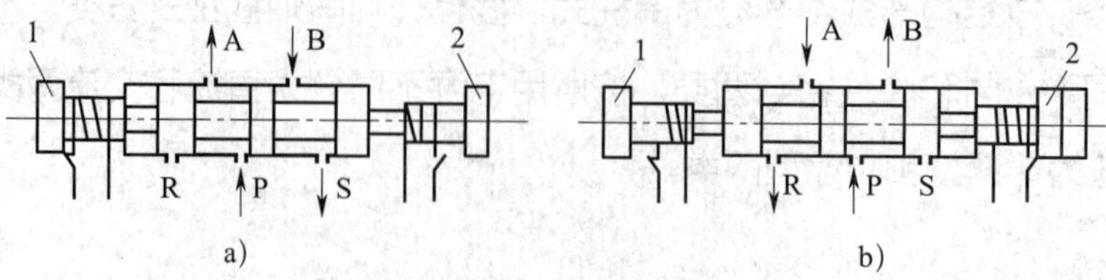

图 2–5　双电控直动式电磁阀工作原理图

a）1 通电、2 断电状态　b）1 断电、2 通电状态

如图 2-6 所示，直动式单电控电磁阀是指阀芯一端为电磁吸合线圈，另一端为弹簧，通过线圈带电推动阀芯移动，而当线圈失电时，弹簧可使阀芯复位。直动式单电控电磁阀由于一侧为线圈推杆，而另一侧为弹簧推杆，因此当线圈断电后，弹簧推杆可使阀芯恢复到通电前的断电原始位置。

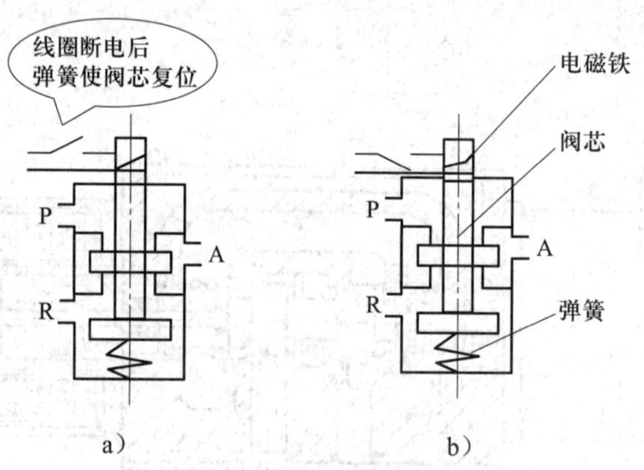

图 2–6　单电控直动式电磁阀工作原理图

a）线圈断电时的状态　b）线圈通电时的状态

直动式电磁阀结构简单、紧凑，换向频率高，只适用于小型阀。使用直动式双电控电磁阀应特别注意的是，两侧的电磁铁不能同时通电，否则将使电磁线圈烧坏。

如果将二位换向阀的电磁控制换成液压控制就形成了二位压力换向阀，二位换向阀包括电磁、液控等控制形式，因此有二位电磁换向阀、二位液控换向阀等。二位液控换向阀的输出负载能力远远大于二位电磁换向阀的输出负载能力。

（2）先导式电磁阀

先导式电磁阀由小型直动式电磁阀和大型液控换向阀构成，又称为电液换向阀。

先导式电磁阀可分为单电控（见图 2-7）、双电控（见图 2-8）。先导式电磁阀按工作位置可分为二位和三位，每位有二通、三通、四通、五通等回路接口，阀芯工作形式有截止式和滑柱式。

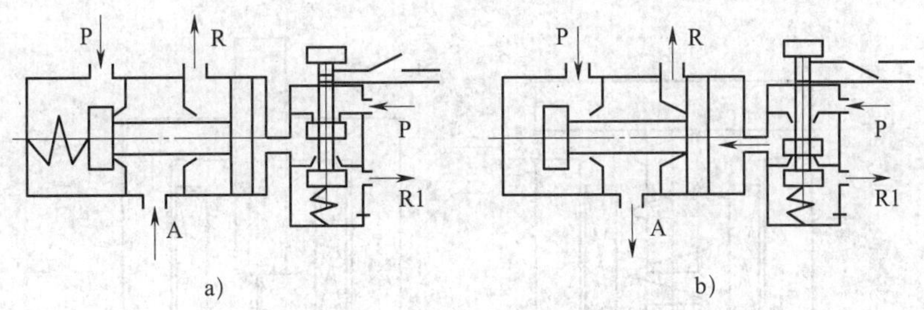

图 2-7　先导式单电控电磁阀工作原理图

a）线圈断电时的状态　b）线圈通电时的状态

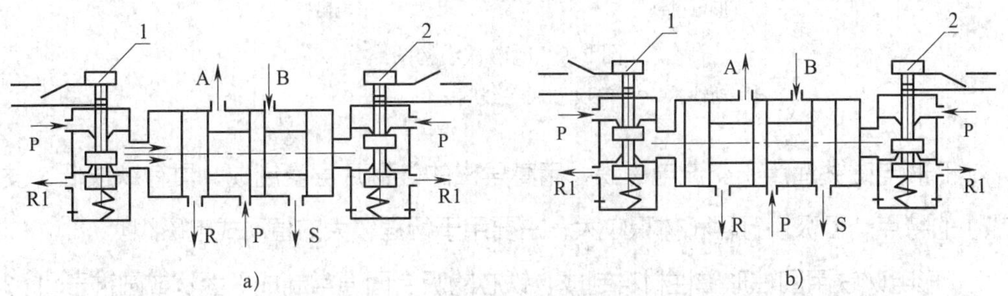

图 2-8　先导式双电控电磁阀工作原理图

a）电磁先导阀 1 通电　b）电磁先导阀 2 通电

按先导式电磁阀液控信号的来源可分为自控式（内部先导）和他控式（外部先导）两种。直接利用主阀的液压源作为控制信号的阀称为自控式电磁阀。为了保证阀的换向性能或降低阀的工作压力，由外部供给的液压源作为主阀控制信号的阀称为他控式电磁阀。

二位换向阀中，无论是液控还是电控，单控阀由于有复位弹簧，当没有驱动控制信号时，其阀芯具有自动复位功能；双控阀由于没有复位弹簧，当驱动控制信号消失，而另一方向的驱动控制信号没有出现时，阀芯不会受到任何驱动力的作用，因此阀芯具有记忆保持功能；而对于任何形式的双控阀，其两控制端不能同时加动作控制信号，否则阀芯在双向力的作用下，其动作过程不确定，动作结果未知。

2. 电磁阀的电气结构

电磁阀的电气结构包括电磁铁、接线座及保护电路。

（1）电磁铁

电磁铁主要由线圈、静铁芯和动铁芯构成。根据其使用的电源不同，分为交流电磁铁和直流电磁铁两种。

常用电磁铁的结构有 T 形和 I 形两种形式。如图 2-9 所示为电磁铁结构图。

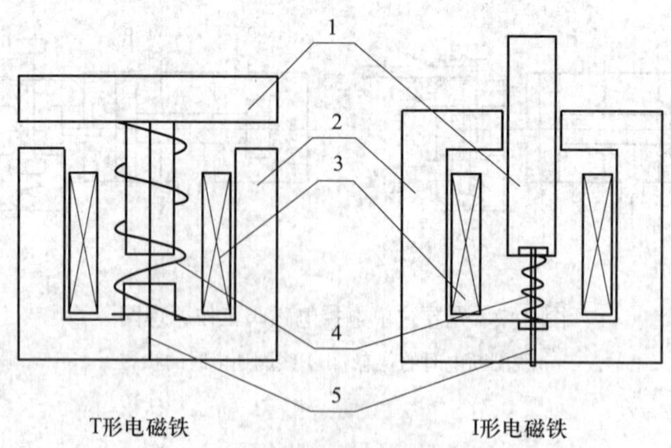

图 2–9 电磁铁结构图

1—动铁芯 2—静铁芯 3—线圈 4—弹簧 5—定位针

T 形电磁铁适用于交流电磁铁，用高导磁的硅钢片层叠制成，具有铁损低、发热小的特点，但吸引行程和体积较大，主要用于行程较大的直动式电磁阀。

I 形电磁铁用圆柱形磁性材料制成，铁芯的吸合面通常制成平面状或圆锥形。I 形电磁铁吸力较小，行程也较短，适用于直流电磁铁和小型交流电磁铁，常作为小型直动式和先导式电磁阀。

（2）接线座

接线座用于电磁铁线圈的外部接线，有多种形式，要合理选择引出导线的接线方式。

（3）保护电路

一般对于交流电磁铁线圈要加阻容吸收回路，对于直流电磁铁线圈要加续流二极管，线圈中一般要串接限流电阻和作为工作指示灯的发光二极管。如图 2–10 所示为电磁铁线圈的保护回路形式，其电源不同，保护形式也不同。

3. 电气性能

（1）防护等级

按设备工作环境的防尘、防湿要求确定并符合 IP 等级要求。

（2）温度与绝缘种类

一般电磁铁线圈为 B 种绝缘，最高允许温度为 130 ℃。

（3）电流特性

对于大型交流电磁铁类线圈，它的启动电流可达到保持电流的 10 倍以上，而对于先导式电磁阀和小型电磁阀的线圈，其启动电流为保持电流的 2 倍左右。交流电磁阀的电流与行程有关，行程越大，启动电流越大；而直流电磁铁或电磁阀的线圈电流与行程无关。图 2-11 所示为交、直流电磁铁线圈的电流特性。

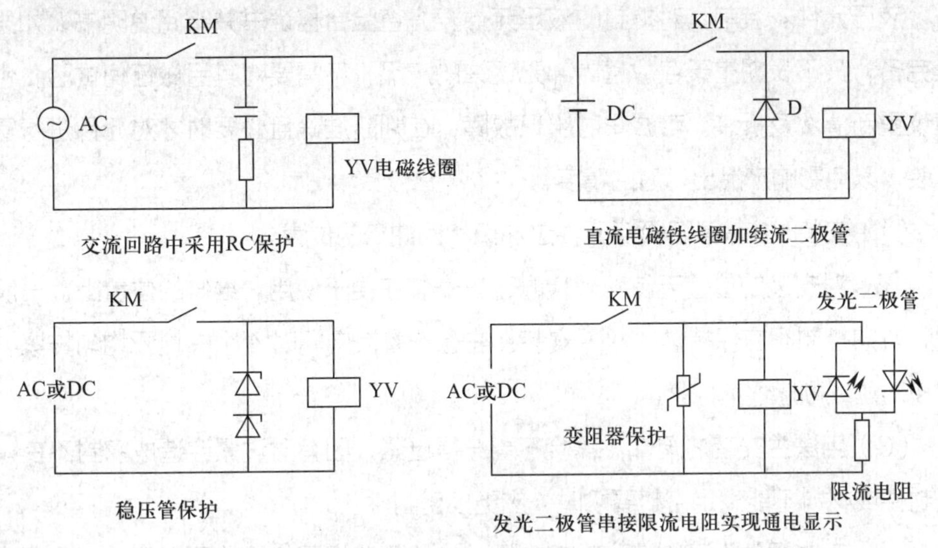

图 2-10　电磁铁线圈的保护回路形式

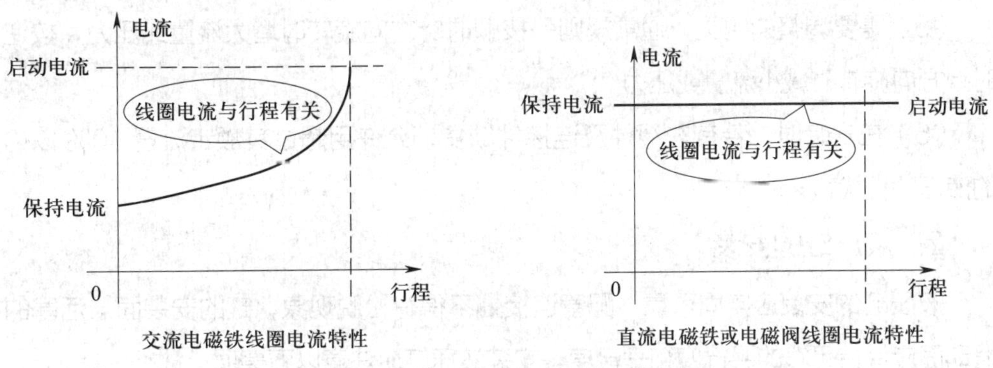

图 2-11　交、直流电磁铁线圈的电流特性

交流电磁铁与直流电磁铁的吸力特性是相似的，当电压增加或减小时，两者的吸力都随着增加或减小；当动铁芯的行程增加或减少时，两者的吸力都随着增加或减小。但是，当动铁芯行程较大时，由于两者的电流特性不同，直流电磁铁的吸力将大幅度下降，而交流电磁铁吸力则下降缓慢。

二、液压元件的安装

各种液压元件的安装和具体要求在产品说明书中都有详细的介绍。安装时，液压元件应用煤油清洗，所有液压元件都要进行压力和密封性能试验，试验合格后才能开始安装。安装前应对控制仪表进行校验，以免造成事故。

1. 液压阀类元件的安装

液压元件安装前，对拆封的液压元件要先查验合格证书并审阅说明书，如果手续完备，又不长期露天存放且内部无锈蚀的产品，不需要对其另做任何试验，也不建议重新清洗及拆装。若试车时出现故障，在判断准确且必要时才对元件进行重新拆装，以免影响产品出厂时的精度。

（1）安装时应注意各阀类元件进油口和回油口的位置。

（2）对安装的位置无特殊规定时，应安装在便于使用、维修的位置上。一般来说，方向控制阀应保持轴线水平安装，注意安装换向阀时 4 个螺栓要均匀拧紧，一般按对角线顺序逐渐拧紧。

（3）用法兰安装的阀件，螺栓不能拧得过紧，因有时过紧会造成密封不良。原密封件或材料不能满足密封要求时，应更换密封件。

（4）有些阀件为了制造、安装方便，往往开有相同作用的两个孔，安装后不用的孔要用塞堵堵死。

（5）需要调整的阀类，通常规则是按顺时针方向旋转时增大流量或压力，按逆时针方向旋转时减小流量或压力。

（6）在安装时，若有些阀件及连接件缺货，允许用超过其额定流量 40% 以内的液压阀件代替。

2. 液压缸的安装

液压缸的安装应牢固可靠。配管连接处不得有松脱现象，缸的安装面与活塞的滑动面应保持足够的平行度和垂直度。安装液压缸应注意以下事项：

（1）液压缸的轴线应与负载作用力的轴线重合，以避免产生侧向力，侧向力容易使密封件及活塞损坏。安装移动设备中的液压缸时，应使缸与移动设备在导轨面上的运动方向保持平行，其平行度误差一般不大于 0.05 mm/m。

（2）安装液压缸缸体的密封压盖螺栓时，其拧紧程度应以保证活塞在全行程上移动灵活、无阻滞和轻重不均匀的现象为宜。螺栓拧得过紧，会增加阻力，加速磨损，而过松会引起漏油。

（3）在行程大和工作油温高的场合，液压缸的一端必须保持浮动，以防止热膨胀的影响。

3. 液压泵的安装

液压泵布置在单独油箱上时，有卧式和立式两种安装方式。立式安装时，管道和泵等均在油箱内部，以便于收集漏油，且外形整齐。卧式安装时，管道露在外面，安装和维修比较方便。

液压泵一般不允许承受径向负载，因此常用电动机直接通过弹性联轴器来传动。安装时要求电动机与液压泵有较高的同轴度，以避免增加额外负载，引起噪声。液压马达与液压泵相似，但某些马达允许承受一定的径向或轴向负荷。

安装液压泵时还应注意以下事项：液压泵的进口、出口和旋转方向应符合泵上标明的要求，不得接反；安装联轴器时，不要用力敲打泵轴，以免损伤泵的转子。

4. 辅助元件的安装

液压系统的辅助元件包括过滤器、蓄能器、冷却器、加热器、密封装置以及压力表、压力表开关等。

辅助元件安装时应注意以下几点：严格按照设计要求的位置安装，并注意整齐、美观；安装前应用煤油清洗，并检查；在符合设计要求的前提下，尽可能方便使用和维修。

5. 管路的选择、检查与安装

（1）管路的选择

在选择管路时，应根据系统的压力、流量、工作介质、使用环境和元件、管接头的要求来选择适当口径、壁厚、材质的管材。要求管道必须具有足够的强度，内壁光滑、清洁，无锈蚀、氧化等缺陷，配管时应考虑管路的整齐、美观以及安装、使用和维护工作的方便。管路应尽可能短，这样可以减少压力损失，减少延时和振动。

（2）管路的检查

检查管路时，若发现管路内外侧已腐蚀、有明显变色、管路被割口、壁内有小孔、管路表面凹入其直径的 10% 以上（不同系统要求不同），或管路伤口裂痕深度为其壁厚的 10% 以上等情况，均不能再使用。

检查经加工弯曲的管子时，应注意管路的弯曲半径不应太小。弯曲曲率太大，将导致管子应力集中的增加，降低管子的抗疲劳强度，同时也容易在管壁出现锯齿形皱纹。弯曲处侧壁厚的减薄量应不超过管子壁厚的 20%，弯曲处内侧部分不允许有扭伤、压坏或凹凸不平的皱纹。弯曲处内外侧部分不允许有锯齿形或不规则的表面形状。扁平弯曲部分的最小外径应为原管外径的 70% 以下。

（3）管路的安装

1）安装吸油管。吸油管要尽量短，弯曲少，管径不能过细，以减小吸油管的阻力，避免吸抽困难，产生吸空、气蚀现象。对吸程的要求，各种泵有所不同，但一般不超过 500 mm。

吸油管应连接严密，不漏气，以免在泵工作时吸进空气，导致系统产生噪声，以致无法吸油（在泵吸口部分的螺纹、法兰接合面上往往会由于小小的缝隙而漏入空气），因此，建议在泵吸油口处采用密封胶与吸油管连接。

除柱塞泵以外，一般在液压泵吸油管上应安装过滤器，过滤器精度通常为 100 ~ 200 目，过滤器的通流能力至少相当于泵额定流量的两倍，同时要考虑清洗时拆装方便。

2）安装回油管。执行机构的主回油路及溢流阀的回油管应伸到油箱液面以下，以防止油液飞溅而混入气泡，同时回油管端应切出朝向油箱壁的 45° 斜口。

具有外部泄漏功能的减压阀、顺序阀、电磁阀等的泄油口与回油管连通时不允许有背压，否则应将泄油口单独接回油箱，以免影响阀的正常工作。

安装成水平面的油管应有 3‰ ~ 5‰的坡度。管路过长时，每 500 mm 应固定一个夹持油管的管夹。

3）安装压力油管。压力油管的安装位置应尽量靠近设备，同时又要便于支管的连接和检修。为了防止压力油管产生振动，应将管路安装在牢固的地方。在产生振动的地方要加阻尼来消除振动，或将木块、硬橡胶的衬垫装在夹子上，使金属件不直接接触管路。

4）安装橡胶软管。安装橡胶软管时应避免急转弯，其弯曲半径应大于 9 倍外径，至少应在离接头 6 倍直径处弯曲。若弯曲半径只有规定的 1/2 时就不能使用，否则使用寿命将大大缩短。

软管的弯曲同软管接头的安装应在同一运动平面内，以防扭转。若软管两端的接头需在两个不同的平面上，应在适当的位置安装夹子，把软管分成两部分，使每一部分在同一平面上。

软管在安装和工作时，不应有扭转现象；不应与其他管路接触，以免磨损；在连接处应自由悬挂，避免因自扭而产生弯曲。

由于软管在高温下工作时使用寿命短，应尽可能将软管安装在远离热源的地方，必要时要装隔热板或隔热套。

软管过长或承受急剧振动的情况下应用夹子夹牢，但在高压下使用的软管应尽量少用夹子，因软管受压变形，在夹子处会产生摩擦而导致能量损失。

软管要以最短距离或沿设备的轮廓安装，并尽可能平行排列。

（4）配管注意事项

1）整个管线要求尽量短，转弯数少，过渡平滑，尽量减少上下弯曲和接头数量，保证管路的伸缩变形，在有活接头的地方，管路的长度应能保证接头拆装方便。

2）在设备上安装管路时，应布置成平行或垂直方向，管路的交叉应尽量少。

3）平行或交叉的管路之间应有 10 mm 以上的空隙，以防止干扰和振动。

4）管路不能在圆弧部分接合，应在平直部分接合。焊接法兰盘时，法兰盘要与管路中心垂直。在有弯曲的管路上安装法兰盘时，只能安装在管路的直线部分。

5）管路的最高部分应设有排气装置，以便启动时放掉管路中的空气。

6）管道的连接有螺纹连接、法兰连接和焊接三种，可根据压力、管径和材料选定。螺纹连接适用于直径较小的油管（低压管直径应在 50 mm 以下，高压管直径应在 38 mm 以下），管径再大时则用法兰连接。焊接成本低，不易泄漏，因此在能保证拆装方便的前提下应尽量采用焊接，以减少管配件。

7）全部管路应进行二次安装。第一次为试安装，将管接头及法兰点焊在适当的位置上。当整个管路确定后，将其拆下来进行清洗，然后干燥、涂油、试压。最后安装时不能有沙子、铁屑等污物进入管路。

8）为了保证外形美观，一般焊接钢管的外表面要全部喷漆，主压力管路一般为红色，控制管路一般为橘红色，回油管路一般为蓝色或浅蓝色，冷却管路一般为黄色。

随着技术的进步，采用卡套式接头和经酸洗磷化处理过的钢管组成的连接件所连接的液压系统，无须再经过上述的二次安装，根据实际需要可在安装后直接试车。

三、液压机液压系统的特点及工作原理

1. 一般液压机液压系统的特点

（1）由于液压机是一种大功率的液压系统，能量的合理利用十分重要，因此这

种系统一般采用高压大流量的恒功率变量泵。

（2）液压机的上缸一般都有很大的质量，因此可充分利用其自重作为快速下行时的动力，用充液箱经充液阀对上缸工作腔充油是一种简便、实用的方案。同时，应考虑在液压机液压系统设置平衡回路，以防止在停机时上缸因自重而下滑。

（3）液压机的成品质量与液压系统的保压性能有很大关系，由于换向阀存在泄漏，因而必须采用适当的措施来保压，用液控单向阀保压是一种用得较多的方法。

（4）液压机在从保压转为退回时，一般都用泄压回路来解决高压能的释放问题。

（5）为了保证不发生误动作，上缸与下缸必须互锁。

（6）液压机液压系统的控制油液应由专门的低压泵供应，而不应直接使用系统的高压油。

2. 液压机液压系统工作原理

如图 2-12 和图 2-13 所示，压力机有上下两个液压缸。主机要求上液压缸（上缸）驱动上滑块以四柱导向，完成快速下行→慢速加压→保压→泄压→快速回程→原位停止的动作循环；下滑块完成向上顶出→向下退回→停止的动作循环；在进行薄板拉伸时，要求下液压缸（下缸）驱动滑块完成浮动压边下行→停止→顶出的动作循环。

四、技能训练

1. 设备和工具准备

（1）设备：液压训练台、各种相关附件。

（2）工具：锤子、梅花扳手、呆扳手、活扳手、旋具等。

2. 回路的分析与装调

（1）回路的分析

结合图 2-12 和图 2-13 所示，对液压回路及电控回路进行分析。

1）启动。按启动按钮 SB2，KM 得电吸合，由其控制的常开触点闭合，主泵 1 供油，电磁铁全部处于失电状态，主泵 1 输出的油经三位四通电液换向阀 6 中位及阀 21 中位流回油箱，空载启动，如图 2-14 所示。

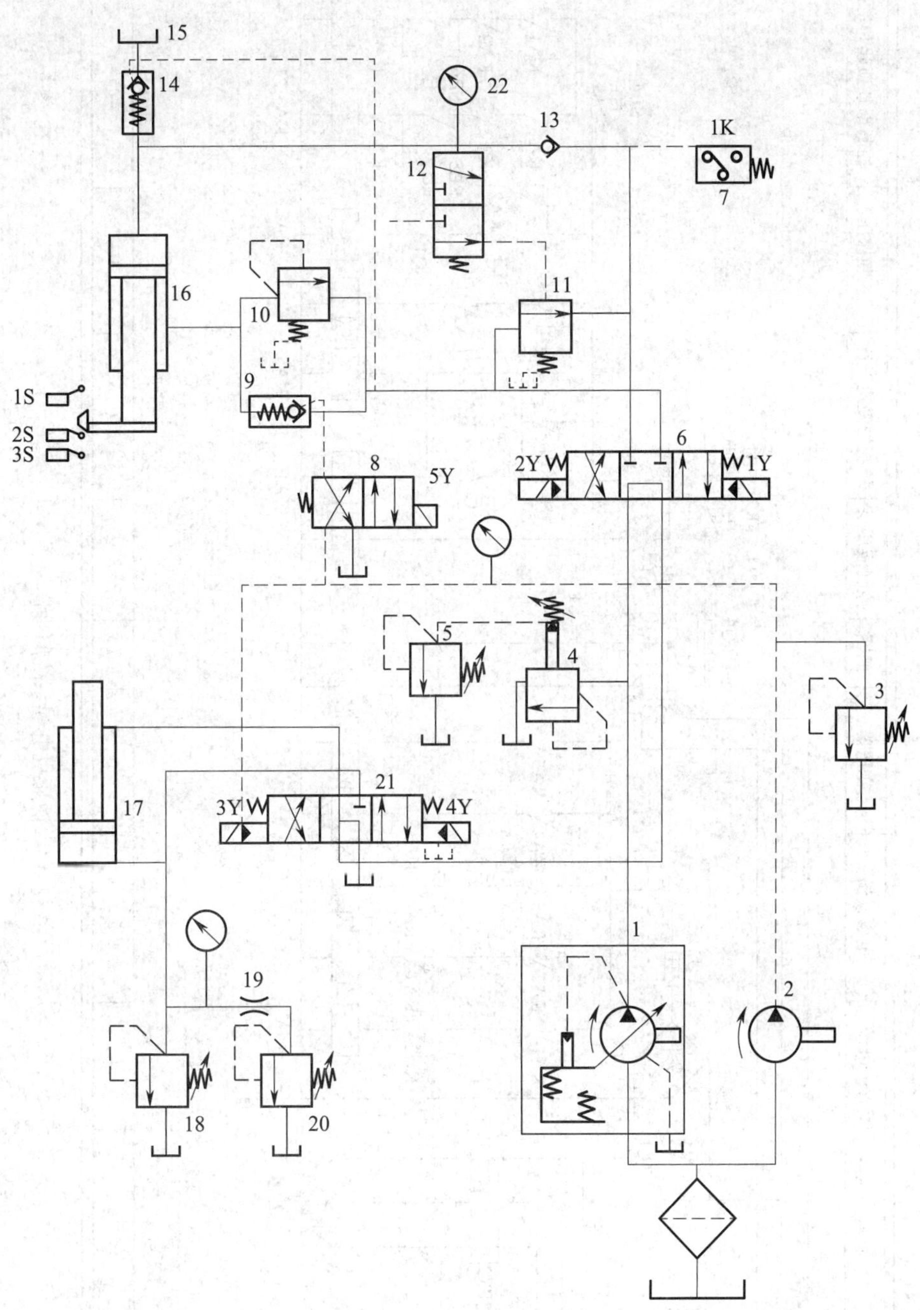

图 2–12　一般液压机液压系统

1—主泵　2—辅助泵　3、4、18—溢流阀　5—远程调压阀　6、21—电液换向阀　7—压力继电器　8—电磁换向阀　9—液控单向阀　10、20—背压阀　11—顺序阀　12—液控滑阀　13—单向阀　14—充液阀　15—油箱　16—上缸　17—下缸　19—节流阀　22—压力表

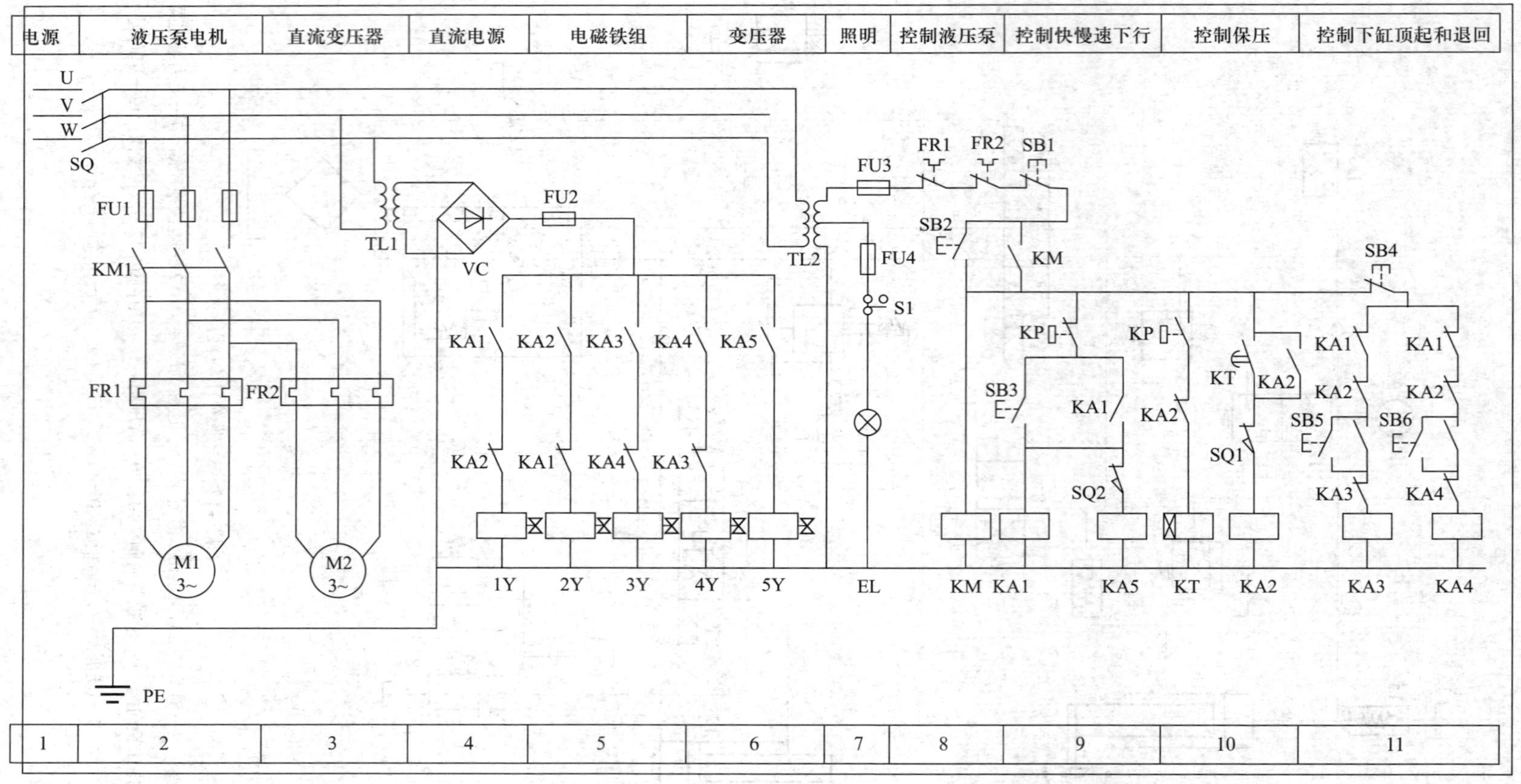

图 2-13　液压机电气系统原理图

2）上缸快速下行。如图 2-14 所示，按启动按钮 SB3，KA1 得电吸合，其控制的常开触点闭合，电磁铁 1Y、5Y 先后得电，电液换向阀 6 换至右位，控制油经电磁换向阀 8 右位使液控单向阀 9 打开。

进油路：主泵 1→电液换向阀 6 右位→单向阀 13→上缸 16 上腔。

回油路：上缸 16 下腔→液控单向阀 9→电液换向阀 6 右位→电液换向阀 21 中位→油箱。

上缸滑块在自重作用下迅速下降，主泵 1 虽处于最大流量状态，仍不能满足其需要，因而上缸上腔形成负压，上部油箱 15 的油液经充液阀 14 进入上缸上腔。

3）上缸慢速接近工件。当上缸滑块降至一定位置触动行程开关 2S 后，SQ2 触点失电断开，电磁铁 5Y 失电（见图 2-14），电磁换向阀 8 处于原位，液控单向阀 9 关闭。上缸下腔油液经背压阀 10、电液换向阀 6 右位、电液换向阀 21 中位回油箱。这时，上缸上腔压力升高，充液阀 14 关闭。上缸在主泵 1 供给的压力油作用下慢速接近工件。当上缸滑块接触工件后，阻力急剧增大，上腔压力进一步提高，主泵 1 的输出流量自动减小。

4）保压。当上缸上腔压力达到预定值时，压力继电器 KP 吸合，常闭触点 KA2 断开（见图 2-15），使电磁铁 1Y 失电，电液换向阀 6 回中位，上缸的上、下腔封闭，单向阀 13 和充液阀 14 使上缸上腔保压，保压时间由时间继电器 KM2 调整。保压期间，主泵 1 经电液换向阀 6 和 21 的中位卸载。

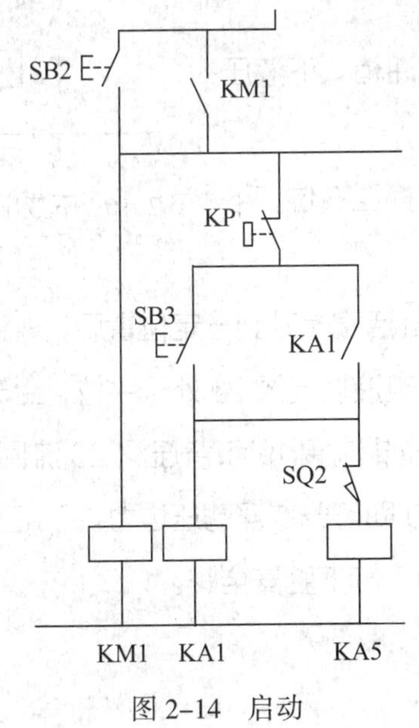

图 2-14　启动

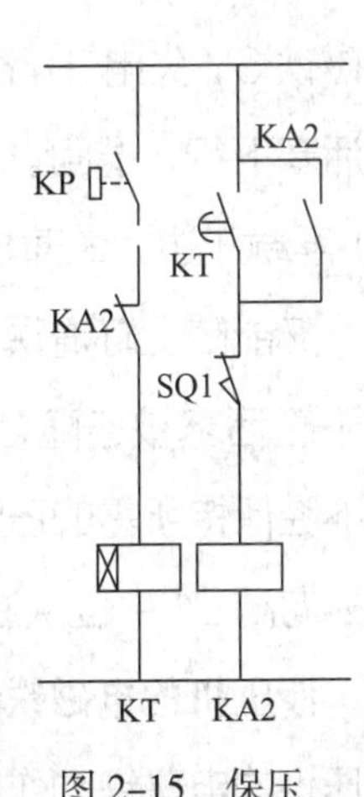

图 2-15　保压

5）泄压，上缸回程。保压过程结束，时间继电器 KT 发出信号，其控制的常开触点闭合（见图 2-15），KA2 得电吸合，电磁铁 2Y 得电，电液换向阀 6 换至左位，同时 KA2 另一个触点闭合，形成自锁。由于上缸上腔压力很高，液控滑阀 12 处于上位，压力油经电液换向阀 6 左位及阀 12 上位使顺序阀 11 开启。此时主泵 1 输出的油液经顺序阀 11 回油箱。主泵 1 在低压下工作，此压力不足以打开充液阀 14 的主阀芯，而是先打开充液阀 14 中的卸载阀芯，使上缸上腔油液经此卸载阀芯开口泄回上部油箱 15，压力逐渐降低。

当上缸上腔压力泄至一定值后，液控滑阀 12 回到下位，顺序阀 11 关闭，主泵 1 供油压力升高，充液阀 14 完全打开，此时油液流动情况如下：

进油路：主泵 1 →电液换向阀 6 左位→液控单向阀 9 →上缸下腔。

回油路：上缸上腔→充液阀 14 →上部油箱 15。实现主缸快速回程。

6）上缸原位停止。当上缸滑块上升至触动行程开关 1S 后，SQ1 触点失电断开，电磁铁 2Y 失电，电液换向阀 6 处于中位，液控单向阀 9 将上缸下腔封闭，上缸原位停止不动。主泵 1 输出油经电液换向阀 6 和 21 中位回油箱，泵卸载。

7）下缸顶出及退回。如图 2-16 所示，按下按钮 SB5，KA3 得电，电磁铁 3Y 得电，电液换向阀 21 换至左位。

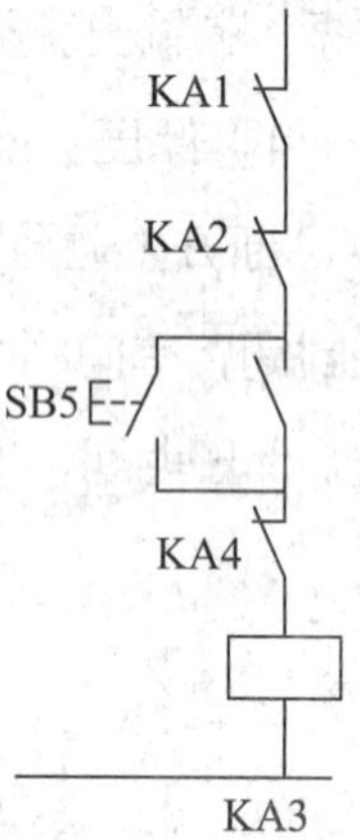

进油路：主泵 1 →电液换向阀 6 中位→电液换向阀 21 左位→下缸下腔。

回油路：下缸上腔→电液换向阀 21 左位→油箱。下液压缸活塞上升，顶出。

图 2-16　下液压缸顶出及退回

电磁铁 3Y 失电，4Y 得电，电液换向阀 21 换至右位，下液压缸活塞下行，退回。

8）浮动压边。做薄板拉伸压边时，要求下缸活塞上升到一定位置后，既保持一定压力，又能随上缸滑块的下压而下降。这时，电液换向阀 21 处于中位，上缸滑块下压时下缸活塞被迫随之下行，下缸下腔油液经节流阀 19 和背压阀 20 流回油箱，使下缸下腔保持所需的压边压力。调节背压阀 20 即可改变浮动压边力。下缸上腔则经电液换向阀 21 中位从油箱补油。溢流阀 18 为下缸下腔安全阀。

（2）液压机的电磁铁动作顺序

液压机的电磁铁动作顺序见表 2-1。

表 2-1　液压机的电磁铁动作顺序

动作顺序		1Y	2Y	3Y	4Y	5Y	1S	2S	3S	1K
上缸	快速下行	+				+				
	慢速加压	+						+		
	保压									+
	泄压回程		+						+	
	停止						+			
下缸	顶出			+						
	退回				+					
	压边	+		+						

（3）元件选择

根据任务要求选择元件，检查元件是否完好，并在表 2-2 中填写元件在回路中的作用。

表 2-2　元件及其作用

序号	元件名称	数量	作用
1	双作用单活塞杆液压缸	2	
2	单向定量液压泵	1	
3	单向变量液压泵	1	
4	三位四通电液换向阀	2	
5	二位四通电液换向阀	1	
6	二位三通液动换向阀	1	
7	先导式溢流阀	1	
8	直动式溢流阀	5	
9	外控式顺序阀	1	

续表

序号	元件名称	数量	作用
10	普通单向阀	1	
11	液控单向阀	2	
12	薄膜式压力继电器	1	
13	指针式压力表	3	
14	粗滤器	1	
15	蛇形管水冷闭式油箱	1	

（4）用油管正确连接元件的各油口（后一个回路在前一个回路的基础上增加）

1）快速下行回路安装。

2）慢速接近工件、加压回路安装。

3）保压回路安装。

4）泄压与回程回路安装。

5）停止回路安装。

6）顶出、退回回路安装。

7）浮动压边回路安装。

（5）任务调试

1）启动液压泵 1、2，电磁铁 1Y、5Y 通电，上液压缸快速下行。

2）上缸滑块压住行程开关 2S，电磁铁 5Y 失电，上缸慢速下行，压力表 22 显示压力上升，当上缸滑块触及工件后，压力表 22 显示压力快速升高。

3）压力继电器 7 动作，电磁铁 1Y 失电，上缸停止，压力表 22 保持高压不变。

4）保压结束，电磁铁 2Y 通电，压力表 22 显示压力逐渐下降，上缸滑块向上运动。

5）上缸滑块压住行程开关 1S，电磁铁 2Y 断电，上缸停止运动。

6）按下顶出按钮，电磁铁 3Y 通电，下缸向上运动顶出工件。电磁铁 3Y 失电，电磁铁 4Y 通电，下缸退回。

7）电磁铁 3Y 通电，下缸向上顶出，电磁铁 3Y 失电，下缸停止运动。启动上缸可实现浮动压边。

3. 评价

评价表

<table>
<tr><td>班级</td><td colspan="2"></td><td>姓名</td><td></td><td>学号</td><td></td><td>日期</td><td>年　月　日</td></tr>
<tr><td>评价指标</td><td colspan="5">评价要素</td><td>配分</td><td colspan="2">得分</td></tr>
<tr><td>设备和工具准备</td><td colspan="5">能提前准备任务所需的设备和工具，未准备不得分，每漏准备一样扣 0.5 分，扣完为止</td><td>5 分</td><td colspan="2"></td></tr>
<tr><td rowspan="5">回路的设计与仿真</td><td colspan="5">选择合理的图幅，图幅太大、太小都扣 2 分；原理图布局合理，线路每重叠或压元件一处扣 1 分，扣完为止</td><td>5 分</td><td colspan="2"></td></tr>
<tr><td colspan="5">根据现有元件，选用合适的元件，元件每选错或绘错一个扣 2 分，扣完为止</td><td>10 分</td><td colspan="2"></td></tr>
<tr><td colspan="5">主回路动作功能绘制齐全，每缺一个动作扣 2 分，扣完为止</td><td>10 分</td><td colspan="2"></td></tr>
<tr><td colspan="5">控制回路功能齐全，每缺一处扣 3 分，扣完为止</td><td>10 分</td><td colspan="2"></td></tr>
<tr><td colspan="5">能实现正确的功能仿真，每错一处扣 3 分，扣完为止</td><td>10 分</td><td colspan="2"></td></tr>
<tr><td rowspan="4">安装与调试</td><td colspan="5">管路长度过短扣 1 分；每少连、连错或虚接一处扣 1 分，扣完为止，因此导致动作调试未完成的，按未完成动作扣分，不重复扣分</td><td>10 分</td><td colspan="2"></td></tr>
<tr><td colspan="5">有多余管路，管路落地，管路缠绕现象，该项不得分</td><td>10 分</td><td colspan="2"></td></tr>
<tr><td colspan="5">每少连接一个元件扣 3 分，扣完为止，影响调试动作的，按未完成动作扣分，不重复扣分</td><td>10 分</td><td colspan="2"></td></tr>
<tr><td colspan="5">各动作符合任务要求，每错一个动作扣 5 分，扣完为止</td><td>15 分</td><td colspan="2"></td></tr>
<tr><td>5S</td><td colspan="5">安装与调试过程中遵守 5S 管理规定，不合格一处扣 1 分，扣完为止</td><td>5 分</td><td colspan="2"></td></tr>
<tr><td colspan="6">总分</td><td>100 分</td><td colspan="2"></td></tr>
</table>

课题二
电气－液压控制注塑机系统设计与装调

塑料注射成型机简称注塑机。它是将颗粒状的塑料加热熔化到流动状态，用注射装置快速高压注入模腔，保压一定时间，冷却后成型为塑料制品。注塑机能一次成型外形复杂、尺寸准确或带有金属嵌件的致密塑料制品，被广泛应用于建材、包装、文教卫生及人们日常生活用品生产的各个领域。注塑机不论在数量上还是品种上都占有重要地位，其产量占塑料成型设备的 20% ~ 30%，从而成为目前塑料机械中增长最快、生产数量最多的机种之一。其实物如图 2-17 所示。

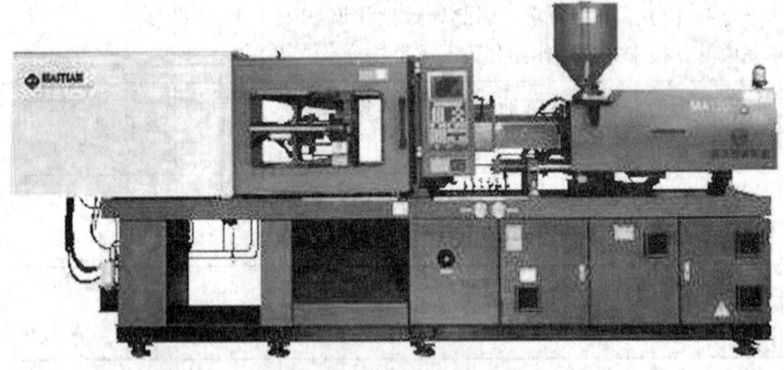

图 2-17　注塑机实物图

一、注塑机控制系统的要求

1. 合模、开模

注塑机（见图 2–17）液压系统要求有足够的合模力，以消除高压注射时模具离缝、塑料制品产生溢边的现象。为了提高工作效率，防止因速度太快而损坏模具和制品，其合模、开模过程需要有多种速度。

2. 注射座移动

注塑机注射座要能整体前移和后退，并保证能维持足够的向前推力，以使注射时喷嘴与模具浇口紧密接触。

3. 注射、保压

由于塑料的品种、制品的几何形状及模具系统不同，为保证制品质量，注射成型过程中要求注射压力和注射速度可调节。注射动作完成后，需要保压。保压的目的是使塑料紧贴模腔而获得精确的形状。

4. 预塑、防流涎

保压完毕后要让料斗里的塑料颗粒进入料桶并至料筒前端，加热塑化，并建立一定压力，等待下次注射。与此同时，模腔内的制品冷却成型。

5. 顶出

模具内的制品冷却成型后，需要通过顶出机构将其顶出；从而为下一个工作循环做好准备。

二、工作过程分析

SZ–250A 型注塑机属于中、小型注塑机，每次最大注射容量为 250 cm^3，图 2–18 所示为其液压系统图。注塑机的工作循环示意图如图 2–19 所示。

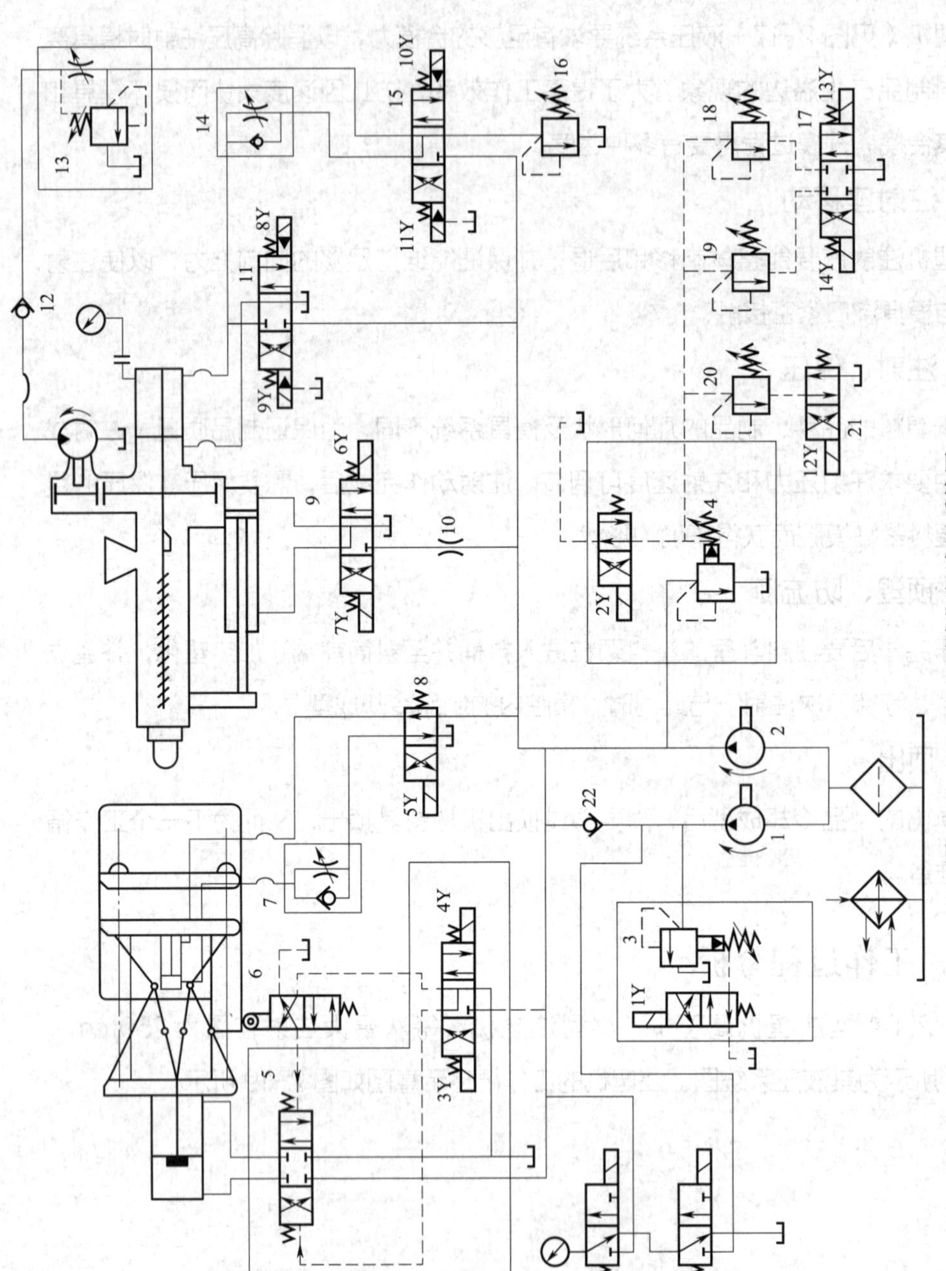

图 2-18 SZ-250A 型注塑机液压系统图

1—大流量泵 2—小流量泵 3、4—叠加阀 5、11、15—电液换向阀 6—行程阀 7、14—单向节流阀 8、9、17、21—电磁换向阀 10—节流阀 12、22—单向阀 13—旁通型调速阀 16—背压阀 18、19、20—远程调压阀

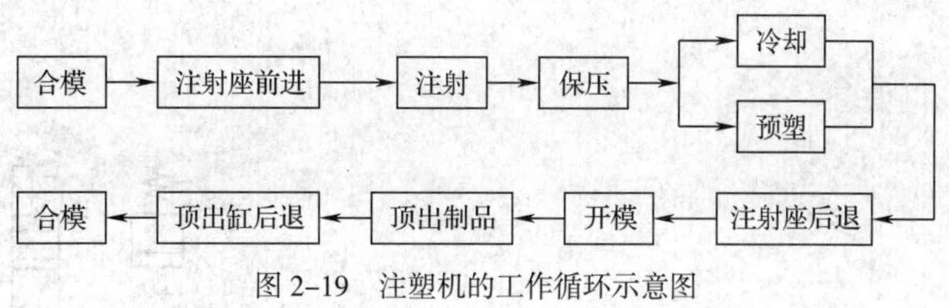

图 2-19　注塑机的工作循环示意图

1. 分析注塑机合模、开模液压控制回路工作原理

SZ-250A 型注塑机的合模和开模动作分别由合模液压回路和开模液压回路完成。下面分析其工作原理。

（1）分析合模回路（见图 2-20）工作原理

1）关安全门。为保证操作安全，注塑机都装有安全门。关安全门，行程阀 6 恢复常位，合模缸才能动作，开始整个动作循环。

2）合模。动模板慢速启动、快速前移，接近定模板时，液压系统转为低压、慢速控制。在确认模具内没有异物存在时，系统转为高压使模具闭合。这里采用了液压—机械式合模机构（见图 2-21），合模缸通过对称五连杆机构推动模板进行开模和合模，连杆机构具有增力和自锁作用。

慢速合模（$2Y^+$、$3Y^+$）。大流量泵 1 通过叠加阀 3 卸载，小流量泵 2 的压力由叠加阀 4 调定，泵 2 压力油经电液换向阀 5 右位进入合模缸左腔，推动活塞带动连杆慢速合模，合模缸右腔油液经阀 5 和冷却器回油箱。

快速合模（$1Y^+$、$2Y^+$、$3Y^+$）。慢速合模转快速合模时，由行程开关发令使 1Y 得电，泵 1 不再卸载，其压力油经单向阀 22 与泵 2 的供油汇合，同时向合模缸供油，实现快速合模，最高压力由阀 4 限定。

低压合模（$2Y^+$、$3Y^+$、$13Y^+$）。泵 1 卸载，泵 2 的压力由远程调压阀 18 控制。因阀 18 所调压力较低，合模缸推力较小，即使两个模板间有硬质异物，也不至于损坏模具表面。

高压合模（$2Y^+$、$3Y^+$）。泵 1 卸载，泵 2 供油，系统压力由叠加阀 4 控制，高压合模，并使连杆产生弹性变形，牢固地锁紧模具。

3）各执行元件的动作循环主要靠行程开关切换电磁换向阀来实现，电磁铁动作顺序见表 2-3。

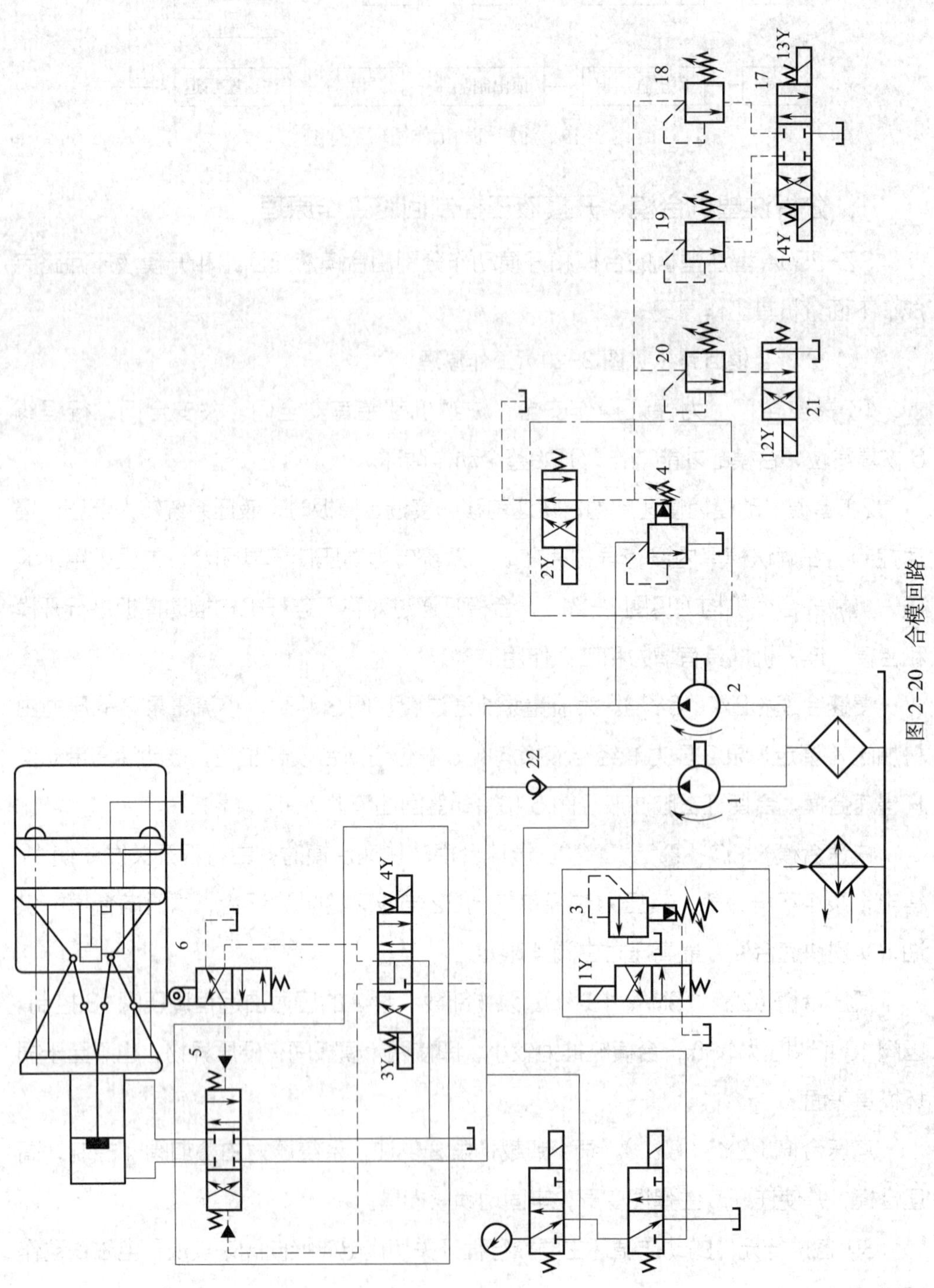

图 2-20　合模回路

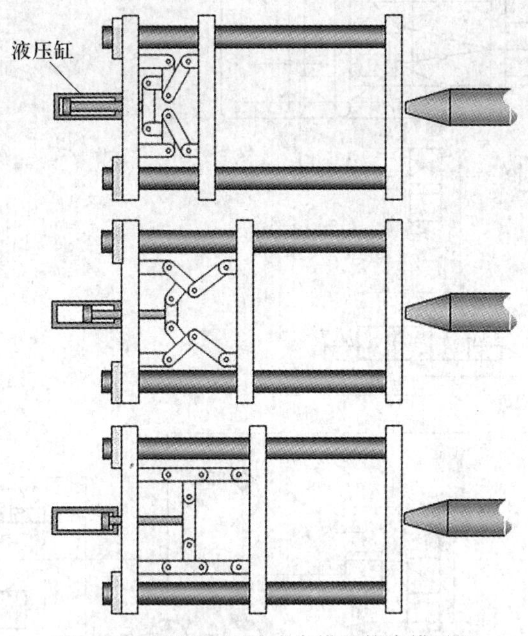

图 2-21　液压—机械式合模机构合模过程

表 2-3　SZ-250A 型注塑机合模液压控制系统电磁铁动作顺序

动作元件		1Y	2Y	3Y	4Y	5Y	6Y	7Y	8Y	9Y	10Y	11Y	12Y	13Y	14Y
合模	慢速		+	+											
	快速	+	+	+											
	低压慢速		+	+										+	
	高压慢速		+	+											

（2）分析开模回路工作原理

开模回路如图 2-22 所示，动作过程如图 2-23 所示，开模速度一般为“慢—快—慢”。

1）慢速开模（$2Y^+$ 或 $1Y^+$、$4Y^+$）。泵 1（或泵 2）卸载，泵 2（或泵 1）压力油经电液换向阀 5 左位进入合模缸右腔，左腔油液经阀 5 回油箱。

2）快速开模（$1Y^+$、$2Y^+$、$4Y^+$）。泵 1 和泵 2 合流向合模缸右腔供油，开模速度加快。

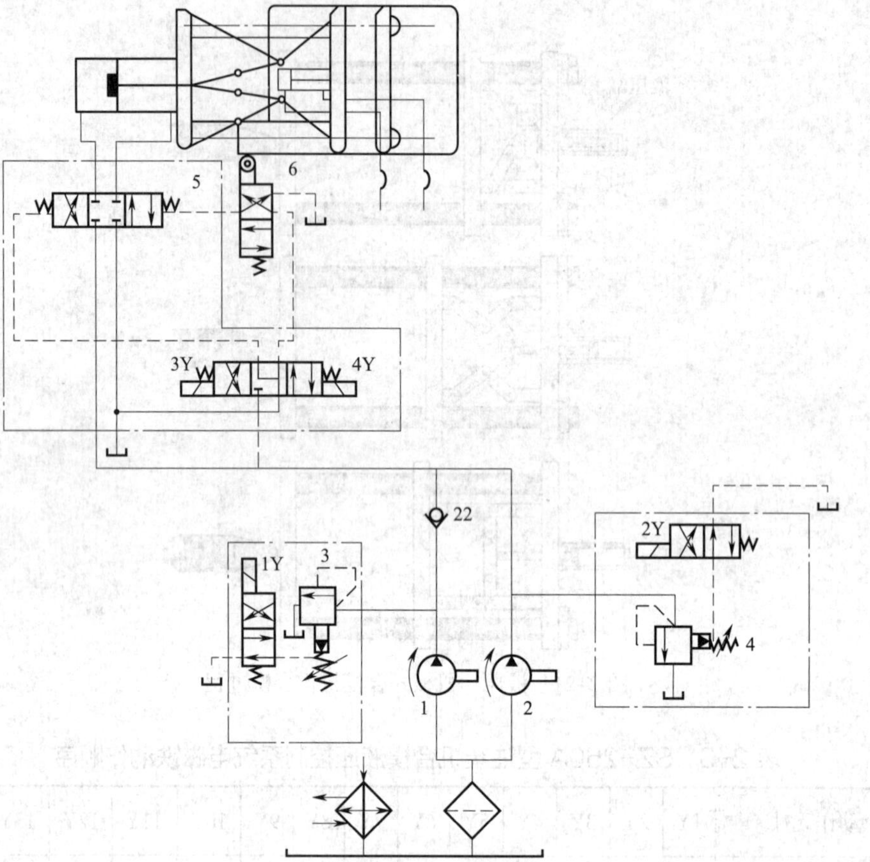

图 2–22　开模回路

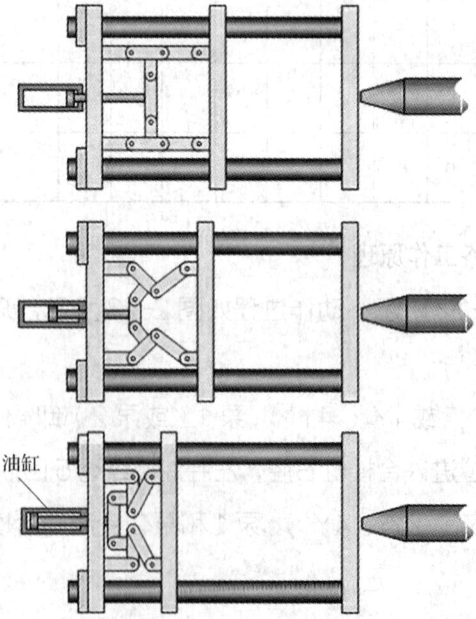

图 2–23　开模过程

3）注塑机开模电磁铁动作顺序见表 2-4。

表 2-4　SZ-250A 型注塑机开模液压控制系统电磁铁动作顺序

动作元件		1Y	2Y	3Y	4Y	5Y	6Y	7Y	8Y	9Y	10Y	11Y	12Y	13Y	14Y
开模	慢速 1		+		+										
	快速	+	+		+										
	慢速 2	+			+										

2. 分析注塑机注射座移动控制回路工作原理

SZ-250A 型注塑机注射座移动控制回路的控制动作主要有注射座前移、注射座后退，如图 2-24 所示。

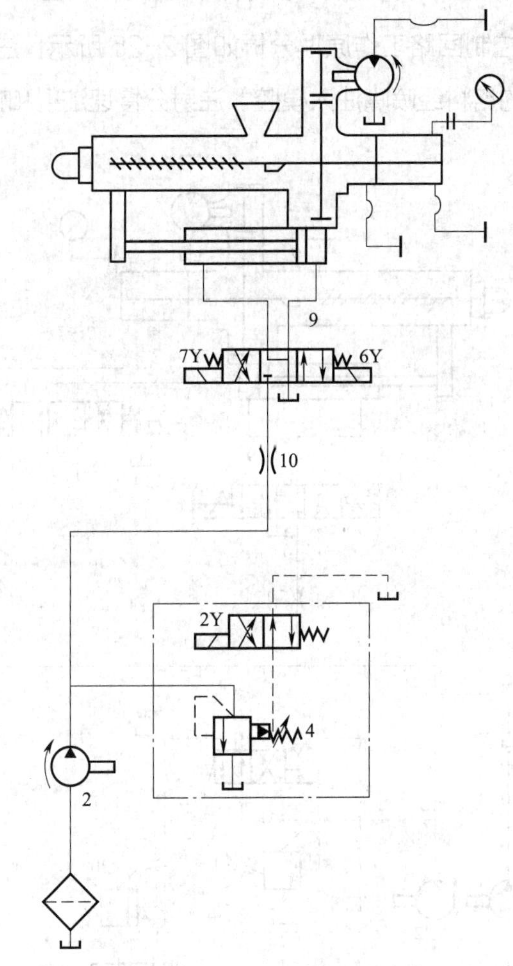

图 2-24　注射座移动控制回路

（1）分析注射座前移（$2Y^+$、$7Y^+$）工作原理

泵 2 的压力油经电磁换向阀 9 左位进入注射座移动缸右腔，注射座前移使喷嘴

与模具接触，注射座移动缸左腔油液经阀 9 回油箱。

（2）分析注射座后退（2Y⁺、6Y⁺）工作原理

保压结束，注射座后退。泵 1 卸载，泵 2 压力油经阀 9 右位使注射座后退。

（3）注射座移动液压控制系统电磁铁动作顺序（见表 2-5）

表 2-5　注塑机注射座移动液压控制系统电磁铁动作顺序

动作元件	1Y	2Y	3Y	4Y	5Y	6Y	7Y	8Y	9Y	10Y	11Y	12Y	13Y	14Y
注射座前移		+					+							
注射座后退		+				+								

3. 分析注塑机注射、保压液压控制回路工作原理

注塑机注射液压控制回路工作原理分析如图 2-25 所示，注射螺杆以一定的压力和速度将料筒前端的熔料经喷嘴注入模腔。注射分慢速注射和快速注射两种。

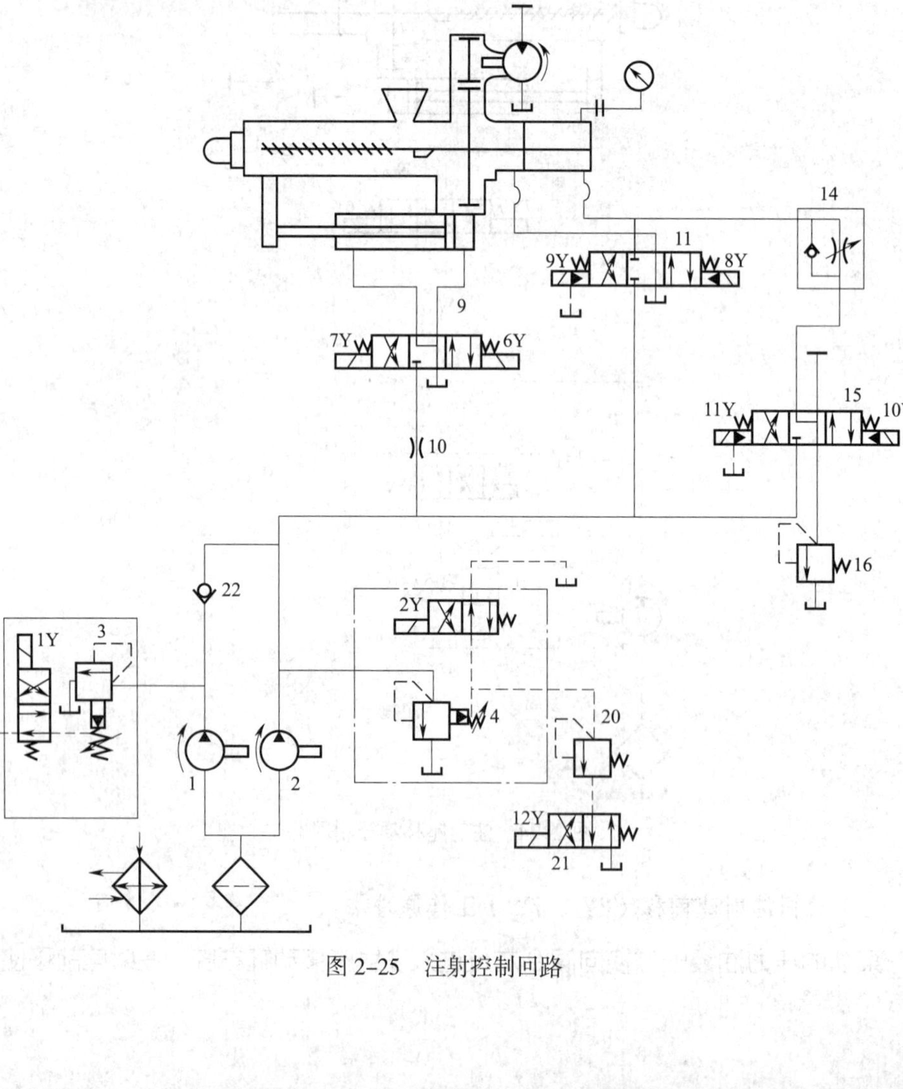

图 2-25　注射控制回路

（1）分析慢速注射回路工作原理

慢速注射（$2Y^+$、$7Y^+$、$10Y^+$、$12Y^+$）。泵 2 的压力油经电液换向阀 15 右位和单向节流阀 14 进入注射缸右腔，左腔油液经电液换向阀 11 中位回油箱，注射缸活塞带动注射螺杆慢速注射，注射速度由单向节流阀 14 调节，远程调压阀 20 起定压作用。

（2）分析快速注射回路工作原理

快速注射（$1Y^+$、$2Y^+$、$7Y^+$、$8Y^+$、$10Y^+$、$12Y^+$）。泵 1 和泵 2 的压力油经电液换向阀 11 右位进入注射缸右腔，左腔油液经阀 11 回油箱。由于两个泵同时供油，且不经过单向节流阀 14，注射速度加快。此时，远程调压阀 20 起安全作用。

（3）分析保压回路工作原理

保压（$2Y^+$、$7Y^+$、$10Y^+$、$14Y^+$）。保压回路如图 2-26 所示，由于注射缸对模腔内的熔料实行保压并补塑，只需少量油液，所以泵 1 卸载，泵 2 单独供油，多余的油液经叠加阀 4 溢流回油箱，保压压力由远程调压阀 19 调节。

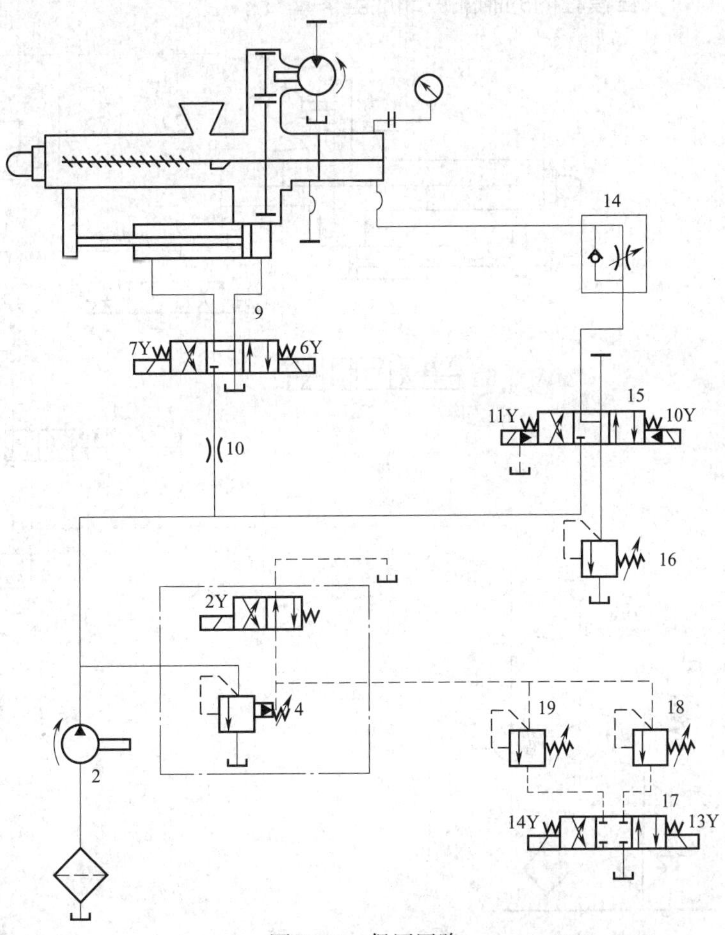

图 2-26　保压回路

（4）SZ-250A 型注塑机注射液压控制系统电磁铁动作顺序（见表 2-6）

表 2-6　SZ-250A 型注塑机注射液压控制系统电磁铁动作顺序

动作元件		1Y	2Y	3Y	4Y	5Y	6Y	7Y	8Y	9Y	10Y	11Y	12Y	13Y	14Y
注射	慢速		+					+			+		+		
	快速	+	+					+	+		+		+		
保压			+					+			+				+

4. 分析注塑机预塑、防流涎液压控制回路工作原理

（1）分析预塑回路工作原理

预塑回路如图 2-27 所示，预塑（$1Y^+$、$2Y^+$、$7Y^+$、$11Y^+$）保压完毕，从料斗加入的物料随着螺杆的转动被带至料筒前端，进行加热塑化，并建立起一定的压力。当螺杆头部熔料压力到达能克服注射缸活塞退回的阻力时，螺杆开始后退。后退到预定位置，即螺杆头部熔料达到所需注射量时，螺杆停止转动和后退，准备下一次注射。与此同时，在模腔内的制品冷却成型。

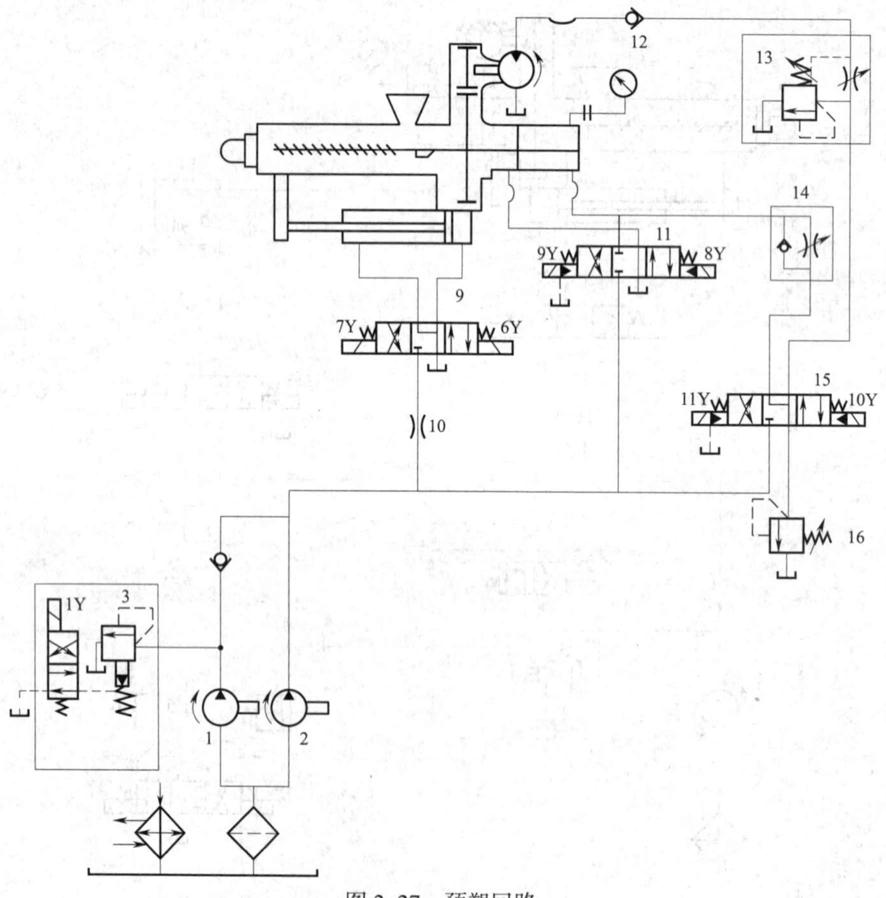

图 2-27　预塑回路

螺杆转动由预塑液压马达通过齿轮机构驱动。泵 1 和泵 2 的压力油经电液换向阀 15 左位、旁通型调速阀 13 和单向阀 12 进入液压马达，液压马达的转速由旁通型调速阀 13 控制，溢流阀 3 为安全阀。螺杆头部熔料压力迫使注射缸后退时，注射缸右腔油液经单向节流阀 14、电液换向阀 15 左位和背压阀 16 回油箱，其背压力由阀 16 控制。同时，注射缸左腔产生局部真空，油箱的油液在大气压作用下经阀 11 中位进入其内。

（2）分析防流涎回路工作原理

防流涎回路如图 2–28 所示，防流涎（2Y⁺、7Y⁺、9Y⁺）采用直通开敞式喷嘴时，预塑加料结束，这时要使螺杆后退一小段距离，减小料筒前端压力，防止喷嘴端部物料流出。

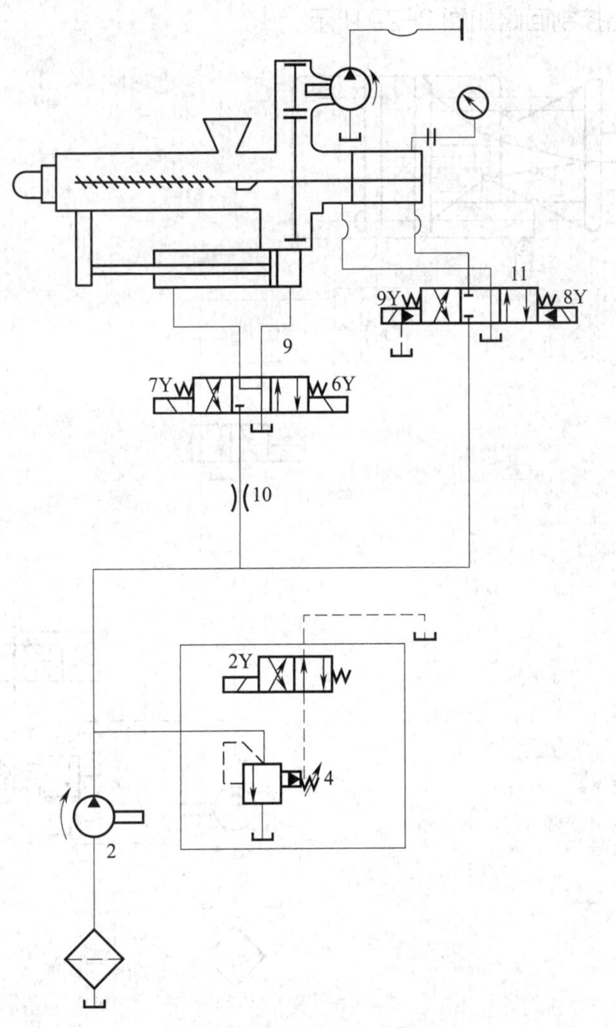

图 2–28　防流涎回路

泵 1 卸载，泵 2 压力油一方面经阀 9 左位进入注射座移动缸右腔，使喷嘴与模具保持接触，另一方面经阀 11 左位进入注射缸左腔，使螺杆强制后退。注射座移动缸左腔和注射缸右腔油液分别经阀 9 和阀 11 回油箱。

（3）SZ-250A 型注塑机预塑液压控制系统电磁铁动作顺序（见表 2-7）

表 2-7　注塑机预塑液压控制系统电磁铁动作顺序

动作元件	1Y	2Y	3Y	4Y	5Y	6Y	7Y	8Y	9Y	10Y	11Y	12Y	13Y	14Y
预塑	+	+					+				+			
防流涎		+					+		+					

5. 分析注塑机顶出控制回路工作原理

注塑机顶出控制回路如图 2-29 所示。

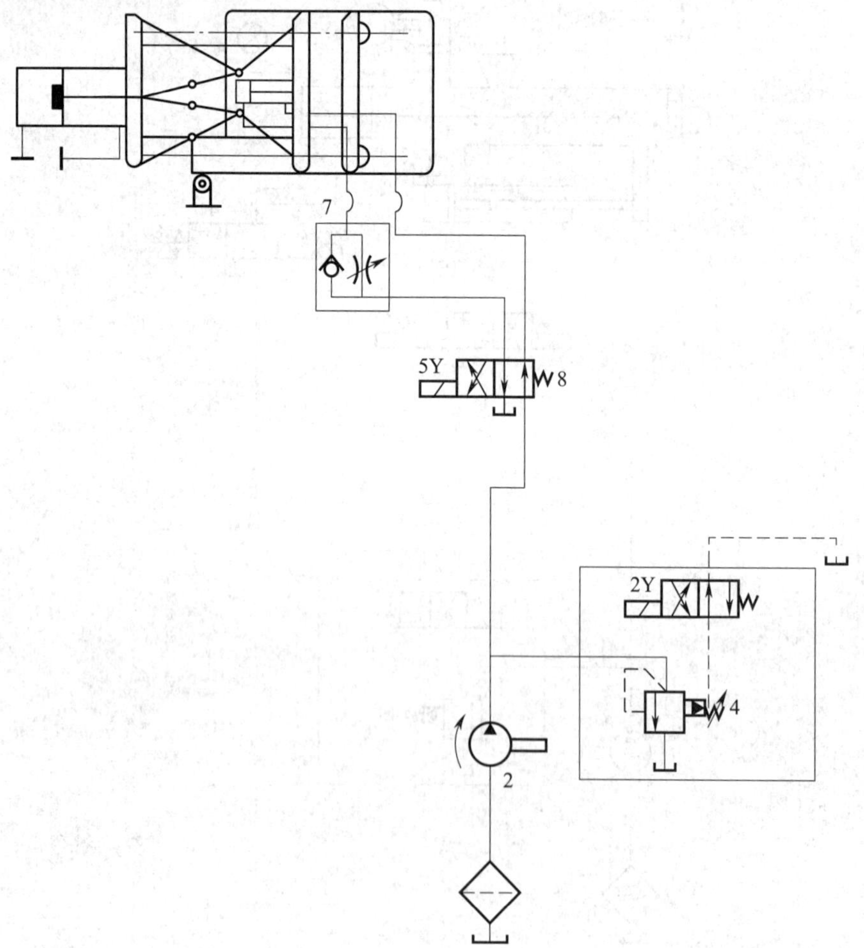

图 2-29　注塑机顶出控制回路

（1）分析顶出缸前进回路工作原理

顶出前进（$2Y^+$、$5Y^+$）。泵 1 卸载，泵 2 压力油经电磁换向阀 8 左位、单向节流阀 7 进入顶出缸左腔，推动顶出杆顶出制品，其运动速度由单向节流阀 7 调节，叠加阀 4 为定压阀。

（2）分析顶出缸后退回路工作原理

顶出缸后退（$2Y^+$）。泵 2 的压力油经阀 8 常位使顶出缸后退。

（3）SZ-250A 型注塑机顶出液压控制系统电磁铁动作顺序（见表 2-8）

表 2-8　SZ-250A 型注塑机顶出液压控制系统电磁铁动作顺序

动作元件		1Y	2Y	3Y	4Y	5Y	6Y	7Y	8Y	9Y	10Y	11Y	12Y	13Y	14Y
顶出	前进			+		+									
	后退			+											

三、技能训练

1. 设备和工具准备

（1）设备：SZ-250A 型注塑机 1 台、液压训练台、各种相关附件。

（2）工具：锤子、梅花扳手、呆扳手、活扳手、旋具等。

2. 回路的分析与装调

（1）注塑机工作过程的分析

结合图 2-18 和图 2-19 所示，对注塑机工作进行分析和模拟。

1）合模。如图 2-30、图 2-31 所示。

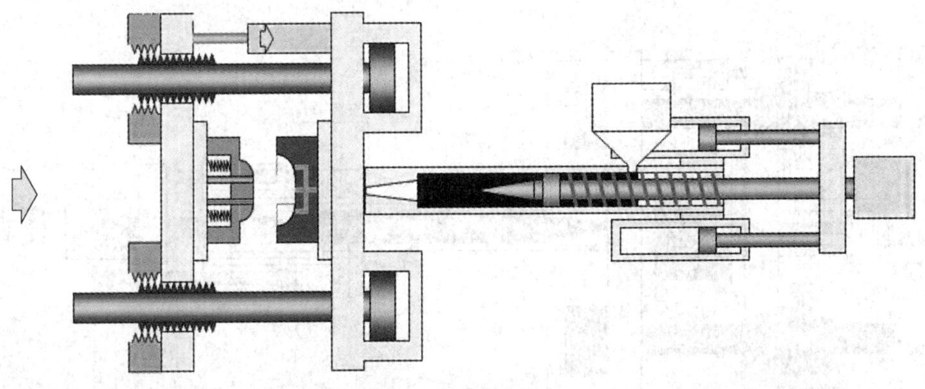

图 2-30　合模开始

2）注射座移动。如图 2-31 所示。

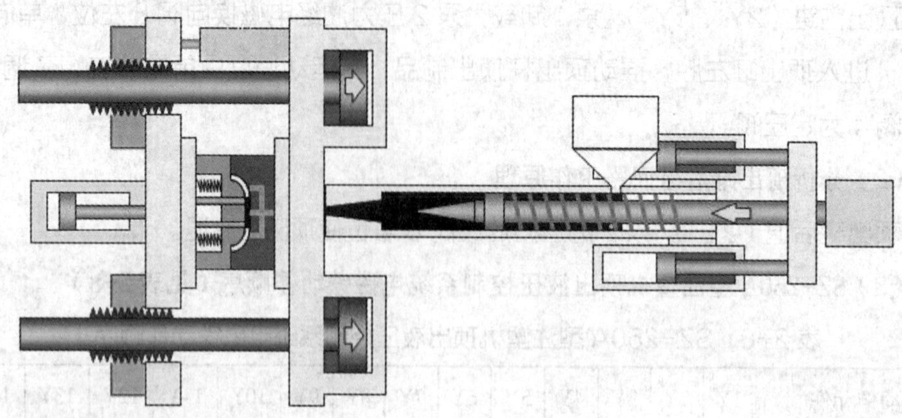

图 2-31　合模完成，注射座移动（注射开始）

3）注射。注射开始如图 2-31 所示，注射完成如图 2-32 所示。

4）保压。注射完成后进行保压，如图 2-32 所示。

5）冷却并预塑。如图 2-33 所示。

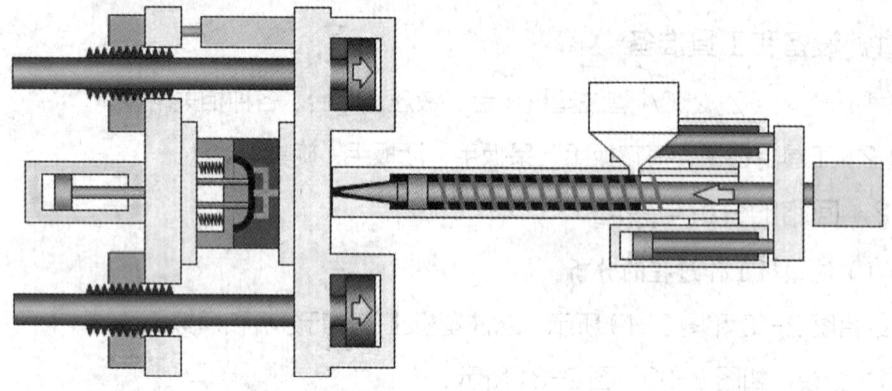

图 2-32　注射完成并保压

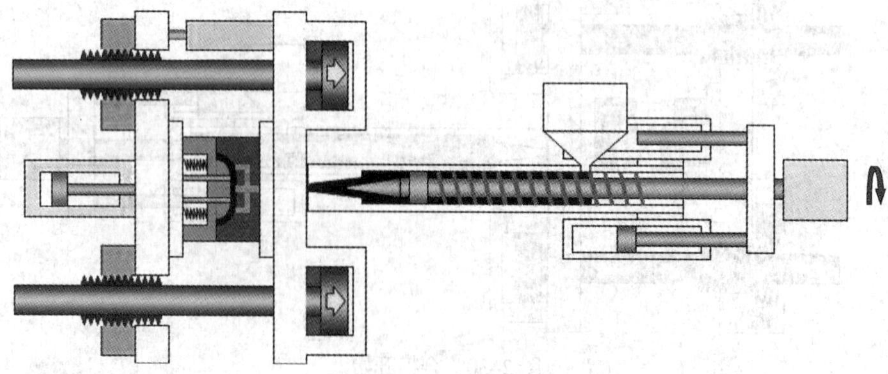

图 2-33　冷却并预塑

6）注射座后退、开模并顶出制品。如图 2-34 所示。

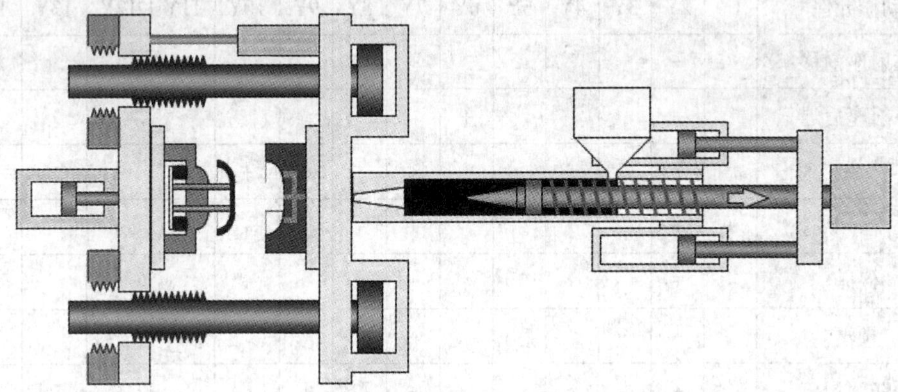

图 2-34 注射座后退、开模并顶出制品

7）顶出缸后退进入下一个循环。如图 2-35 所示。

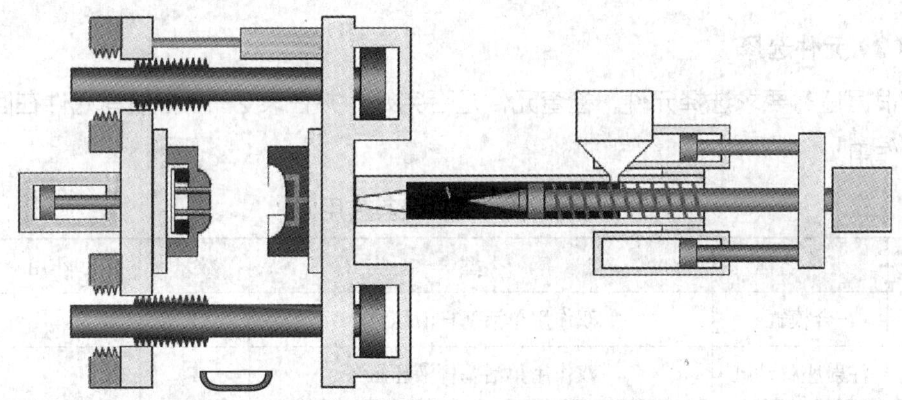

图 2-35 顶出缸后退制品掉落

（2）注塑机的电磁铁动作顺序表

注塑机的电磁铁动作顺序见表 2-9。

表 2-9 注塑机的电磁铁动作顺序表

动作元件		1Y	2Y	3Y	4Y	5Y	6Y	7Y	8Y	9Y	10Y	11Y	12Y	13Y	14Y
合模	慢速		+	+											
	快速	+	+	+											
	低压慢速		+	+										+	
	高压慢速		+	+											
开模	慢速 1		+		+										
	快速	+	+		+										
	慢速 2	+			+										

续表

动作元件		1Y	2Y	3Y	4Y	5Y	6Y	7Y	8Y	9Y	10Y	11Y	12Y	13Y	14Y
注射座前移			+					+							
注射座后退			+				+								
注射	慢速		+					+			+		+		
	快速	+	+					+	+		+		+		
保压			+					+			+				+
预塑		+	+					+				+			
防流涎			+					+		+					
顶出	前进			+		+									
	后退			+											

（3）元件选择

根据任务要求选择元件，检查元件是否完好，并在表 2-10 中填写元件在回路中的作用。

表 2-10　元件及其作用

序号	元件名称	类型	数量	作用
1	合模缸	双作用单活塞杆液压缸	1	
2	注射座移动缸	双作用单活塞杆液压缸	1	
3	注射缸	双作用单活塞杆液压缸	1	
4	顶出缸	双作用单活塞杆液压缸	1	
5	预塑液压马达	单向定量马达	1	
6	液压泵	大流量单向定量泵	1	
7	液压泵	小流量单向定量泵	1	
8	换向阀	二位四通滚轮式机械换向阀	1	
9	换向阀	三位四通电液控制换向阀	2	
10	换向阀	三位四通先导控制换向阀	1	
11	换向阀	三位四通电磁控制换向阀	3	
12	换向阀	二位四通电磁控制换向阀	2	
13	叠加阀	先导式溢流阀与二位四通电磁换向阀组合	2	

续表

序号	元件名称	类型	数量	作用
14	节流阀	不可调节流阀	1	
15	单向节流阀	可调单向节流阀	2	
16	单向阀	普通单向阀	1	
17	调速阀	可调式旁通型调速阀	1	
18	调压阀	直动式溢流阀	3	
19	冷却器	蛇形管式冷却器	1	
20	过滤器	线隙过滤器	1	
21	油箱	蛇形管水冷闭式油箱	1	

（4）用油管正确连接元件的各油口（后一个回路在前一个回路的基础上增加）

1）合模、开模回路安装。

2）注射座移动回路安装。

3）注射、保压回路安装。

4）预塑和防流涎回路安装。

5）顶出、退回回路安装。

（5）任务调试

1）让电磁铁 2Y、3Y 通电，合模缸慢速向右移动，再让电磁铁 1Y 通电，合模缸快速前进。

2）让电磁铁 2Y、3Y、13Y 通电，合模缸低压慢速向右移动，让 13Y 失电，合模缸高压慢速向右移动。

3）让电磁铁 2Y、4Y 通电，合模缸慢速退回（让电磁铁 1Y、4Y 通电，合模缸也慢速退回）。

4）让电磁铁 1Y、2Y 和 4Y 通电，合模缸快速退回。

5）让电磁铁 2Y、7Y 通电，注射座移动缸慢速前移。

6）让电磁铁 2Y、6Y 通电，注射座移动缸慢速后退。

7）让电磁铁 2Y、7Y、10Y、12Y 通电，注射缸活塞杆慢速前移。

8）让电磁铁 1Y、2Y、7Y、8Y、10Y、12Y 通电，注射缸活塞杆快速前移。

9）让电磁铁 2Y、7Y、10Y、14Y 通电，注射缸保持一定的压力不动。

10）让电磁铁 1Y、2Y、7Y、11Y 通电，预塑液压马达运转，注射缸的活塞杆退回。

11）让电磁铁 2Y、7Y、9Y 通电，注射座移动缸压紧不动，注射缸的活塞杆后退。

12）让电磁铁 2Y、5Y 通电，顶出缸稳速前进。

13）让电磁铁 2Y 通电、5Y 失电，顶出缸稳速后退。

3. 评价

评价表

班级		姓名		学号		日期	年　月　日
评价指标	评价要素				配分	得分	
设备和工具准备	能提前准备任务所需的设备和工具，未准备不得分，每漏准备一样扣 0.5 分，扣完为止				5 分		
回路的设计与仿真	选择合理的图幅，图幅太大、太小都扣 2 分；原理图布局合理，线路每重叠或压元件一处扣 1 分，扣完为止				5 分		
	根据现有元件，选用合适的元件，元件每选错或绘错一个扣 2 分，扣完为止				10 分		
	主回路动作功能绘制齐全，每缺一个动作扣 2 分，扣完为止				10 分		
	控制回路功能齐全，每缺一处扣 3 分，扣完为止				10 分		
	能实现正确的功能仿真，每错一处扣 3 分，扣完为止				10 分		
安装与调试	管路长度过短扣 1 分；少连、连错或虚接一处扣 1 分，扣完为止，因此导致动作调试未完成的，按未完成动作扣分，不重复扣分				10 分		
	有多余管路、管路落地或管路缠绕现象，该项不得分				10 分		
	每少连接一个元件扣 3 分，扣完为止，影响调试动作的，按未完成动作扣分，不重复扣分				10 分		
	各动作符合任务要求，每错一个动作扣 5 分，扣完为止				15 分		
5S	安装与调试过程中遵守 5S 管理规定，不合格一处扣 1 分，扣完为止				5 分		
总分					100 分		

模块三
液压与气动 PLC 自动控制系统设计与装调

PLC 技术是一种数字运算和操纵技术，它由计算机技术、自控技术、通信技术几个模块构成，具有操作简单、抗干扰能力强、功能丰富等特点。目前，PLC 技术的发展水平和工业化应用程度，已经成为一个国家工业现代化的衡量标准。随着 PLC 功能的不断完善和应用的不断普及，工业自动化发展越来越依赖于 PLC 技术的发展，加强 PLC 技术的研究和探讨，对于我国实现工业现代化具有非常重要的意义。本模块主要介绍液压与气动 PLC 自动控制系统，如图 3-1 所示。

图 3-1　PLC 自动控制

课题一 PLC 控制技术基础

一、PLC 的概述

1. PLC 的产生

可编程序控制器（programmable controller，PC）在其早期主要应用于开关量的逻辑控制，因此也称为可编程序逻辑控制器（programmable logic controller，PLC）。

1969 年，美国数字设备公司（GEC）研制成功世界上第一台可编程序控制器，并在通用汽车公司的自动装配线上试用成功，从而开创了工业控制的新局面。第一台 PLC 面世以来，已成为一种最重要、最普及、应用场合最多的工业控制器。与机器人、CAD/CAM 并称为工业生产自动化的三大支柱。

进入 20 世纪 70 年代，随着微电子技术的发展，PLC 采用了通用微处理器，这种控制器就不再局限于当初的逻辑运算了，其功能不断增强。因此，实际上应称之为可编程序控制器（PC）。

至 20 世纪 80 年代，随着大规模和超大规模集成电路等微电子技术的发展，以 16 位和 32 位微处理器构成的微机化 PC 得到了惊人的发展。使 PC 在概念、设计、性能、价格、应用等方面都有了新的突破。

2. PLC 的定义和分类

（1）PLC 的定义

国际电工委员会（IEC）对 PLC 的定义：可编程控制器是一种数字运算操作的电子系统，专为在工业环境下应用而设计。它采用可编程序的存储器，用来在其内部存储执行逻辑运算、顺序控制、定时、计数和算术运算等操作指令，并通过数字式和模拟式的输入和输出，控制各种类型的机械或生产过程。

可编程序控制器及其有关的外围设备，都应按易于与工业控制系统形成一个整体、易于扩充其功能的原则设计。

（2）PLC 的分类

PLC 按结构形式可分为整体结构 PLC（图 3-2）和模块式结构 PLC（图 3-3）。

PLC 按 I/O 点数及内存容量可分为：小型 PLC，256 点以下，4K 以下；中型 PLC，不大于 2048 点，2 ~ 8 K；大型 PLC，2048 点以上，8 ~ 16 K。

图 3-2　整体结构 PLC

图 3-3　模块式结构 PLC

PLC 按功能强弱又可分为低档机、中档机和高档机三类。

1）低档机。控制功能一般，运算能力一般，工作速度较低，输入输出模块较少，如 OMRON C60P。

2）中档机。控制功能较强，运算能力较强，工作速度较快，输入输出模块较多，如 S7-300。

3）高档机。控制功能强大，运算能力极强，工作速度很快，输入输出模块很多，如 S7-400。

二、三菱 FX 系列 PLC 指令系统及应用

1. PLC 编程语言

PLC 是以程序的形式进行工作的，所以必须把控制要求变换成 PLC 能接受并执行的程序，编制程序时应用编程语言。PLC 常用的编程语言有以下几种：梯形图编程语言、指令助记符编程语言、逻辑功能图语言和某些高级语言，但目前使用最多最普遍的是梯形图编程语言及指令助记符编程语言。

（1）梯形图编程语言

梯形图及用梯形图语言编程的主要特点，概括起来有以下几点。

1）梯形图是一种图形语言，它沿用继电器的触点、线圈、串并联等术语和图形符号，并增加了一些继电接触控制中没有的符号，因此梯形图与继电接触控制图的形式及符号有许多相同或相似的地方。梯形图按自上而下，从左到右的顺序排列，最左边的竖线称为起始母线（也叫左母线），然后按一定的控制要求和规则连接各个触点，最后以继电器线圈结束，称为一逻辑行或一“梯级”，一般在最右边还加上一竖线，这一竖线称为右母线。通常一个梯形图中有若干逻辑行，形似梯子，如图 3-4 所示，梯形图由此而得名。梯形图比较形象直观，容易掌握，堪称用户第一编程语言。

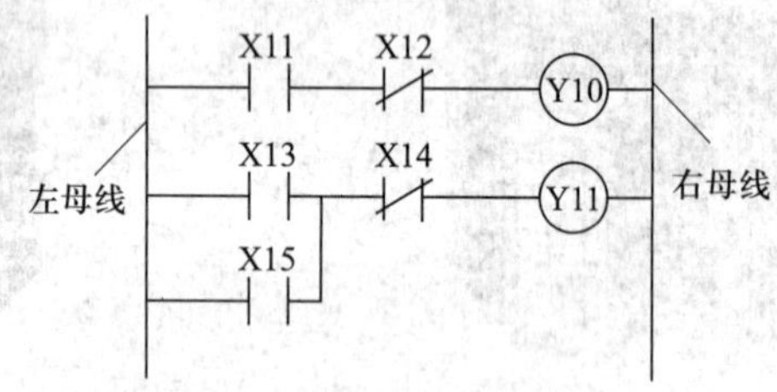

图 3-4　梯形图

2）梯形图中触点只有常开和常闭触点，它可以是 PLC 输入点接的外部开关（启动按钮、行程开关等）加触点，但通常是 PLC 内部继电器的触点或状态。不同 PLC 内每种触点有自己特定的号码标记，以示区别。

3）梯形图中触点可以任意串联或并联，但继电器线圈只能并联而不能串联。

4）内部辅助继电器、计数器、定时器等均不能直接控制外部负载，只能作中间结果在 PLC 内部使用。

5）PLC 是按循环扫描方式沿梯形图的先后顺序执行程序的，在同一扫描周期中的结果保留在输出状态暂存器中，所以输出点的值在用户程序中可以当作条件使用。

6）程序结束时要有结束标志 END。

（2）指令助记符编程语言

指令助记符语言，就是用表示 PLC 各种功能的助记功能缩写符号和相应的器件编号组成的程序表达式。例如 LD X100。每句助记符编程语言就是一条指令或程序。助记符语言比微机中使用的汇编语言直观易懂，编程简单。但不同厂家制造的 PLC 所使用的助记符不尽相同，所以对于同一个梯形图来说，写成对应的程序（语句表）也不尽相同，要将梯形图语言转换成助记符语言，必须先弄清楚所用 PLC 的型号、内部各种继电器的标号、使用范围及每条助记符的使用方法。

（3）逻辑功能图语言

逻辑功能图也可用来编写程序，所以逻辑功能图也是 PLC 的一种编程语。这种编程方式基本上沿用了半导体逻辑电路的逻辑框图来表达。一般用一个运算框图表示一种功能，框图内的符号表达了该框图的运算功能。控制逻辑常用“与”“或”“非”三种逻辑功能来表达。框的左边是输入，右边是输出。

（4）高级语言

在大型 PLC 中，为了完成比较复杂的控制，有时也采用 BASIC 等计算机高级语言，这样 PLC 的功能就更强。

目前各种类型的 PLC，一般都同时具备两种或两种以上的编程语言，而且大多数都能同时使用梯形图语言和指令助记符语言。虽然不同厂家 PLC 的梯形图、指令系统和使用符号都有些差异，但编程的基本原理和方法是相同或相似的。因此掌握了一种型号 PLC 的编程语言和方法后，再学另一种类型 PLC 的编程语言和方法就容易多了。

2. 基本指令

FX 系列 PLC 指令共有 298 条，其中基本指令有 27 条，是完成 PLC 基本功能的常用指令，必须熟练掌握其符号、格式、功能及使用方法。为便于理解与记忆，现将 27 条指令分成 5 组，并列表加以说明。

（1）原型指令

原型指令见表 3-1。

表 3-1　原型指令

序号	基本指令符号	功能	梯形图表示	指令表达
1	LD（取）	接左母线的常开触点 目标元件：X、Y、M、S、T、C	X0	LD X0
2	LDI（取反）	接左母线的常闭触点 目标元件：X、Y、M、S、T、C	X0	LDI X0
3	AND（与）	串联触点（常开触点） 目标元件：X、Y、M、S、T、C	X0　X1	LD X0 AND X1

续表

序号	基本指令符号	功能	梯形图表示	指令表达
4	ANI（与反）	串联触点（常闭触点） 目标元件：X、Y、M、S、T、C	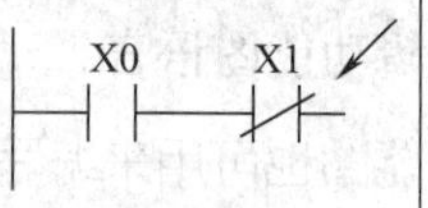 X0 X1	LD X0 ANI X1
5	OR（或）	并联触点（常开触点） 目标元件：X、Y、M、S、T、C	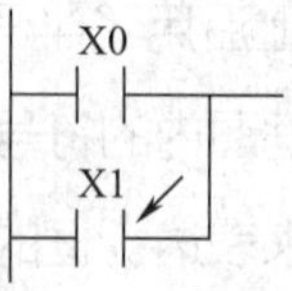 X0 X1	LD X0 OR X1
6	ORI（或反）	并联触点（常闭触点） 目标元件：X、Y、M、S、T、C	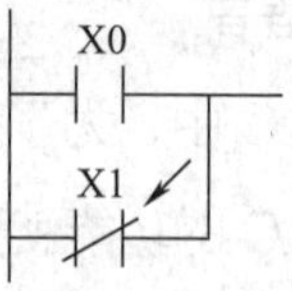 X0 X1	LD X0 ORI X1

（2）脉冲型指令

脉冲型指令见表 3-2。

表 3-2　脉冲型指令

序号	基本指令符号	功能	梯形图表示	指令表达
1	LDP（取脉冲）	左母线开始，上升沿检测 目标元件：X、Y、M、S、T、C	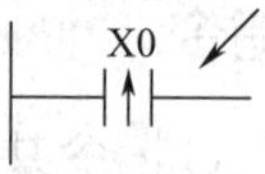 X0	LD X0
2	ANDP（与脉冲）	串联触点，上升沿检测 目标元件：X、Y、M、S、T、C	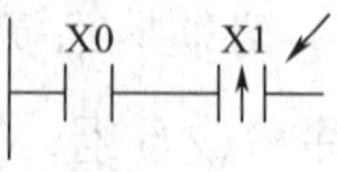 X0 X1	LD X0 ANDP X1
3	ORP（或脉冲）	并联触点，上升沿检测 目标元件：X、Y、M、S、T、C	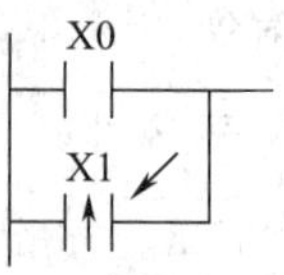 X0 X1	LD X0 ORP X1
4	LDF（取脉冲）	左母线开始，下降沿检测 目标元件：X、Y、M、S、T、C	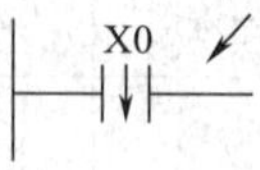 X0	LDF X0
5	ANDF（与脉冲）	串联触点，下降沿检测 目标元件：X、Y、M、S、T、C	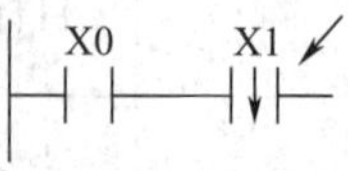 X0 X1	LD X0 ANDF X1
6	ORF（或脉冲）	并联触点，下降沿检测 目标元件：X、Y、M、S、T、C	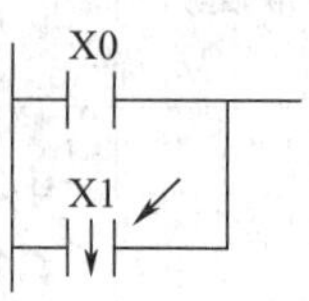 X0 X1	LD X0 ORF X1

（3）输出型指令

输出型指令见表 3-3。

表 3-3 输出型指令

序号	基本指令符号	功能	梯形图表示	指令表达
1	OUT（输出）	驱动执行元件 目标元件：Y、M、S、T、C	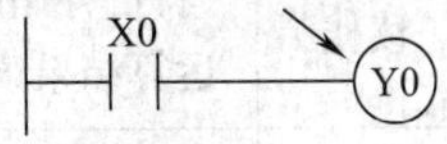 X0 — Y0	LD X0 OUT Y0
2	INV（取反）	运算结果反转 无操作目标元件	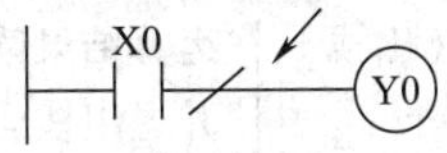 X0 — / — Y0	LD X0 INV OUT Y0
3	SET（置位）	接通执行元件并保持 目标元件：Y、M、S	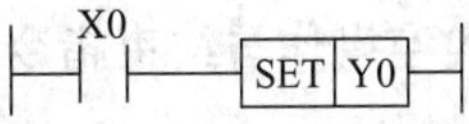 X0 — [SET Y0]	LD X0 SET Y0
4	RST（复位）	消除元件的置位 目标元件：Y、M、S、D、V、Z、T、C	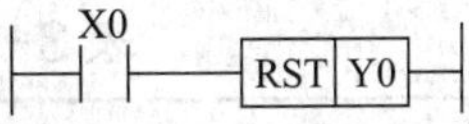 X0 — [RST Y0]	LD X0 RST Y0
5	PLS（输出脉冲）	上升沿输出（只接通一个扫描周期） 目标元件：Y、M（不含特辅继电器）	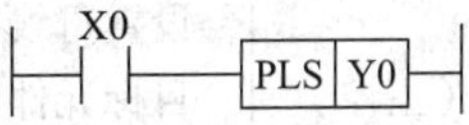 X0 — [PLS Y0]	LD X0 PLS Y0
6	PLF（输出脉冲）	下降沿输出（只接通一个扫描周期） 目标元件：Y、M（不含特辅继电器）	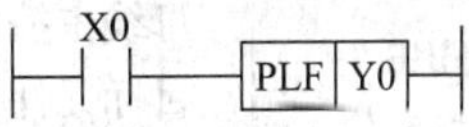 X0 — [PLF Y0]	LD X0 PLF Y0

（4）块指令与堆栈型指令

块指令与堆栈型指令见表 3-4。

表 3-4 块指令与堆栈型指令

序号	基本指令符号	功能	梯形图表示	指令表达
1	ANB（块与）	块串联	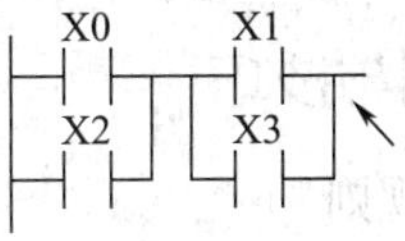 X0, X2, X1, X3	LD X0 OR X2 LD X1 OR X3 ANB
2	ORB（块或）	块并联	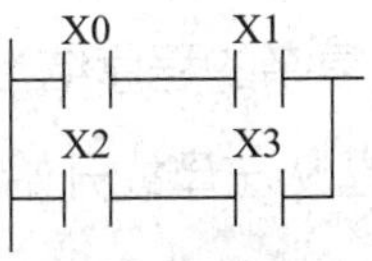 X0, X1, X2, X3	LD X0 AND X1 LD X2 AND X3 ORB

续表

序号	基本指令符号	功能	梯形图表示	指令表达
3	MPS（进栈）	将前面已运算的结果存储	X0 X1 Y0 / MPS X2 Y1 / MRD X3 Y2 / MPP	LD X0 MPS AND X1 OUT Y0 MRD ANI X2 OUT Y1 MPP AND X3 OUT Y2
4	MRD（读栈）	将已存储的运算结果读出		
5	MPP（出栈）	将已存储的运算结果读出并退出栈运算		

（5）主控空操作与结束指令

主控空操作与结束指令见表 3-5。

表 3-5　主控空操作与结束指令

序号	基本指令符号	功能	梯形图表示	指令表达
1	MC（主控）	设置母线主控开关 目标元件：Y、M（不含特辅继电器）	X0 MC N0 M100 / N0 M100 / X10 / ⋮ / MCR N0	LD X0 MC N0 M100 LD X10 · · · MCR N0
2	MCR（主控复位）	母线主控开关解除 目标元件：Y、M（不含特辅继电器）		
3	END（结束）	程序结束并返回 0 步	X0 Y0 / END	LD X0 OUT Y0 END
4	NOP（空操作）	空操作（留空、短接或删除部分触点或电路）		

3. 编程基本规则与技巧

（1）PLC 编程基本规则

1）外部输入继电器、输出继电器、内部继电器、定时器、计数器等器件的接点可多次重复使用，无须用复杂的程序结构来减少接点的使用次数。

2）梯形图每一行都是从左母线开始，线圈接在最右边，接点不能放在线圈的右边，如图 3-5 所示。

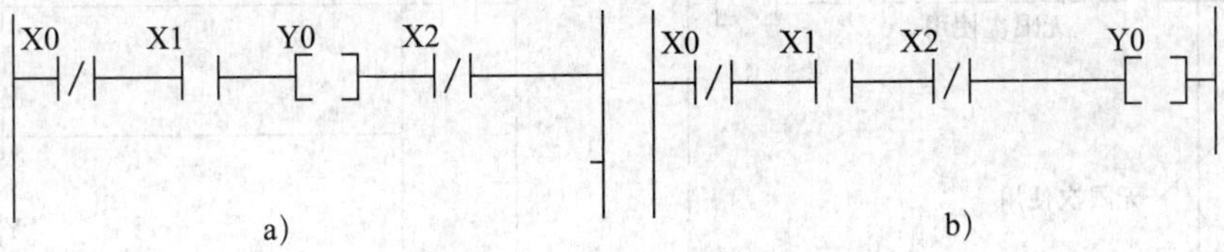

图 3-5　规则 2）的说明

a）不正确电路　b）正确电路

3）线圈不能直接与左母线相连。如果需要，可以通过一个没有使用的内部继电器的常闭接点或者特殊内部继电器 R9010 的常开接点来连接，如图 3-6 所示。

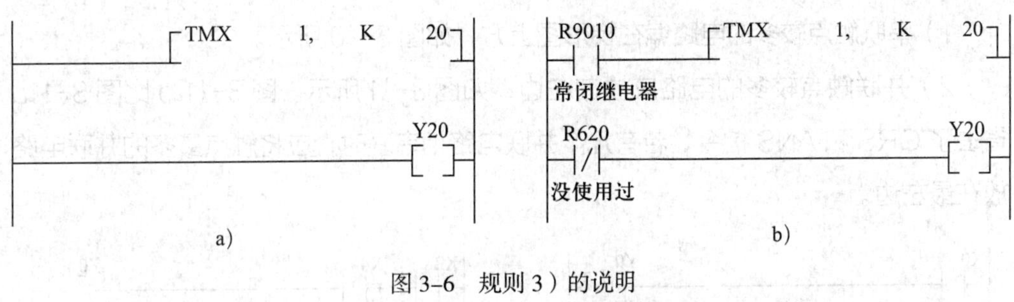

图 3-6　规则 3）的说明

a）不正确的电路　b）正确的电路

4）同一编号的线圈在一个程序中使用两次称为双线圈输出。双线圈输出容易引起误操作，应尽量避免线圈重复使用。

5）梯形图程序必须符合顺序执行的原则，即按从左到右，从上到下的顺序执行，如不符合顺序执行的电路，不能直接编程。如图 3-7 所示的桥式电路就不能直接编程。

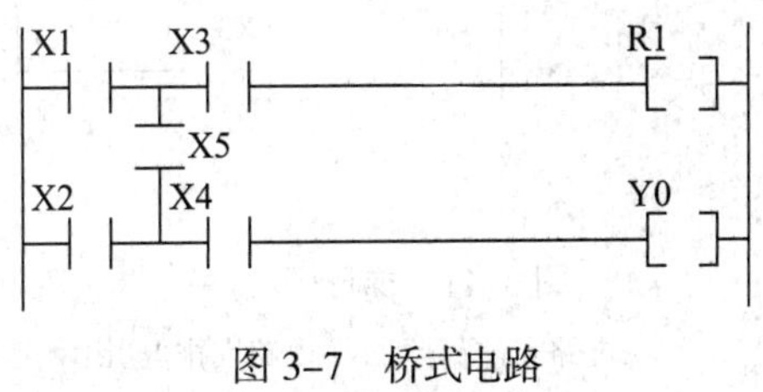

图 3-7　桥式电路

6）在梯形图中串联接点、并联接点的使用次数没有限制，可无限次地使用，如图 3-8 所示。

7）两个或两个以上的线圈可以并联输出，如图 3-9 所示。

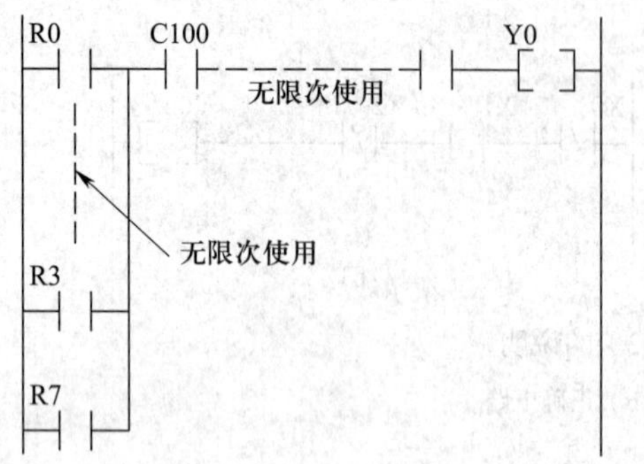

图 3-8 规则 6）的说明

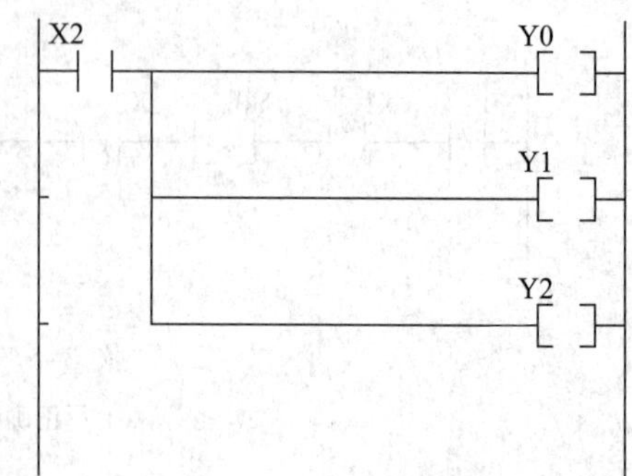

图 3-9 规则 7）的说明

（2）PLC 编程技巧

在编写 PLC 梯形图程序时应掌握如下的编程技巧。

1）串联触点较多的电路编在梯形图上方，如图 3-10 所示。

2）并联触点较多的电路应放在左边，如图 3-11 所示。图 3-11 b 比图 3-11a 省去了 ORS 和 ANS 指令。若有几个并联电路相串联时，应将触点最多的并联电路放在最左边。

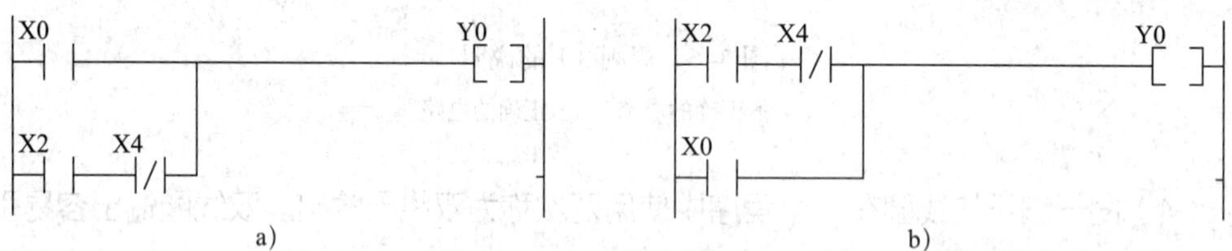

图 3-10 梯形图程序

a）电路安排不当 b）电路安排得当

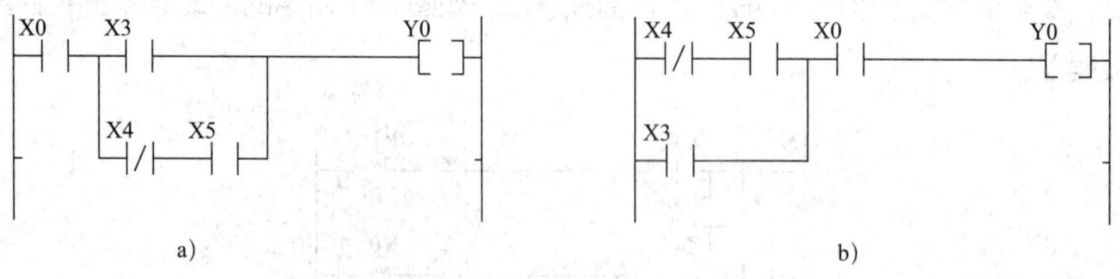

图 3-11 梯形图程序

a）电路安排不当 b）电路安排得当

3）对复杂电路的处理

①桥式电路的编程，图 3-7 所示的梯形图是一个桥式电路，不能直接对它编程，必须重画为图 3-12 所示的电路才可进行编程。

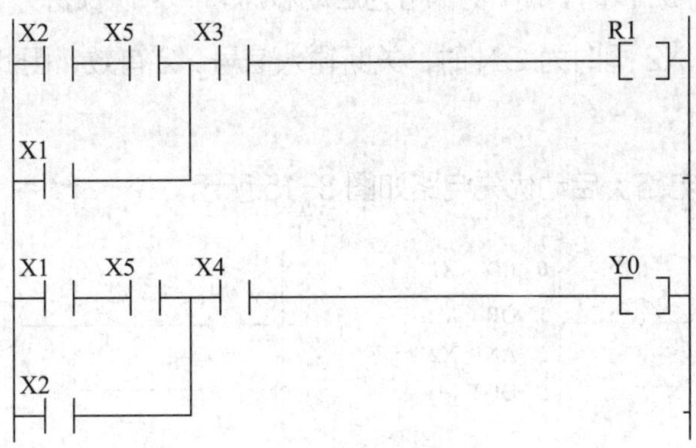

图 3-12　梯形图程序

②如果梯形图构成的电路结构比较复杂，用 ANS、ORS 等指令难以解决，可重复使用一些触点画出它的等效电路，然后再进行编程就比较容易了，如图 3-13 所示。如果使用编程软件也可直接编程。

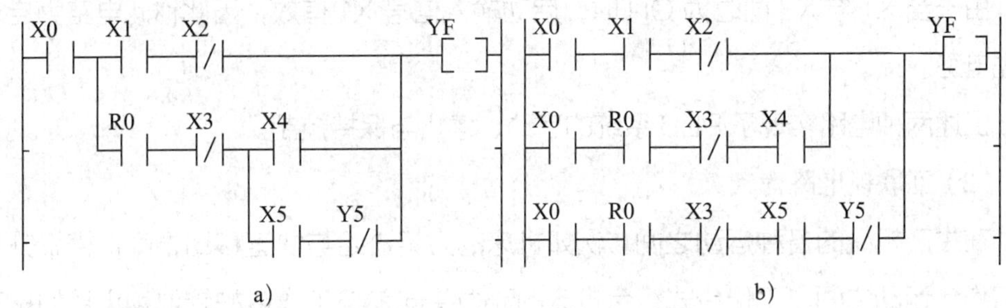

图 3-13　梯形图程序

a）复杂电路　b）重新排列电路

4．基本电路编程

PLC 控制系统的应用程序通常是由一些典型的控制环节和基本单元电路组成，因此掌握基本电路的编程设计方法是非常必要的，它是 PLC 应用设计基础。

（1）启动与停止电路

在 PLC 的程序设计中，启动与停止电路是构成梯形图的最基本的常用电路，有两种形式。

1）关断优先电路。关断优先电路如图 3-14 所示。

X1 是启动输入信号，X2 为关断输入信号。当 X2 为 ON 时，无论启动输入信号 X1 状态如何，内部辅助继电器 M1 状态均为 OFF（关断）。当关断输入信号 X2 为 OFF，启动输入信号 X1 为 ON 时，则 M1 为 ON，并通过其常开触点 M1 闭合自锁；在 X1 变为 OFF 时，M1 仍保持为启动状态，即 M1 保持为 ON。

由于当 X1 与 X2 同时为 ON 时，关断输入信号 X2 有效，因此称其为关断优先电路。

2）启动优先电路。启动优先电路如图 3-15 所示。

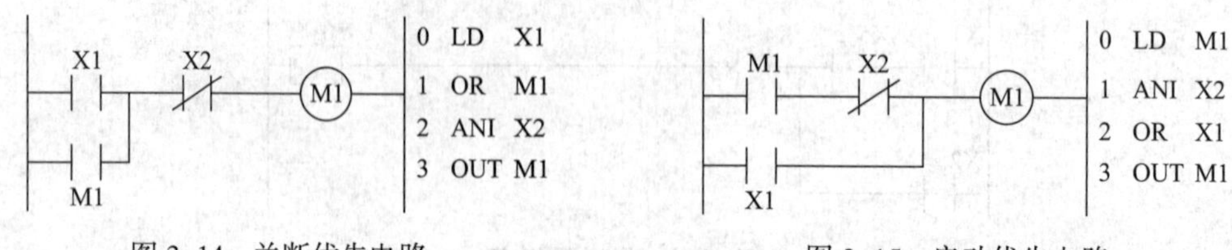

图 3-14 关断优先电路　　图 3-15 启动优先电路

当启动输入信号 X1 为 ON 时，无论关断输入信号 X2 状态如何，M1 总被启动，且当 X2 为 OFF 时，通过 M1 的常开触点闭合实现自锁。当启动输入信号 X1 为 OFF 时，使 X2 为 ON 可实现关断 M1。

由于当 X1 与 X2 同时为 ON 时，启动输入信号 X1 有效，因此称此电路为启动优先电路。

上述两种电路实现了 PLC 系统的启动、停止与保持控制。

（2）互联锁电路

在生产机械的各种运动之间，例如机床的刀架进给与快速移动之间、横梁升降与工作台运动之间、工作台式组合机床的动力头向前与工作台的转位和夹具的松开动作之间都不能同时发生运动，通常存在着某种相互制约的关系，一般采用互联锁控制来实现。用反映某一运动的联锁信号触点去控制另一运动相应的电路，实现两个运动的相互制约，达到互联锁控制的要求。

1）互为发生条件的联锁电路。互为发生条件的联锁电路如图 3-16 所示。输出继电器 Y1 的常开触点串联在 Y2 的控制回路中，输出继电器 Y2 的接通是以 Y1 的接通为条件。即只有 Y1 接通才允许 Y2 接通。Y1 关断时 Y2 也被同时关断，只有在 Y1 被接通的条件下 Y2 才可以自行启动和停止。

2）不能同时发生运动的互联锁电路。不能同时发生运动的互联锁电路如图 3-17 所示。为使输出继电器 Y0 和 Y1 不能同时被接通，现选择联锁信号 Y0 的常闭触点串联到 Y1 的控制回路，联锁信号 Y1 的常闭触点串联到 Y0 的控制回路。这样，Y1 和 Y2 中任何一个启动后，都会将另一个的启动回路断开，从而保证 Y1 和 Y2 不能同时启动。

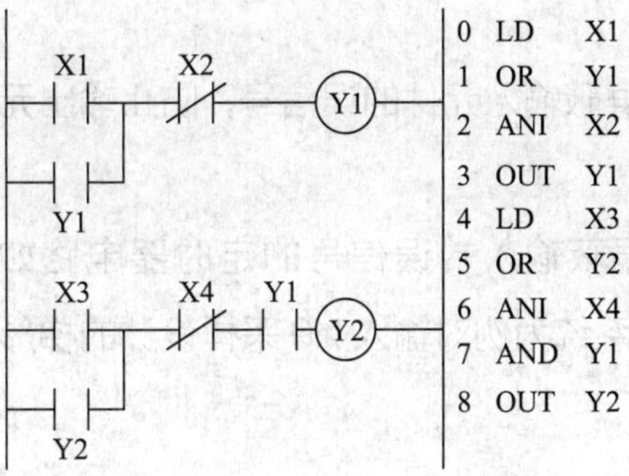

X1
X2
Y1
Y1
X3
X4
Y1
Y2
Y2
0 LD X1
1 OR Y1
2 ANI X2
3 OUT Y1
4 LD X3
5 OR Y2
6 ANI X4
7 AND Y1
8 OUT Y2

图 3-16　互为发生条件的联锁电路

X0
X1
Y1
Y0
Y0
X2
X3
Y0
Y1
Y1
0 LD X0
1 OR Y0
2 ANI X1
3 ANI Y1
4 OUT Y0
5 LD X2
6 OR Y1
7 ANI X3
8 ANI Y0
9 OUT Y1

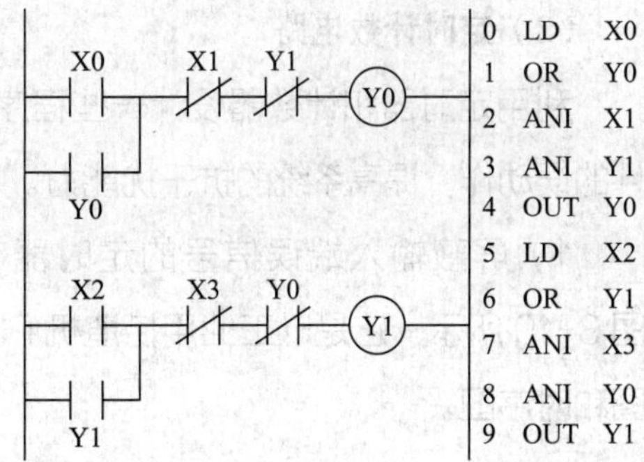

图 3-17　不能同时发生运动的互联锁电路

3）顺序执行联锁电路。顺序执行联锁电路如图 3-18 所示。在顺序依次发生的运动之间，采用顺序执行的控制方式。当输入启动信号 X0 为 ON 时，使输出继电器 Y0 为 ON，利用其常开触点 Y0 自锁。在 Y0 接通运行中，只要接通 X1 时，则输出继电器 Y1 为 ON 并自锁，同时利用接入 Y0 控制电路中的 Y1 常闭触点断开，使 Y0 为 OFF。在 Y1 接通运行中，只要接通 X2 时，Y2 为 ON 并自锁，同时 Y1 为 OFF。在 Y2 接通运行中只要接通 X3 时，Y3 为 ON，并在一个扫描周期时间内使 Y0 为 ON 并自锁，同时 Y2 为 OFF。显然，系统联锁条件是选择代表前一个运动的常开触点串联在后一个运动的启动电路中，同时选择代表后一个运动的常闭触点串联到前一个运动的关断电路里。这样，只有前一个运动发生了，才允许后一个运动可以发生，而且后一个运动一旦发生就立即使前一个运动停止，从而保证各个运动按预定的顺序发生和转换，达到顺序执行的目的。

X0
Y1
Y0
Y0
Y3
X1
Y0
Y2
Y1
Y1
X2
Y1
Y3
Y2
Y2
X3
Y2
PLS
Y3
X0
Y0
X1
Y1
X2
Y2
X3

a)　　b)

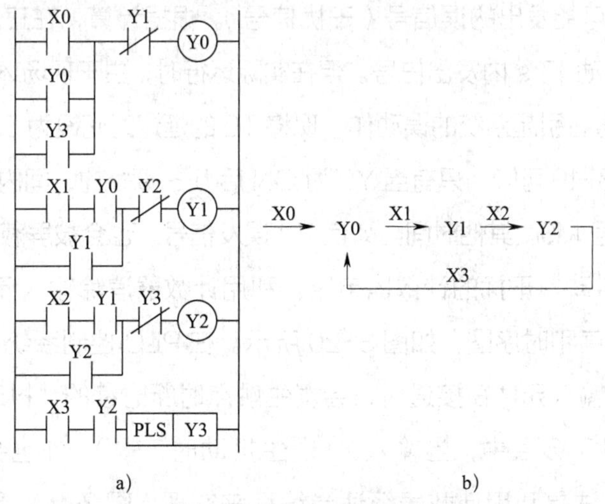

图 3-18　顺序执行联锁电路

a）顺序执行电路　b）执行流程图

（3）定时计数电路

利用定时器和计数器设计一些程序，可以屏蔽输入元件的误信号，防止输出元件的误动作，提高系统的抗干扰能力。

1）屏蔽输入端误信号的定时器电路。屏蔽输入端误信号的定时器电路如图 3-19 所示。它是以工业用捞渣机 PLC 控制系统为例对输入 X0 采样设计的梯形图和时序图。

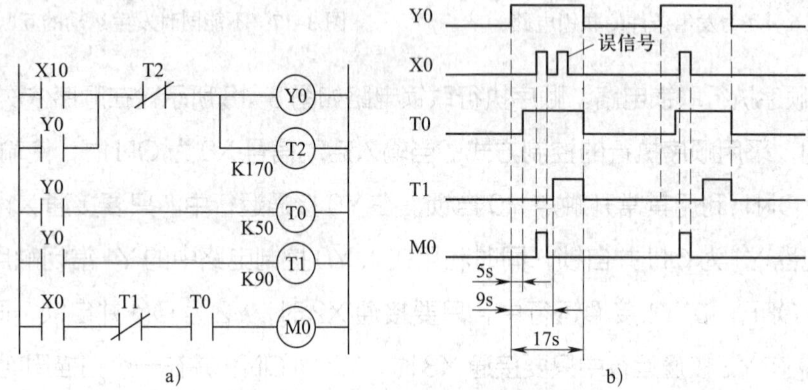

图 3-19　屏蔽输入端误信号的定时器电路

a）屏蔽输入端误信号程序　b）时序图

在 PLC 组成的自动控制系统中，每一次循环，各工步的动作时间通常是固定不变的，如行程开关或光电开关总是在该工步的同一时刻发出信号。根据这一特点，用两个定时器 T0 和 T1，限定 PLC 只在该开关正常发信号的时间内采样，就可以屏蔽掉其他时间可能发出的误信号（干扰信号）。根据计算，在正常情况下，输入 X0 总是在 Y0 启动 17 s 内发出信号。但在实际运行时，由于现场环境恶劣，有可能使 X0 发出误信号，引起系统的误动作。现将 T0 的延迟时间设为 5 s，T1 延迟时间设为 9 s，从图 3-19 可知，只有当 Y0 为 ON 后 5 ~ 9 s 的时间内采样的信号，才被认为是有效信号 M0，其他时间内即使 X0 误发信号，也会被屏蔽掉。

2）消除“抖动”干扰的计数器电路。利用计数器消除输入元件触点“抖动”干扰的梯形图程序和时序图，如图 3-20 所示。在 PLC 控制系统中，由于外界干扰的影响，有些输入元件在接通时，会发生触点时断时续的“抖动”现象而发生错误信号。在图 3-20a 中，当输入 X1 发生抖动时，输入 Y1 也会跟着抖动。消除这种干扰的方法是利用计数器经适当编程来实现。图 3-20b 是用计数器组成的消除“抖动”程序和时序图。当“抖动”干扰使 X1 断开的间隔 $\Delta t < X \times 0.1$ s

（注：M8012 为特殊辅助继电器，产生 0.1 s 的时钟脉冲）时，计数器输出为“0”，输出继电器 Y1 保持接通，干扰不会影响 PLC 正常工作；当 X1 断开时间 $\Delta t \geqslant X \times 0.1$ s，计数器 C1 计满 X 次时，C1 为“1”，输出继电器 Y1 输出为“0”。计数器的计数次数 X 可在调试时根据干扰情况修改。

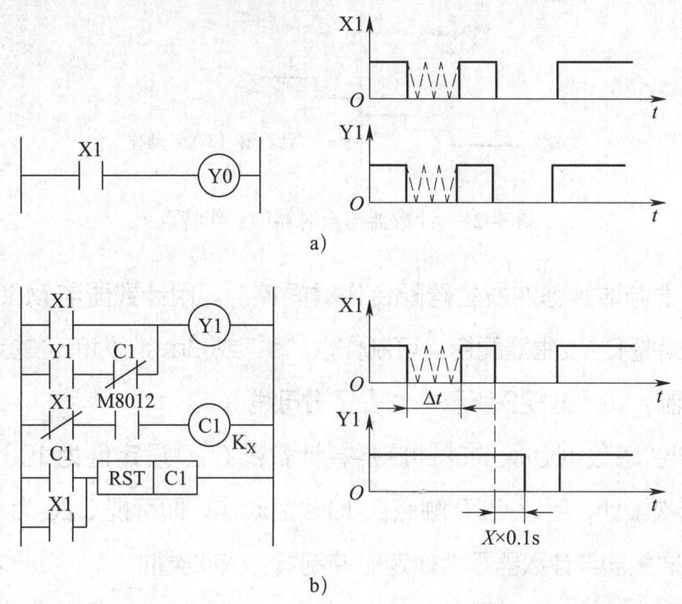

图 3-20　利用计数器消除输入元件触点“抖动”干扰的梯形图程序和时序图

a）输入干扰　b）消除输入干扰

3）定时器与计数器的配合使用。在上述的定时计数电路中，一种是应用定时器消除 PLC 系统的输入误信号，另一种是应用计数器来消除输入“抖动”干扰，从而提高了控制系统的可靠性。显然，计数器与定时器两者都是一种累积型元件。对于上述应用的是非积算定时器和 16 位增计数器，它们都是由一个线圈与对应线圈的无数对触点组成，都有设定值。当其累计的实时值等于设定值时，对线圈进行驱动并保持，相应输出触点动作。

① 16 位增计数器与非积算定时器运用上的区别。定时器的动作触发时间是达到设定值后，而计数器的动作时间是在达到设定值的瞬间，如图 3-21 所示，分别为用计数器和定时器对每秒 1 次的方波脉冲计数和计时。

对已经动作的定时器触点，当定时器驱动电路断开后，定时器的触点就会复位。但对已经动作的计数器触点，即使计数器驱动电路已断开，但计数器的触点仍会保持动作的状态，要用复位指令才能使计数器触点复位。这一点在编程时要特别注意。

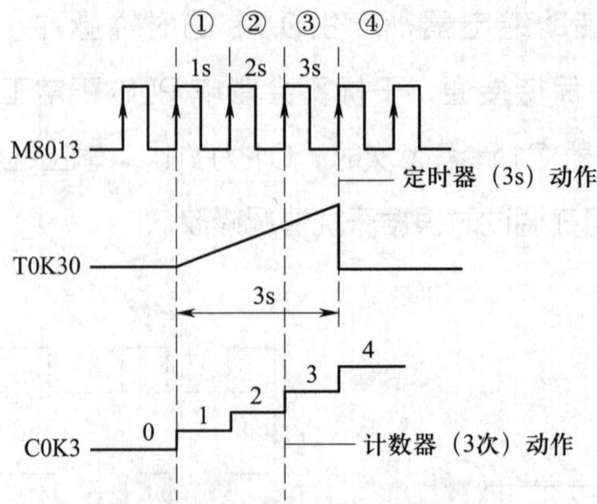

图 3-21　计数器与定时器的动作特点

②用计数器与时钟脉冲发生器配合作时间控制。用计数器与 M8013、M8012 和 M8011 等时钟脉冲发生器配合，可制作以“s”或“ms”为单位的定时器，在程序中作时间控制，如图 3-22 所示（省去了右母线）。

M8011 产生每秒 100 次的时钟脉冲，计数器 C20 设定值为 1001，即对时钟脉冲作 1 000 次累计，所以 C20 触点在 10 s 后动作，即可视 C20 为 10 s 定时器。其他时钟脉冲发生器与计数器配合作定时控制器，依此类推。

考虑到 X0 接通时与脉冲发生器可能不同步，因此用 M8011（10 ms 时钟脉冲）可以减少误差。

③用计数器与定时器配合作长延时控制。PLC 定时器的最长控制时间为 3 276.7 s，接近 1 h，若设备需要延时 2 h 启动，可用计数器与定时器配合制作一个 2 h 的定时器，如图 3-23 所示。用定时器制作 1 个 1 800 s（30 min）的脉冲发生器，再用计数器对定时器触点产生的脉冲计数 4 次，这样计数器 C20 的常开触点即具有 30 min × 4=120 min（2 h）的延时闭合作用。对更长时间的延时控制，也可按此方法实现。

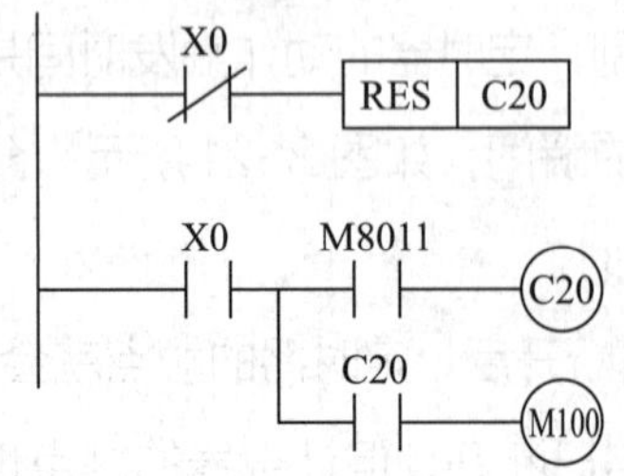

图 3-22　计数器与时钟脉冲发生器配合作时间控制

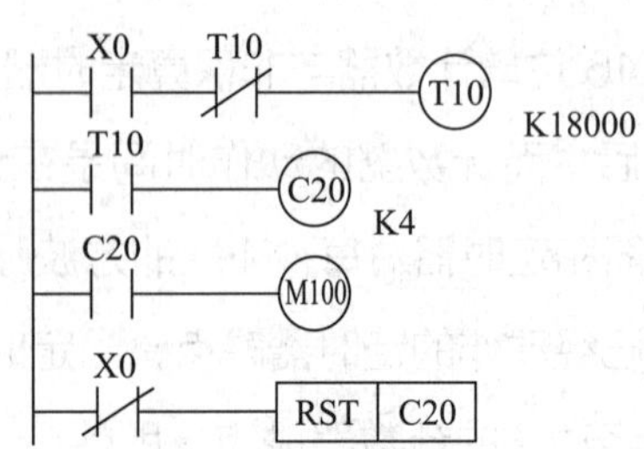

图 3-23　计数器与定时器配合做长延时控制

（4）分频电路

在 PLC 应用系统中，许多场合用到分频电路，例如采用二分频、三分频等不同的分频电路实现不同频率的灯光闪烁。

1）应用指令“ALT（FNC66）”

①应用指令“ALT（FNC66）”的格式与功能。该指令是 PLC 内置的具有交替输出功能的特殊指令，地址号为 FNC66，指令助记符是“ALT”，执行方式有“连续执行型”和“脉冲执行型”两种。在梯形图程序中，“ALT”执行步数为 3 步，其格式与功能见表 3-6。

表 3-6　应用指令“ALT（FNC66）”的格式与功能

	指令格式	时序图
连续执行型	X0 FNC66 ALT M100	X0 M100
脉冲执行型	X0 FNC66 ALTP M100	
功能说明	只在 X0 从 OFF 到 ON 变化瞬间执行。ALT（P）执行第一次，M100 接通，ALT（P）执行第二次，M100 断开。如此反复进行，达到交替输出目的	

用定时器制作的脉冲发生器与“ALT（FNC66）”结合，可发出方波脉冲，从而可实现灯的闪烁控制，如图 3-24 所示。程序中的应用指令“ALT（FNC66）”虽然是使用连续执行型，但由于驱动 FNC66 的 T0 常开触点每隔 0.2 s 接通一次的时间只有一个扫描周期，相当于一个脉冲发生触点，ALT 执行时也就等同脉冲执行型。在图 3-24 中，由于脉冲时间非常短，所以时序图中脉冲时间就忽略不计了。

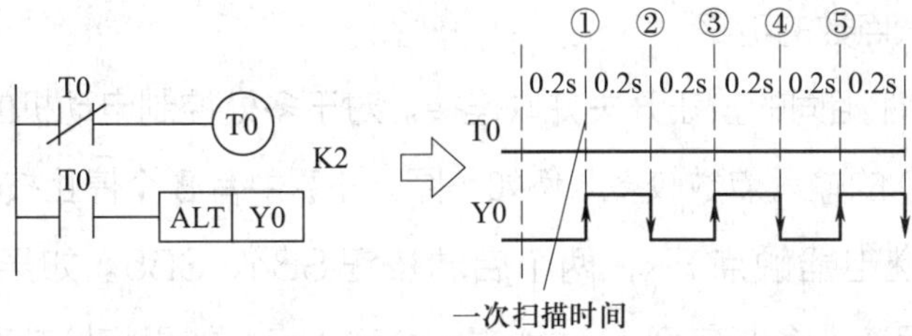

图 3-24　应用 ALT 与定时器实现灯的闪烁控制

② ALT（FNC66）用编程软件输入的方法。单击输出元件“┤ ├”的图框，输入指令助记符与文件号，再单击“确定”按钮即可，如图 3-25 所示。

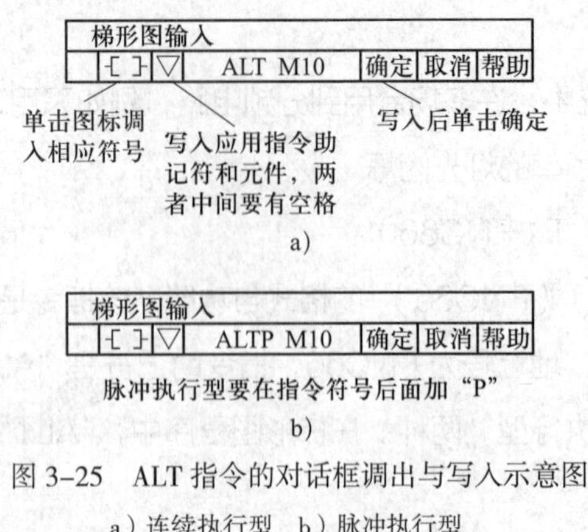

图 3-25 ALT 指令的对话框调出与写入示意图

a）连续执行型 b）脉冲执行型

2）多级分频输出的分频电路。连续使用具有交替输出功能的应用指令“ALTP”能方便地实现分频输出。运用“ALTP”实现二分频输出电路的例子如图 3-26 所示。采用 M100 和 M101 分别控制两个灯，观察其发光情况就能够得到验证。

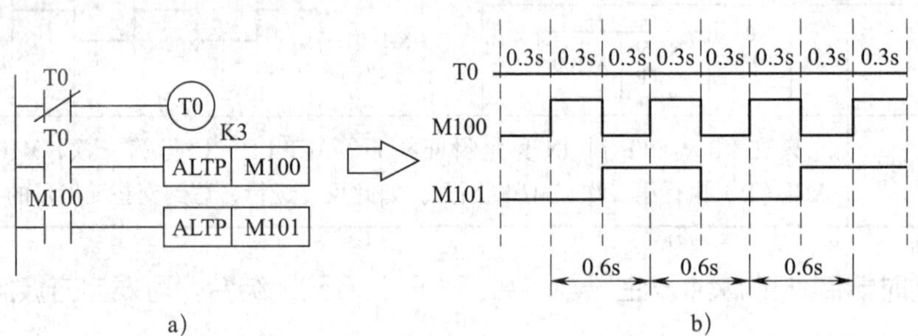

图 3-26 运用“ALTP”实现二分频输出电路

a）梯形图 b）时序图

如果要获得三分频、四分频等，可按图 3-26 所示的电路继续使用“ALTP”即可得到成倍数关系频率的脉冲来实现灯闪烁的控制。

（5）简化输入输出电路

1）简化输入点数的电路

①将控制功能相同的按钮开关并联连接。对于多处控制电动机的启动与停止电路，所占用 PLC 的输入点数较多。例如，图 3-27 中有 3 个停止按钮 SB1、SB2、SB3 和一个热继电器触点 FR，两个启动按钮 SB4、SB5。如果将它们直接与 PLC 的输入端相连，将占有 PLC 输入端 6 个输入点，如果将控制功能相同的按钮（开关）并联连接，不仅减少了 4 个输入点，而且梯形图程序也会简化。

②采用单按钮控制启动和停止。用计数器实现这种控制功能的梯形图如图 3-28 所示。

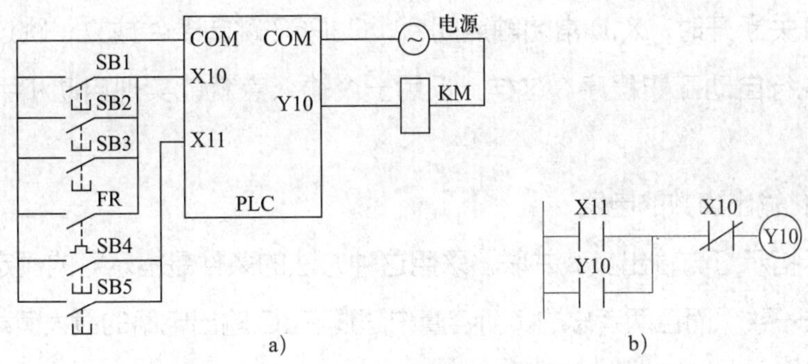

图 3-27　PLC 控制电动机的启动与停止电路

a）系统硬接线　b）梯形图

X10 接至外部按钮，输出继电器 Y10 用于驱动控制电动机的接触器线圈。当第一次按下按钮时，X10 接通上升沿，M100 接通一个扫描周期，其常开触点闭合，使 Y10 接通并自锁，电动机启动。此时计数器 C10 的当前值为 1。第二次按下按钮时，计数器 C10 的当前值为 2 且等于设定值，C10 输出的常闭触点断开，断开 Y10 的输出，电动机停止。与此同时 C10 的输出常开触点闭合，使计数器复位（恢复设定值），为下一次计数做准备。这就达到了用一个普通按钮控制电动机的启动与停止，少占 PLC 一个输入点的目的。

③采用跳转指令处理自动 / 手动控制方式。在实际的生产过程或生产设备中经常设有手动和自动两种工作方式，一般都采用转换开关进行选择，这就要占用 PLC 两个输入点，如果 PLC 输入点不够用，可采用跳转指令和一个开关配合使用，以达到两种工作方式的选择。采用跳转指令处理自动 / 手动控制方式的控制电路如图 3-29 所示。设开关接 X10，当合上开关时，X10 常开触点闭合，CJ P62 跳转条件成立，跳过自动工作程序，执行手动工作程序。

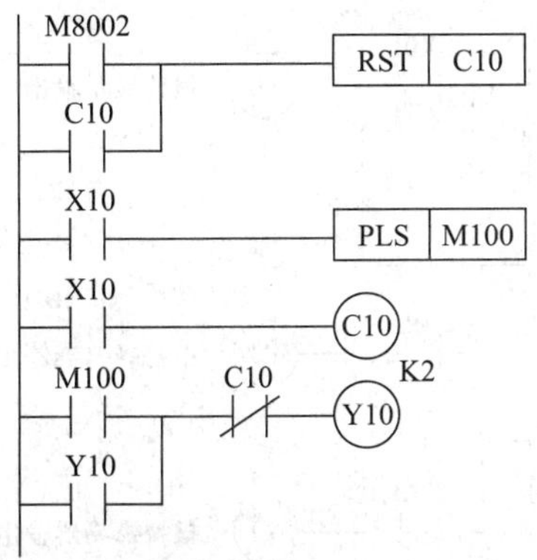

图 3-28　单按钮控制启动和停止

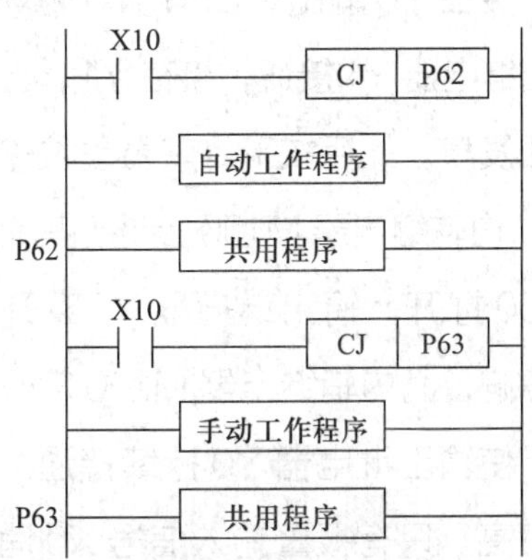

图 3-29　处理自动 / 手动控制方式的控制电路

当把开关断开时，X10 常闭触点闭合，CJP63 跳转条件成立，跳过手动工作程序，而执行自动工作程序。这样，仅用一个输入点就能实现自动和手动的两种操作。

2）简化输出点数的电路

①显示指示灯与输出负载并联。采用这种方法的条件是指示灯的额定电压必须与负载电压一致，而且两者总的负荷容量未超过 PLC 输出电路的最大负载容量。这样可以节省 PLC 输出点，如图 3-30 所示。

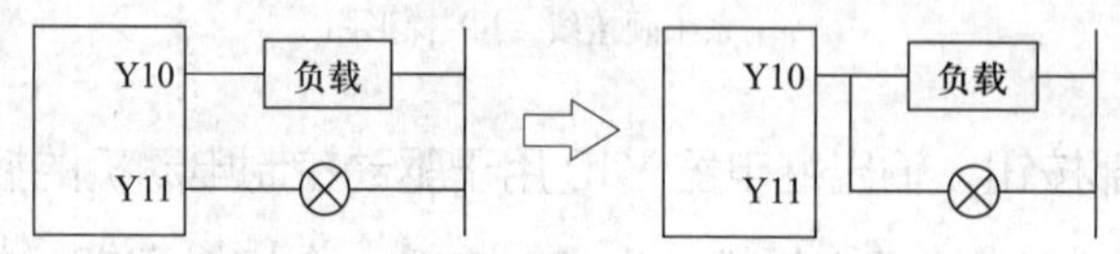

图 3-30　显示指示灯与输出负载并联

②采用数字显示器代替指示灯。如果系统中的状态指示灯较多，程序比较复杂，建议采用数字显示器代替指示灯，例如用 BCD 码数字显示，只需 8 点输出，两行数字显示器即可。这样可以节省 PLC 输出点数。

③多种故障显示或报警采用并联连接。在 PLC 控制的某些生产设备或生产过程系统中，有多种故障显示或报警，例如，设有过电压、过载、失磁、断相、越位、超速等显示或报警，只要条件允许，即可把部分或全部显示或报警电路并联连接，以减少占用 PLC 的输出点数。

总之，在 PLC 控制系统发生故障时，应及时报警，通知操作人员，采取相应措施，如图 3-31 所示。电路在发生故障时，可产生声音和灯光报警。当有报警信号输入时，即常开触点 X0 闭合时，输出继电器 Y0 产生间隔为 1 s 的断续输出信号，接在 Y0 输出端的指示灯闪烁，同时输出继电器 Y1 接通，接在 Y1 输出端的蜂鸣器发声。此后按下蜂鸣器复位输入按钮 X2，内辅继电器 M100 接通，其常闭触点 M100 打开，输出继电器 Y1 断开，蜂鸣器停响，而内辅继电器 M100 常开触点闭合，使输出继电器 Y0 持续接通，报警指示灯亮。只有报警输入信号 X0 消失，输入继电器 X0 的常开触点断开，报警指示

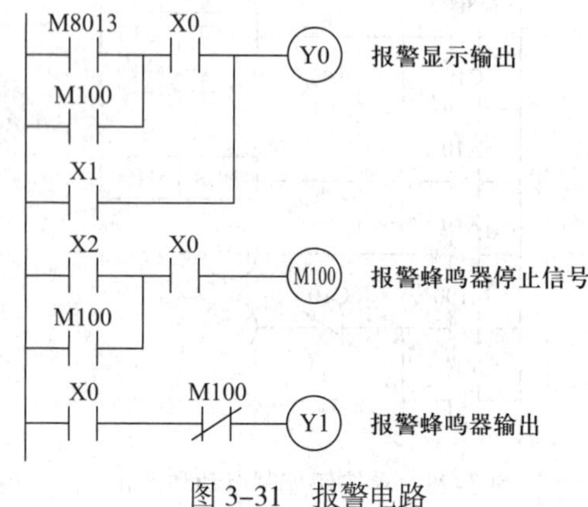

图 3-31　报警电路

灯才熄灭。

为了平时检查报警电路是否处于正常状态，设置有检查按钮，并将它接在 PLC 的输入 X1 端，当按下检查按钮时，输入继电器 X1 的常开触点闭合，输出继电器 Y0 接通，报警指示灯亮，从而确定报警指示灯电路完好。

简化 PLC 输入输出电路的方法较多，设计者应从实际出发，选用或设计切实有效方案。例如，若 PLC 输出点不足，报警系统也可只采用指示灯显示，从而取消发声报警，这样可以节省一个 PLC 输出点。

（6）两灯发光与闪烁控制电路

1）主控指令“MC/MCR”的功能及其应用

①主控指令“MC/MCR”在编程软件中的输入方法

主控指令“MC/MCR”在编程软件中的输入方法如图 3-32 所示。注意：“MC N0 M100”指令输入后，程序即默认在“MC”指令后的母线上设置了第一层主控开关 M100，但不会在软件的梯形图画面中表示出来（若打印梯形图程序，此开关会有表示）。主控指令可用作总开关控制，也可用作某一部分程序的控制，通过程序的运行结果来理解“MC”主控指令的作用。

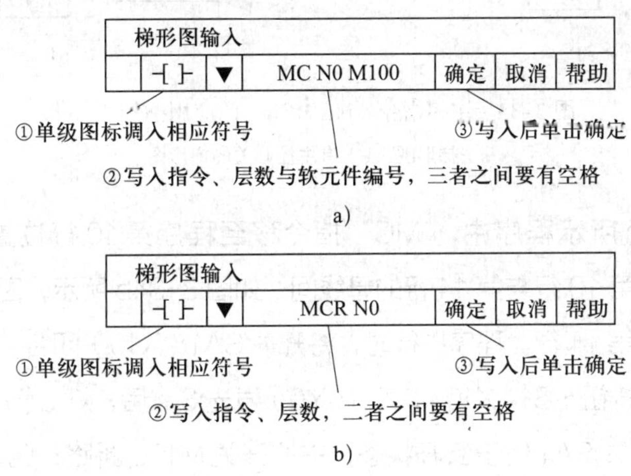

图 3-32 主控指令“MC/MCR”在编程软件中的输入方法

a）“MC”指令输入 b）“MCR”指令输入

②主控指令“MC/MCR”应用举例。主控指令“MC/MCR”的运用举例如图 3-33 与图 3-34 所示。

在图 3-33a 程序中，主控指令“MC”放在程序最前的位置（第 0 行），等于在程序第 0 行与第 4 行的母线间设置了主控开关 M100，如图 3-33b 所示，即第

4 行以后的程序都受到主控开关 M100 的控制。程序执行时，将开关 SA1（X10）闭合，主控开关 M100 接通，再按启动按钮 SB1（X10），灯 1（Y0）发光 3 s 后，灯 2（Y1）发光。这时要使两灯熄灭，也一定要将开关 SA1 断开。若开关 SA1 处于断开状态，主控开关 M100 断路，此时即使按启动按钮 SB1，两灯都不会发光，可见 M100 起着总开关的作用。

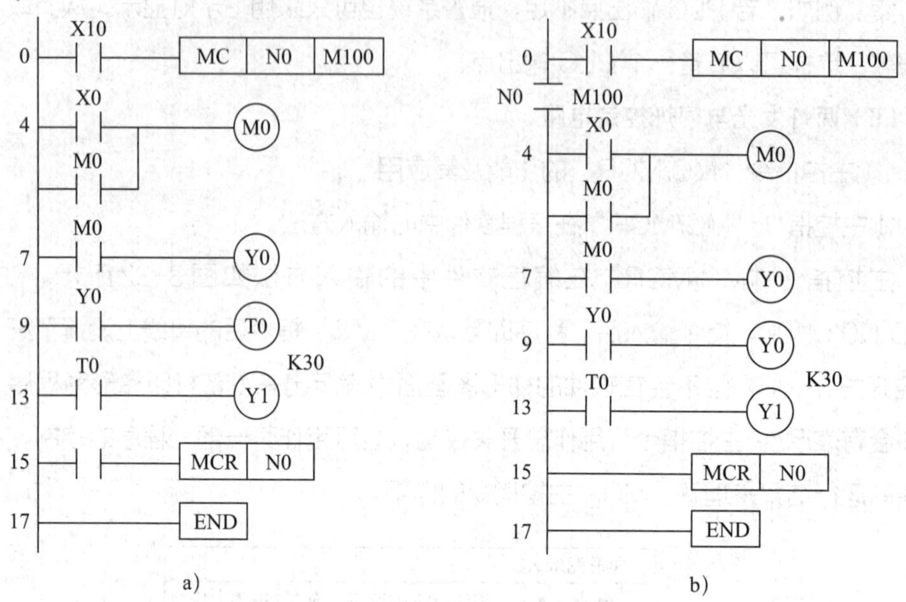

图 3-33　主控指令“MC/MCR”的应用举例（一）

a）梯形图　b）有主控开关的梯形图

在图 3-34a 所示程序中，“MC”指令移至程序第 10 行位置，即主控开关 M100 移到程序第 10 行与第 14 行的母线间，如图 3-34b 所示，因此受开关 M100 控制的程序只有第 14 行。程序执行时，将开关 SA1（X10）闭合，主控开关 M100 接通，再按启动按钮 SB1（X10），灯 1（Y0）发光 3 s 后，灯 2（Y1）与灯 3（Y2）同时发光。若开关 SA1 处于断开状态，主控开关 M100 断路，此时按下启动按钮 SB1，灯 1 发光 3 s 后，只有灯 3 发光，而灯 2 则不会发光。可见，M100 也可以在程序中起部分控制作用。

2）两灯发光与闪烁控制电路。两灯发光与闪烁 PLC 控制的梯形图如图 3-35 所示。该系统具有急停控制要求，急停开关 SA1 闭合，系统停止运行，灯全部熄灭。当按下启动按钮 SB1，灯 1 以每秒 1 次的频率闪烁 10 次，熄灭后，灯 2 以每秒 2 次的频率闪烁 15 次，最后两灯一起以每秒 5 次的频率闪烁 20 次，然后按这样的闪烁规律反复进行；按下停止按钮 SB2，灯 1 与灯 2 熄灭，程序停止运行；按下 SB1 可以重新启动运行。梯形图程序具体说明如下。

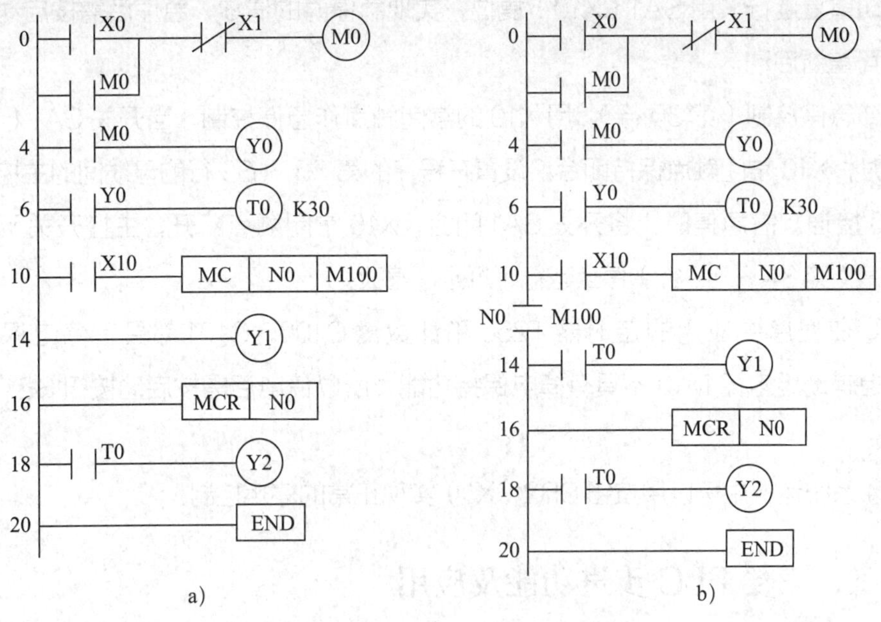

图 3-34　主控指令“MC/MCR”的应用举例（二）

a）梯形图　b）有主控开关的梯形图

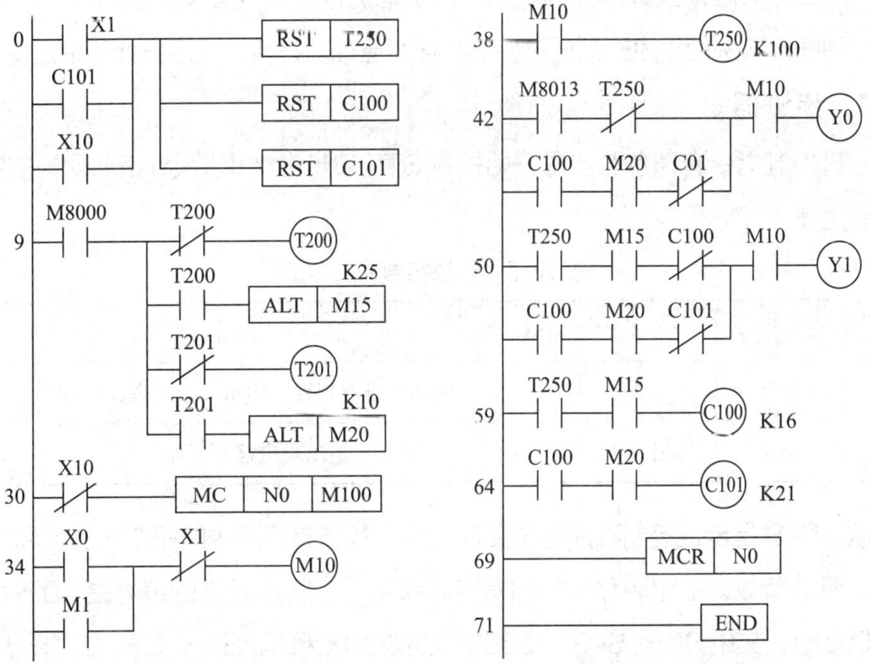

图 3-35　两灯发光与闪烁 PLC 控制的梯形图

①具有停电保持功能的定时器与计数器的复位（第 0 行）。用 SB2（X1）复位，实现停止时的清零，停止后再启动将重新开始运行。用 C101 复位，实现两灯发光的自动重复运行。用 SA1（X10）复位，实现急停时的清零，急停后需按启动按钮 SB1 可重新启动。

②急停控制（第 30 行）。用 X10 的常闭触点作急停控制，当开关 SA1（X10）断开时，X10 常闭触点保持闭合，设置在程序的第 35 ~ 39 行的母线间的主控开关 M100 接通。需急停时，将开关 SA1 闭合，X10 常闭触点断开，主控开关所控制的程序（第 34 ~ 69 行）停止运行，灯全部熄灭。

③在程序中应用的定时器 T250 和计数器 C100、C101 都具有停电保持功能，但辅助继电器 M10 不具有掉电保持功能，所以停电后需按启动按钮 SB1 重新启动。

④系统运行中可以用按钮 SB2（X1）实现正常的停止控制。

三、三菱 PLC 步进功能及应用

在三菱 PLC 指令系统中，对设备的顺序控制通常采用步进控制程序图来编写，编写程序前需先编写状态转移图（SFC）。因为状态转移图中的每一步表示设备运行的每一个工序，程序按顺序控制要求一步步地执行，使设备按工序顺序一个个地完成。这种编程方法使程序控制逻辑简化，程序直观、易懂，程序设计简单方便。

1. 步进指令

步进控制指令有两条：步进开始指令 STL 和步进结束指令 RET。步进控制指令功能见表 3-7。

表 3-7 步进控制指令功能

序号	指令符号	指令逻辑	指令功能
1	STL	状态驱动	驱动步进控制程序中每一个状态的执行
2	RET	步进结束	退出步进运行程序

状态器 S 是步进控制程序的主要软元件。状态转移图中的每个状态器具有三个功能：驱动负载、指定转移目标和指定转移条件。状态元件的编号是 S0 ~ S999 共 1 000 个，其中 S0 ~ S499 共 500 个是较为常用的，S0 ~ S9（10 个）只能用于初始状态，S10 ~ S19 用于应用指令 FNC60（IST）的原点复原，S20 ~ S499

一般用于普通状态。

步进控制指令（STL 和 RET）的应用方法见表 3-8。对比图中的状态转移图、步进梯形图程序和指令表程序，明确步进程序图的表达以及相关指令的应用。

表 3-8　步进控制指令（STL 和 RET）的应用方法

状态转移图	步进梯形图程序	指令表程序
M8002 S0 X0 S20（工序1执行内容） Sn（工序n执行内容） X11 S0　步进梯形图结束 RET END	M8002　SET S0 S0　X0　SET S20 S20（工序1执行内容） Sn（工序n执行内容） X11　S0 RET （步进梯形图结束） END	LD M8002 SET S0 STL S0 SET S20 STL S20 . . . SET Sn STL Sn LD X11 OUT S0 RET END

（1）在步进梯形图程序中，每个 STL 指令都要与 SET 指令共同使用，即每个状态都要先用 SET 指令置位，再用 STL 指令去驱动状态的执行。

（2）状态器表示的状态用框图表示，框内是状态器元件地址编号，状态框之间用有向线段连接。其中从上到下，从左到右的箭头可以省略不画，有向线段上的垂直短线和它旁边标注的文字符号或逻辑表达式表示状态转移条件。

状态转移条件的指令应用如图 3-36 所示。图 3-36a 表示转移条件为 X2 接通，状态 S22 复位，S23 就置位。图 3-36b 表示转移条件为 $\overline{X11}$ 与 X12 串联。图 3-36c 表示转移条件为 X2 与 X3 并联，只要满足状态转移条件，状态器 S22 就会复位，而状态器 S23 就置位，也就是说状态由 S22 转到 S23。

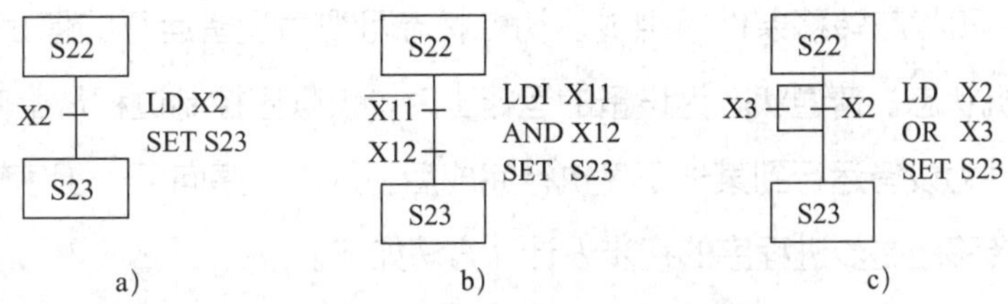

图 3-36　状态转移条件的指令应用

a）转移条件为 X2 接通　b）转移条件为 $\overline{X11}$ 与 X12 串联　c）转移条件为 X2 与 X3 并联

（3）状态的转移使用 SET 指令。但若是向上游转移，向非连续的下游转移或其他流程转移，称之为顺序不连续转移，即非连续转移，这种非连续转移不能使用 SET 指令，而用 OUT 指令，表 3-8 中的状态转移图中的实心箭头表示向上转移回到原来的初始状态 S0，在指令表程序中使用“OUT S0”。

（4）STL 指令的作用是驱动状态的执行。对于每个状态的执行程序，可视为从左母线开始。部分基本指令在状态执行中的应用见表 3-9。

表 3-9　部分基本指令在状态执行中的应用

状态转移图	指令表	状态转移图	指令表
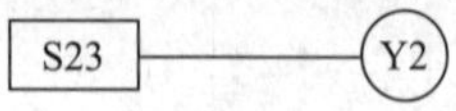 S23 —— Y2	OUT Y2	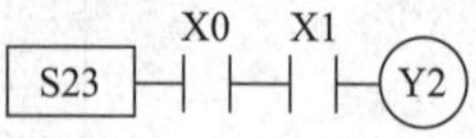 S23 X0 X1 Y2	LD X0 AND X1 OUT Y2
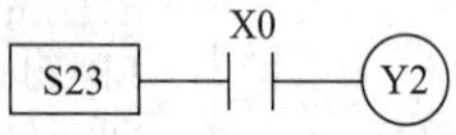 S23 X0 Y2	LD X0 OUT Y2	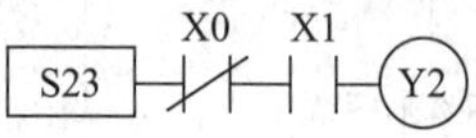 S23 X0 X1 Y2	LDI X0 AND X1 OUT Y2
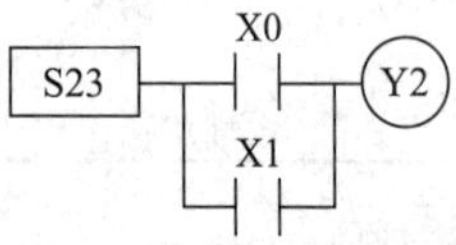 S23 X0 X1 Y2	LD X0 OR X1 OUT Y2	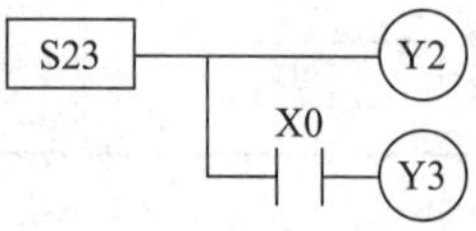 S23 Y2 X0 Y3	OUT Y2 LD X0 OUT Y3

（5）步进程序结束一定要使用 RET 指令，否则程序会提示出错。

2. 状态转移图的编写方法

状态转移图（SFC）是将工序执行内容与工序转移要求以状态执行和状态转移的形式反映在步进程序中，控制过程明确，是对顺序控制过程进行编程的好方法。

现以图 3-37 所示的步进控制程序的基本结构为例来说明状态转移图的编程方法。图 3-37a 所示是状态转移图（SFC），图 3-37b 所示是步进梯形图，执行的结果是完全相同的。状态转移图的结构是由初始状态（S0）、普通状态（S20、S23、S25）和状态转移条件所组成。初始状态可视为设备运行的停止状态，也称为设备的待机状态。普通状态为设备的运行工序，按顺序控制过程从上向下地执行。状态转移条件为设备运行到某一工序执行完成后，从该工序向下一工序转移的条件。显然，状态转移图是步进程序的初步设计，方法如下。

（1）要执行步进程序，首先要激活初始状态 S0。一般采用特殊辅助继电器 M8002 在 PLC 送电时产生的脉冲来激活 S0。

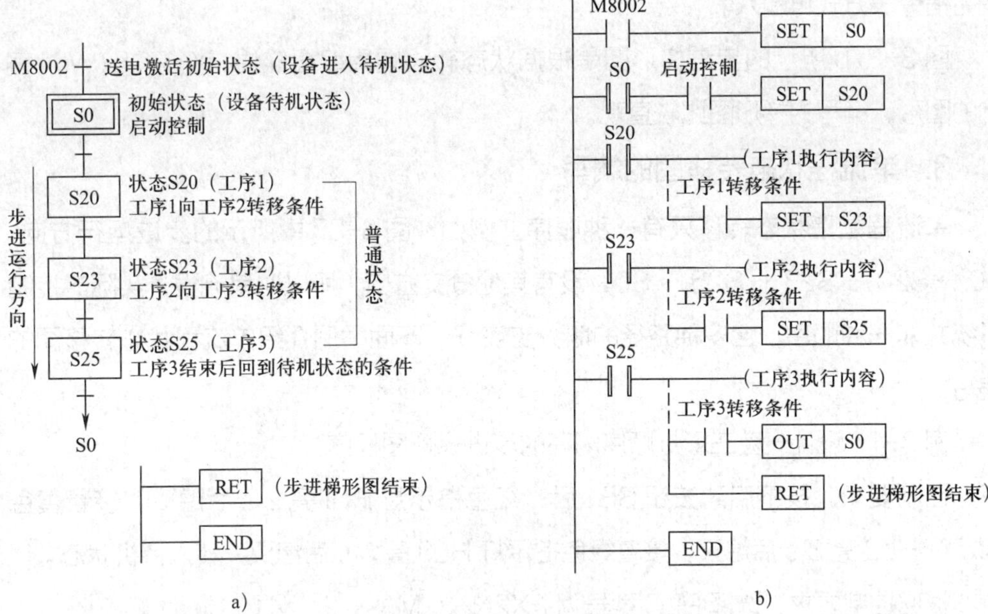

图 3–37　步进控制程序的基本结构

a）状态转移图　b）步进梯形图

（2）在步进梯形图程序中，每个普通状态执行时，与上一个状态是不接通的。当上一个状态执行完毕后，若满足转移条件，就转移到下一个状态执行，而上一个状态就会停止执行，从而保证执行过程是按工序的顺序进行控制。

（3）在步进程序中，每个状态都要有一个编号，而且每个状态的编号是不能相同的。对于连续的状态，没有规定必须用连续的编号，编程时为便于程序修改，两个相邻的状态可采用相隔 2 ~ 5 个数的编号。例如，状态 S20 下面的状态也可采用 S25，这样可在需要时插入 4 个状态，而不用改变程序的状态编号。

（4）在同一状态内不允许出现两个相同的执行元件，即不能有元件双重输出。但若在不同状态中使用相同的执行元件，如输出继电器 Y、辅助继电器 M 等，不会出现元件双重输出的控制问题。显然，在步进程序中，相同的执行元件在不同的状态使用是允许的。

（5）定时器可以在相隔 1 个或 1 个以上的状态中使用同一个元件，但不能在相邻状态中使用。

当对顺序控制进行程序设计时，首先应编写状态转移图（SFC）。虽然步进梯形图与它不太一样，但控制过程是相同的。由于编程软件没有状态转移图程序的编写功能，编程时必须把状态转移图先转变为步进梯形图，再输入 PLC，或者把它转

变为指令表方式再输入。

图 3-37b 所示的步进梯形图是根据状态转移图用编程软件 FX-PCS/WIN 编制的图形，编写的梯形图比较直观。

3. 单流程状态转移图的编写

单流程是指状态转移只有一种顺序。例如，图 3-37 中所示的步进运行方向：S0→S20→S23→S25→S0，没有其他分支方向，所以叫单流程。实际的控制系统并非一种顺序，含多种路径的叫分支流程。下面举例介绍单流程状态转移图的编写。

例 3-1　设计一套三彩灯顺序闪亮的步进梯形图程序。

控制要求：按下启动按钮 SB1 后，红色指示灯 HL1 亮 2 s 后熄灭，接着黄色指示灯 HL2 亮 3 s 后熄灭，接着绿色指示灯 HL3 亮 5 s 后熄灭，转入待机状态。

根据控制要求，选择 PLC 型号为 FX2N-32MR。

输入元件 SB1→X1；输出元件 HL1→Y1，HL2→Y2，HL3→Y3。

三彩灯顺序闪亮控制状态转移图如图 3-38 所示。根据控制要求，定时器在状态停止执行后会自动清零和触点复位，因此不需要对定时器复位清零。

三彩灯顺序闪亮的步进梯形图程序如图 3-39 所示（用编程软件 GX Developer 编写）。

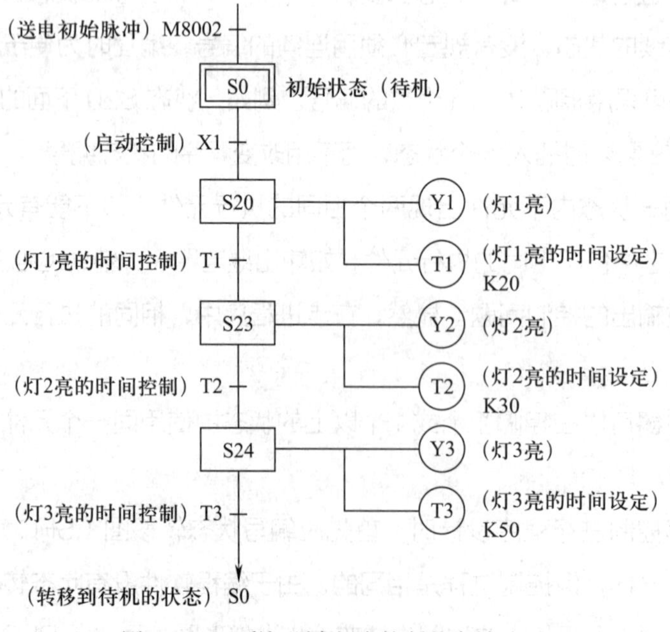

图 3-38　三彩灯顺序闪亮控制状态转移图

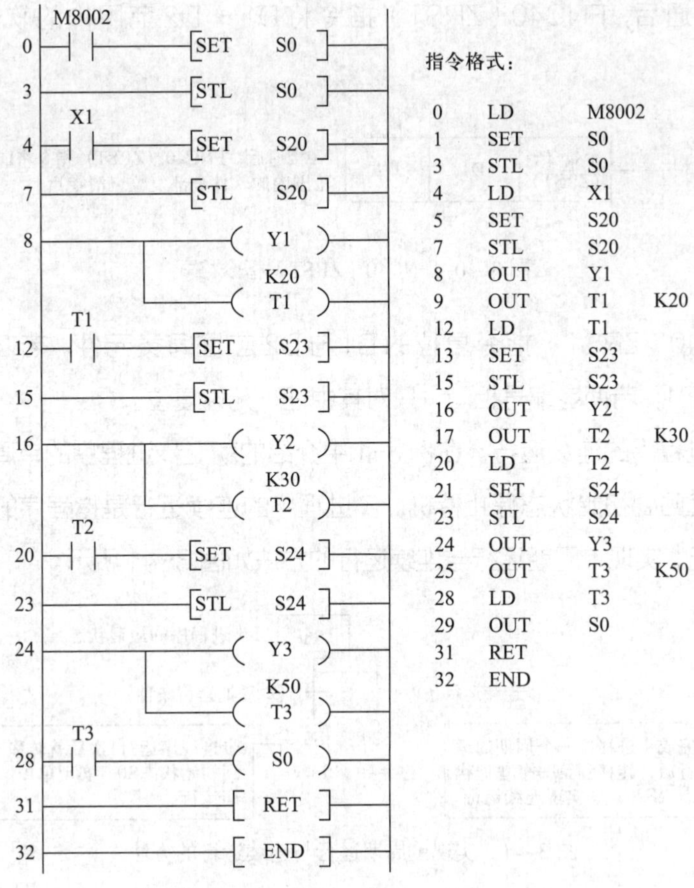

图 3-39　三彩灯顺序闪亮的步进梯形图程序

例 3-2　设计一套三彩灯顺序发光与闪烁的停止控制的梯形图程序。

控制要求：按常开启动按钮 SB1 后，红灯发光 4 s 后黄灯亮，接着黄灯发光 6 s 后，红灯与黄灯一起灭，然后绿灯开始以每秒 1 次的频率闪烁，闪烁 8 次后绿灯熄灭。当开关 SA1 断开，系统作连续运行；当 SA1 闭合，系统作单周期运行。系统在运行的过程中，按下常开停止按钮 SB2，运行停止；按下按钮 SB1 可重新运行。

根据控制要求，选择 FX2N-32MR 系列 PLC。

输入元件 SB1 → X0，SB2 → X1，SA1 → X2；输出元件红色 HL1 → Y0，黄色 HL2 → Y1，绿色 HL3 → Y2。

（1）采用功能指令 FNC40（ZRST）。FNC40（ZRST）具有对所设定范围内的普通软件 X、Y、M、S、T、C、D 等全部复位和清零的功能。RST 指令只能单个复位，而 FNC40（ZRST）指令能成批复位，其指令格式如图 3-40

所示。X0 接通后，FNC40（ZRST）指令将 D1 ~ D2 范围内的软件全部复位（清零）。

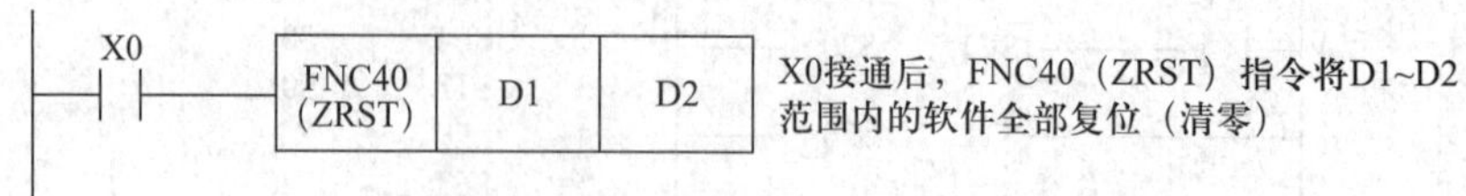

图 3-40　FNC40（ZRST）指令格式

被 FNC40（ZRST）指令复位的 D1 与 D2 应是同类元件。若 D1 编号大于 D2，只复位 D1；若两者编号相同，只对其中任一元件复位。

（2）步进程序的连续运行。在例 3-1 中介绍的就是步进程序的单周期运行，它只运行一次就回到初始状态停止待机。步进程序的连续运行是指程序的步进部分循环往复地运行。实现单周期运行与连续运行的方法如图 3-41 所示。

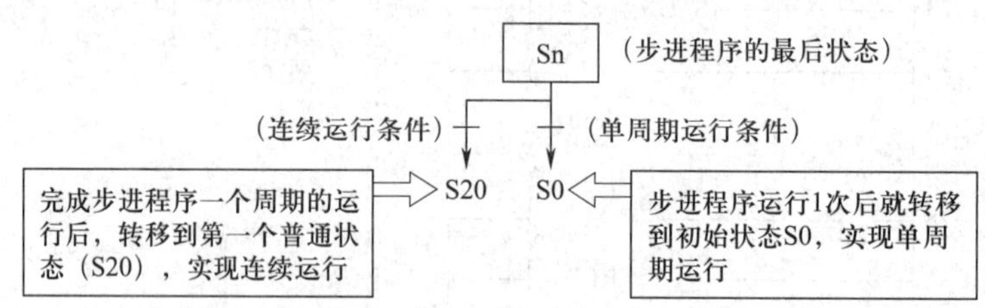

图 3-41　实现单周期运行与连续运行的方法

（3）状态转移图。状态转移图如图 3-42 所示。图中的“LAD □”标志是表示在此符号旁边的程序是不属于状态转移图的梯形图程序，并通过其编号“□”来表示程序先后位置。例如，“LAD0”表示停止控制部分，放在初始状态前；“LAD1”表示结束部分，放在状态转移图最后。

再就是用置位指令“SET”置位的元件，在状态转移后仍会保持置位的状态，必须使用复位指令“RST”才能使元件复位。例如，本例的 S20 状态中，根据控制要求，红灯除了自发光 4 s 外，在黄灯亮 6 s 的过程中，红灯仍保持发光，因此在红灯发光的状态 S20 中使用了“SET Y0”。Y0 置位后，当状态 S20 转移到 S22 后，由于 Y0 仍保持置位状态，红灯继续发光。当程序转移到 S25 状态绿灯闪烁时，由于 S25 状态中使用了“RST Y0”，Y0 复位红灯熄灭；而黄灯（Y1）由于在状态 S22 中使用的是“OUT”指令来驱动的，当状态转移后，Y1 自动复位，不必对 Y1 使用复位指令。这就是对元件使用“SET”指令与使用“OUT”指令的区别所在。

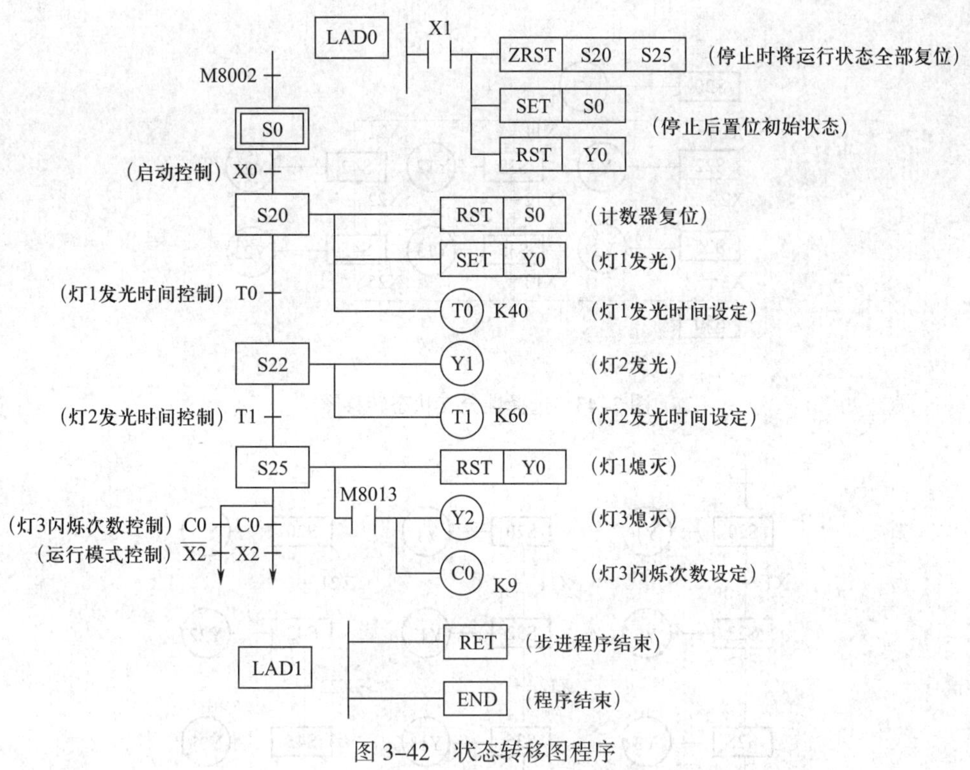

图 3-42　状态转移图程序

本例中采用计数器对 M8013 的脉冲次数进行计数，并用计数器触点作转移条件。为保证绿灯要闪烁 8 次，计数器设定值就要设定为 9，在 M8013 第 9 次脉冲发出时状态才转移。此外，在编程时，还要注意计数器的复位问题。因为计数器到达设定值后，即使此时计数器所在的状态已转移，但计数器的计数值还会继续保持，必须在计数器使用后对其复位清零。

4. 多分支状态转移图的编写

在状态转移图中，存在多种工作顺序的状态流程图叫分支、汇合流程图。分支流程又分为选择性分支和并行分支两种。

（1）选择性分支状态转移图的结构与编写

从多个流程顺序中选择执行哪一个流程，称为选择性分支。图 3-43 就是一个选择性分支的状态转移图，图 3-44 为其分支流程分解图。

S20 为分支状态器，根据不同的转移条件（X1、X11、X21），可选择执行其中的一个流程。当 X1 为 ON 时，执行第一分支流程；当 X11 为 ON 时，执行第二分支流程；当 X21 为 ON 时，执行第三分支流程。如图 3-44 所示，X1、X11、X21 不能同时为 ON。

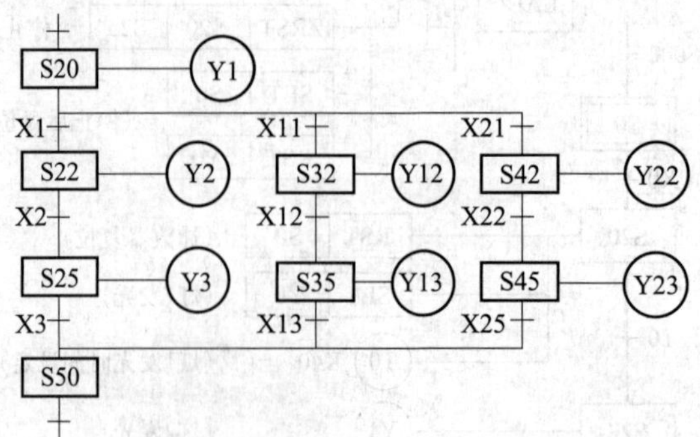

图 3-43　选择性分支状态转移图

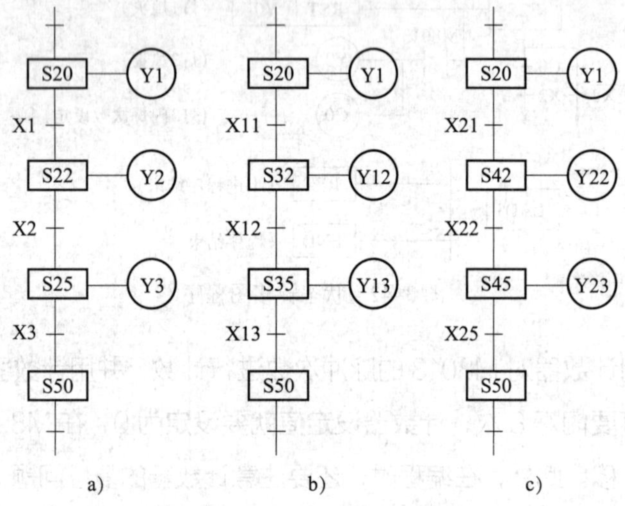

图 3-44　图 3-43 分解图

a）第一分支　b）第二分支　c）第三分支

S50 为汇合状态器，可由 S25、S35、S45 任一状态器驱动。

选择性分支状态转移图编写的原则是先集中处理选择性分支状态，然后再集中处理汇合状态。图 3-43 所示的选择性分支状态的编程，首先应对分支状态 S20 的驱动处理，然后按 S22、S32、S42 的顺序进行转移处理，如图 3-45 所示。

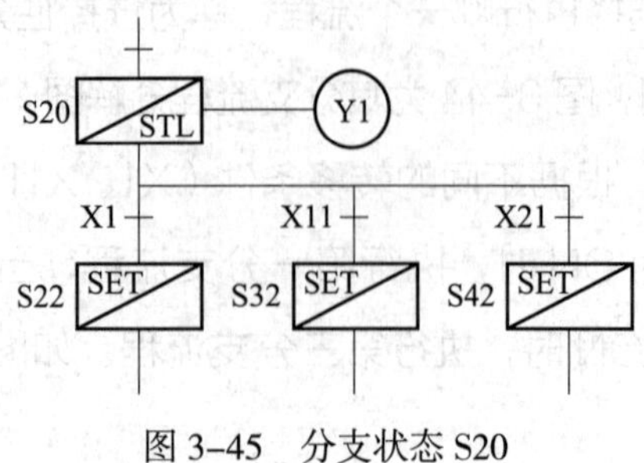

图 3-45　分支状态 S20

分支状态指令语句表程序如下：

STL S20

OUT Y1（驱动处理）

LD X1

SET S22（转移到第一分支状态）

LD X11

SET S32（转移到第二分支状态）

LD X21

SET S42（转移到第三分支状态）

汇合状态的编程原则是先进行汇合前状态的驱动处理，再依顺序进行向汇合状态的转移处理，如图 3-46 所示。

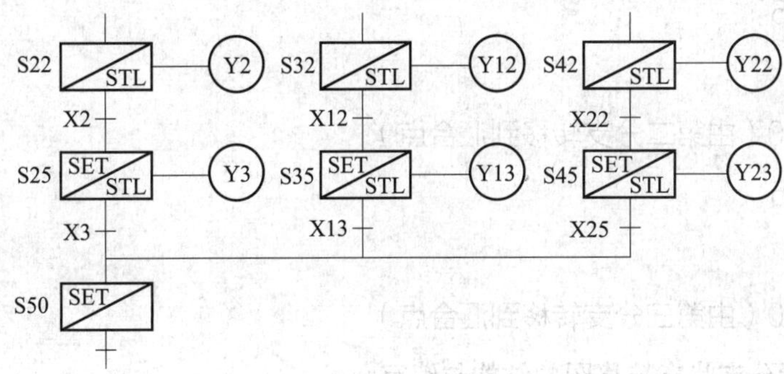

图 3-46　汇合状态 S50

汇合状态指令语句表程序如下：

STL S22（第一分支汇合前的驱动处理）

OUT Y2

LD X2

SET S25

STL S25

OUT Y3

STL S32（第二分支汇合前的驱动处理）

OUT Y12

LD X12

SET S35

```
STL X35
OUT Y13
STL S42（第三分支汇合前的驱动处理）
OUT Y22
LD X22
SET S45
STL S45
OUT Y23
STL S25（汇总前的驱动处理）
LD X3
SET S50（由第一分支转移到汇合点）
STL S35
LD X13
SET S50（由第二分支转移到汇合点）
STL S45
LD X25
SET S50（由第三分支转移到汇合点）
```

（2）并行分支状态转移图的结构与编写

上述 S20 是选择性分支状态，若是作并行分支状态，一旦 S20 转移条件 X0 为 ON，三个顺序流程同时执行。并行分支状态转移图如图 3-47 所示（最多只能有 8 个分支），并行分支流程分解图如图 3-48 所示。

S50 为汇合状态，待三个分支流程动作全部结束时，一旦 X3 为 ON，S50 就开启。若其中任意一个分支没有执行完，S50 就不会开启。所以这种汇合也称为排队汇合，与选择性分支不同，在同一时间内会有两个或两个以上的状态是开启状态。

并行分支状态转移图的编写原则是先集中进行并行分支处理，再集中进行汇合处理。并行分支编程方法是先进行驱动处理，然后按顺序进行状态转移处理。并行汇合编写方法是先进行汇合前状态的驱动处理，然后按顺序进行汇合状态的转移处理。分支状态 S20 如图 3-49 所示，汇合前状态 S50 如图 3-50 所示。

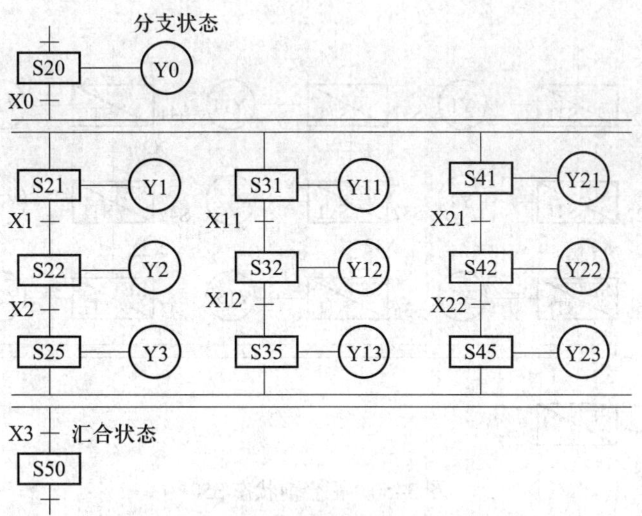

图 3-47　并行分支状态转移图

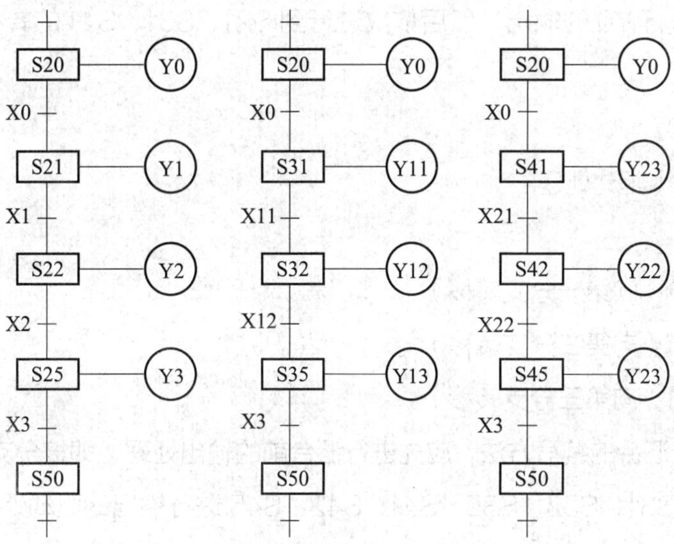

图 3-48　并行分支流程分解图

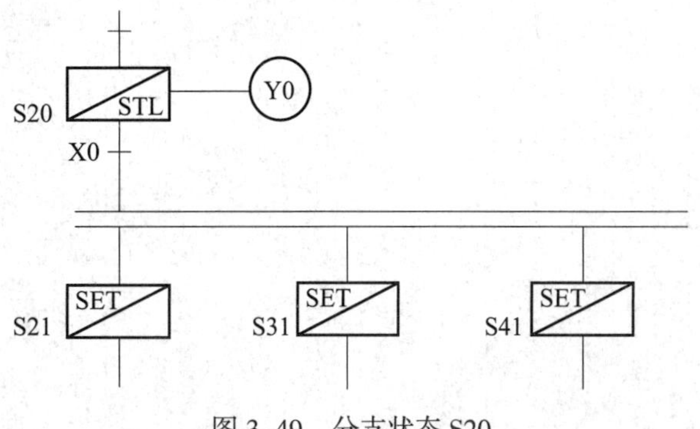

图 3-49　分支状态 S20

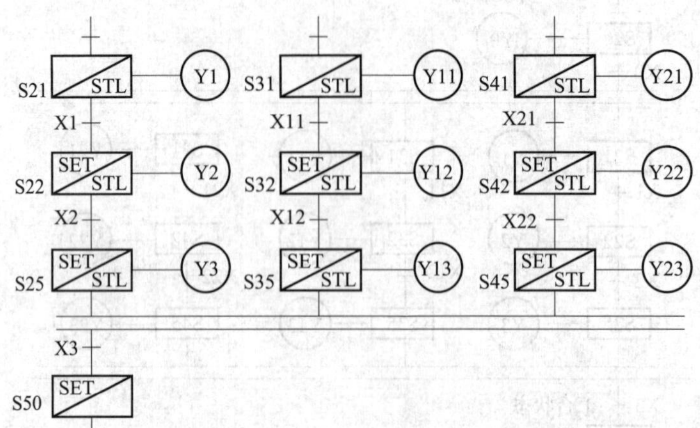

图 3-50　汇合前状态 S50

S20 的驱动负载为 Y0，转移方向为 S21、S31、S41。按照并行分支编写方法，应首先进行 Y0 的输出，然后依次进行到 S21、S31、S41 的转移。指令语句表程序如下：

STL S20

OUT Y0（驱动处理）

LD X0

SET S21（向第一分支转移）

SET S31（向第二分支转移）

SET S41（向第三分支转移）

按照并行汇合的编写方法，应先进行汇合前的输出处理，即按分支顺序对 S21、S22、S25、S31、S32、S35、S41、S42、S45 进行输出的驱动处理，然后依次进行从 S25、S35、S45 到 S50 的转移。指令语句表程序如下：

STL S21

OUT Y1

LD X1

SET S22

STL S22

OUT Y2

LD X2

SET S25

```
STL S25
OUT Y3
STL S31
OUT Y11
LD X11
SET S32
STL S32
OUT Y12
LD X12
SET S35
STL S35
OUT Y13
STL S41
OUT Y21
LD X21
SET S42
STL S42
OUT Y22
LD X22
SET S45
STL S45
OUT Y23
STL S25
STL S35
STL S45
LD X3
SET S50
```

课题二
单向连续控制电路的 PLC 编程与调试

一、LD、LDI 和 OUT 指令

1. 指令概述

LD：常开触点与左母线连接，开始逻辑运算。

LDI：常闭触点与左母线连接，开始逻辑运算。

OUT：线圈驱动指令，将运算结果输出到指定的继电器。

2. 举例

梯形图举例如图 3-51 所示，操作数为 X、Y、M、S、T、C 触点。

时序图如图 3-52 所示。

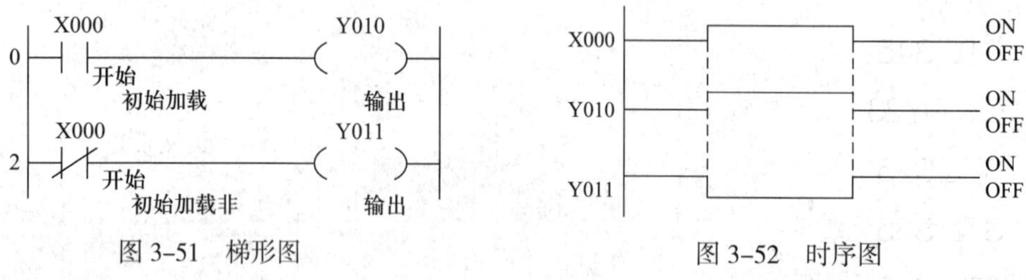

图 3-51　梯形图　　　图 3-52　时序图

当 X000=ON 时，Y010 接通，Y011 不接通；当 X000=OFF 时，Y010 不接通，Y011 接通。

3. 编程时注意事项

（1）LD 和 LDI 指令必须由左母线开始。

（2）OUT 指令不能由左母线开始。

（3）某些输入设备，如紧急停止开关，通常应使用 B 型（常闭）触点，当对 B 型（常闭）触点的紧急停止开关进行编程时，一定要使用 LD 指令。

二、AND 和 ANI 指令

1. 指令概述

AND：串联 A 型（常开）触点指令，把原来的操作结果与指定的继电器内容相“与”，并把这一逻辑操作结果存入寄存器中。

ANI：串联 B 型（常闭）触点指令，把原来被指定的继电器内容取反，然后与结果寄存器的内容相“与”，并把这一逻辑操作结果存入寄存器中。

2. 举例

梯形图举例如图 3-53 所示。操作数为 X、Y、M、S、T、C 触点。

时序图如图 3-54 所示，当 X000 和 X001 均为 ON 且 X002 为 OFF 时，Y010 接通。

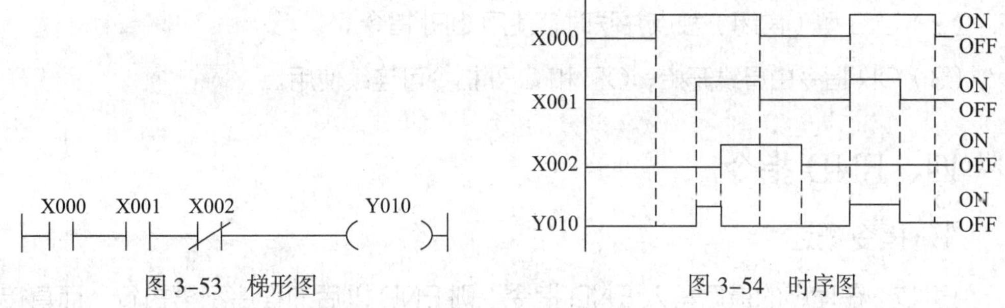

图 3-53　梯形图　　　　图 3-54　时序图

3. 编程时注意事项

（1）当 A 型（常开）触点串联时，使用 AND 指令。

（2）当 B 型（常闭）触点串联时，使用 ANI 指令。

（3）AND 和 ANI 指令可连续使用。

三、OR 和 ORI 指令

1. 指令概述

OR：并联 A 型（常开）触点指令，把寄存器的内容与指定继电器的内容进行逻辑“或”，操作结果存入寄存器。

ORI：并联 B 型（常闭）触点指令，把原来被指定的继电器内容取反，然后与寄存器的内容相“或”，并把这一逻辑操作结果存入寄存器中。

2. 举例

梯形图举例如图 3-55 所示，操作数有 X、Y、M、S、T、C 触点。

时序图如图 3-56 所示，当 X000 或 X001 之一为 ON 或 X002 为 OFF 时，Y010 接通。

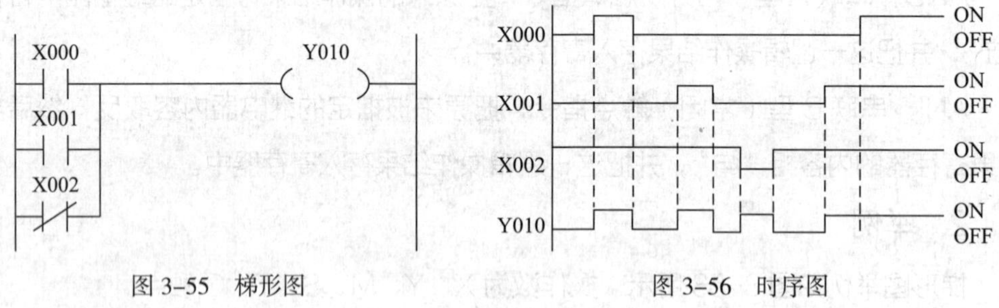

图 3-55 梯形图　　图 3-56 时序图

3. 编程时注意事项

（1）当 A 型（常开）触点并联时，使用 OR 指令。

（2）当 B 型（常闭）触点并联时，使用 ORI 指令。

（3）OR 指令由母线开始，OR 和 ORI 指令可连续使用。

四、END 指令

1. 指令概述

END：在程序的最后写入 END 指令，则 END 以后的程序不再执行，而直接进行输出处理。

2. 举例

梯形图举例如图 3-57 所示，时序图如图 3-58 所示。

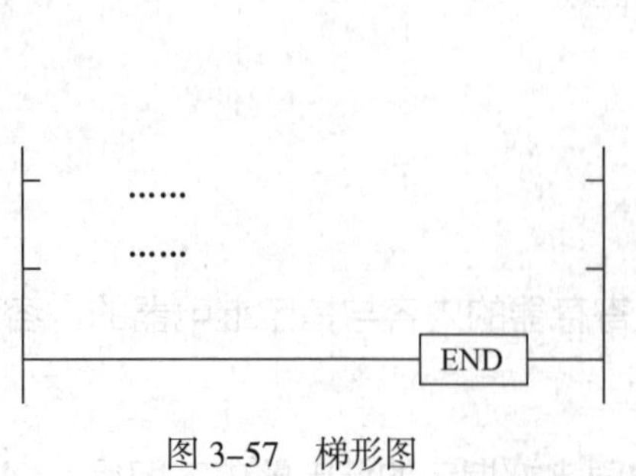

图 3-57 梯形图

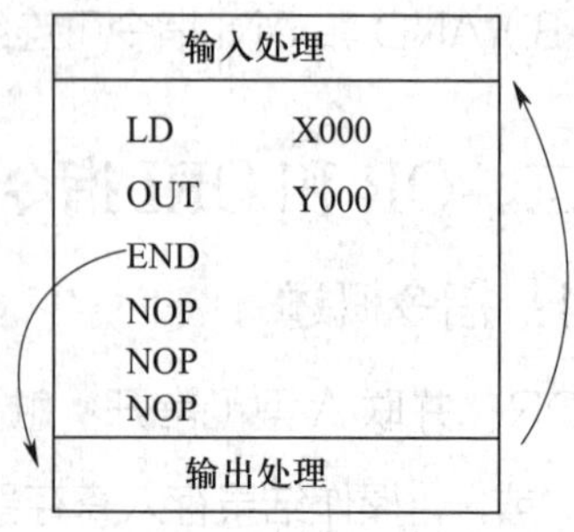

图 3-58 时序图

3. 编程时注意事项

（1）在程序中没有 END 指令时，PLC 一直处理到最终的程序，然后从 0 步开始重复处理程序。

（2）在程序调试阶段，在各段程序中插入 END 指令，可依次检查各程序段的动作，在确认程序正确无误后，依次删除 END 指令。

（3）PLC 从 RUN 开始时的首次执行，是从执行 END 指令开始的。

五、技能训练

1. 分析工作原理图并确定 I/O 地址

三相异步电动机单向连续控制电路如图 3-59 所示，其工作原理分析如下。

（1）启动

（2）停止

根据图 3-59 的控制要求，确定 I/O 地址。表 3-10 为 PLC 输入 / 输出地址分配表。

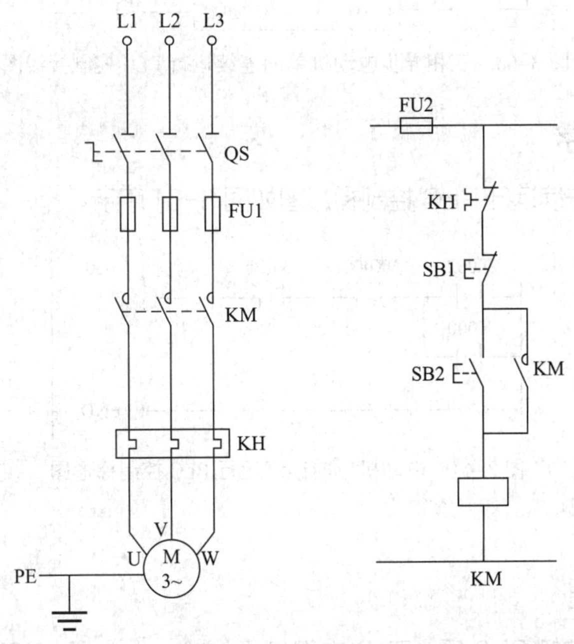

图 3-59　三相异步电动机单向连续控制电路图

表 3-10 PLC 输入 / 输出地址分配表

输入			输出		
名称	符号	地址	地址	符号	名称
热继电器	KH	X000	Y000	KM	连续运行接触器
停止按钮	SB1	X001			
启动按钮	SB2	X002			

2. 绘制主控制电路图（见图 3-59）和 PLC 控制接线图（见图 3-60）

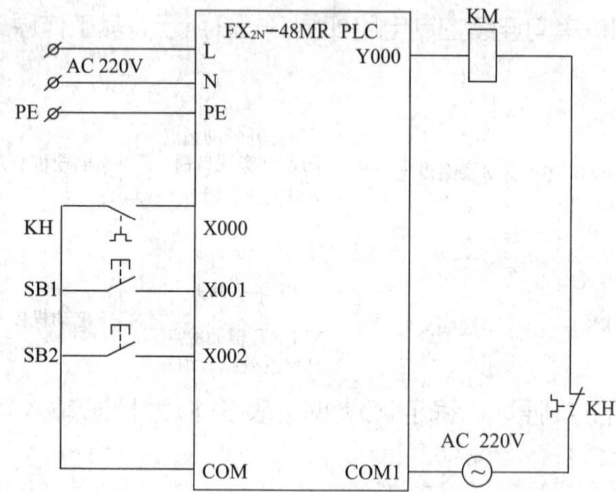

图 3-60 三相异步电动机单向连续运行 PLC 控制接线图

3. 编写程序

电动机单向连续运行 PLC 控制梯形图如图 3-61 所示。

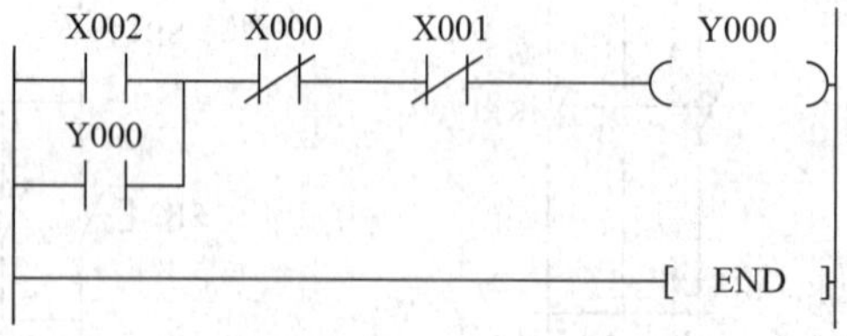

X002 X000 X001 Y000

Y000

END

图 3-61 电动机单向连续运行 PLC 控制梯形图

程序说明：

（1）启动过程

当按下启动按钮 SB2 后，PLC 内程序中的输入继电器 X002 动作，输出继电器 Y000 动作，控制交流接触器 KM 的线圈得电，使得 KM 主触头闭合，电动机启动。当松开 SB2 后，由于程序中并联的 Y000 常开触点已经闭合，所以程序已自锁，Y000 继续动作，KM 继续工作，电动机连续运行。

（2）停止过程

当按下停止按钮 SB1 后，PLC 内程序中的输入继电器 X001 动作，输出继电器 Y000 复位，控制交流接触器 KM 的线圈失电，使得 KM 主触点复位，电动机停止运行。

（3）过载保护

当电动机在运行的过程中，由于过载，热继电器 KH 的常开触点动作，PLC 内程序中的输入继电器 X000 动作，输出继电器 Y000 复位，控制交流接触器 KM 的线圈失电，使得 KM 主触头复位，电动机停止运行，起到过载保护的作用。

指令表程序如下：

```
LD      X002
OR      Y000
ANI     X000
ANI     X001
OUT     Y000
END
```

4. 系统接线

5. 输入程序至 PLC 并调试、运行

6. 评价

评价表

班级		姓名		学号		日期	年 月 日
评价指标	评价要素				配分	得分	
工作纪律	能按时上课，不迟到，不早退				5 分		
	能按要求穿戴好劳保用品				5 分		
	能坚守岗位，不串岗，不离岗				5 分		
工作态度	能积极接受工作任务，服从工作安排				5 分		
	能主动参与小组讨论，融入团队合作				5 分		

续表

评价指标	评价要素	配分	得分
工作成果	能说出 PLC 相关指令的功能	10 分	
	能说出单向连续控制电路 PLC 控制的工作原理	15 分	
	能正确安装 PLC 控制回路	20 分	
	能正确调试回路	20 分	
	能按照现场管理规范清理场地，归置物品	10 分	
总分		100 分	

课题三
电动机正反转控制程序的设计与调试

一、ORB 组逻辑或指令

1. 指令概述

ORB 组逻辑或指令可实现多个指令块的“或”运算。

2. 举例

梯形图举例如图 3-62 所示。当 X000 和 X001 均为 ON 或 X002 和 X003 均为 ON 时，Y010 接通，时序图如图 3-63 所示。

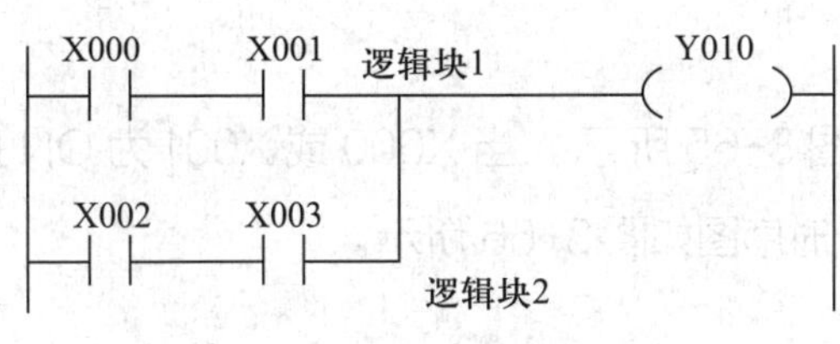

图 3-62　梯形图

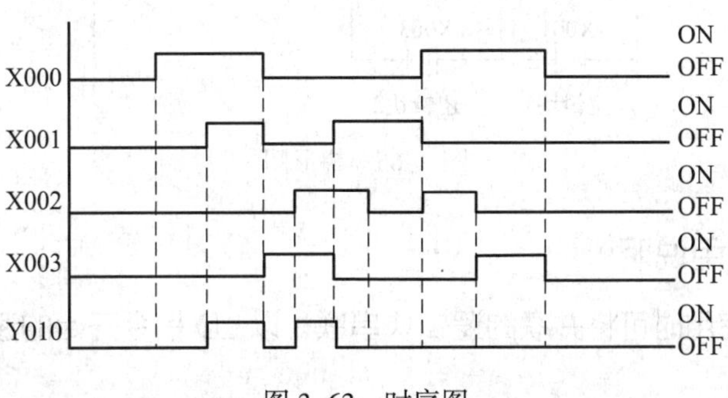

图 3-63　时序图

3. 指令使用说明

ORB 指令使用时可将串联的逻辑块并联。以 LD 指令开始的逻辑块如图 3-64 所示。

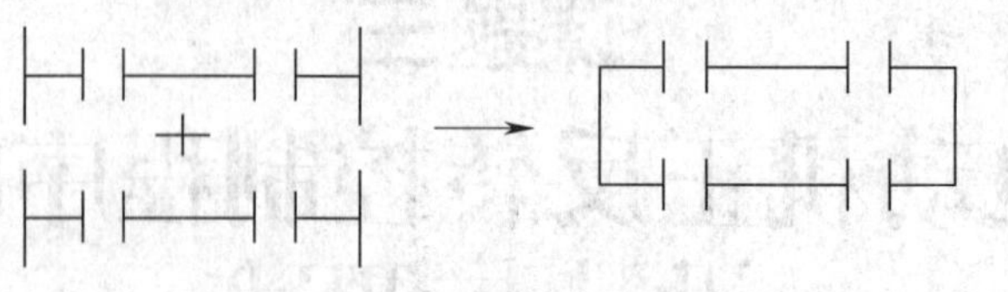

图 3-64 ORB 指令使用说明

编程时注意：

（1）ORB 指令是不带软元件编号的独立指令。

（2）有多个并联回路时，如对每个回路块使用 ORB 指令，则并联回路没有限制。

（3）ORB 指令也可成批使用，但由于 LD、LDI 指令的重复次数限制在 8 次以内，因此在编程时务必注意。

二、ANB 组逻辑与指令

1. 指令概述

ANB 组逻辑与指令可实现多个指令块的“与”运算。

2. 举例

梯形图举例如图 3-65 所示。当 X000 或 X001 为 ON 且 X002 或 X003 为 ON 时，Y010 接通，时序图如图 3-66 所示。

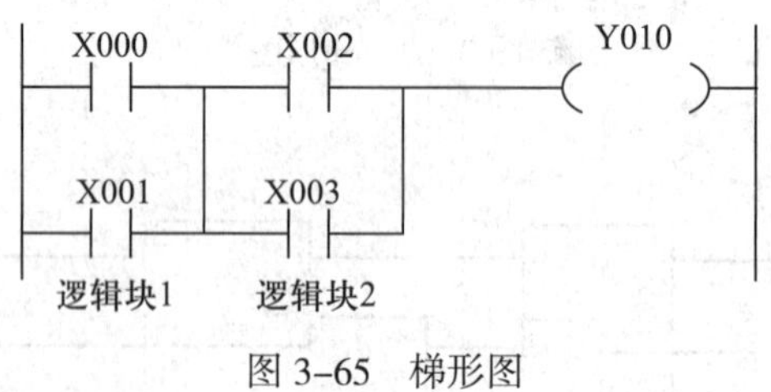

图 3-65 梯形图

3. 指令使用说明

ANB 指令使用时可将并联的逻辑块串联。以 LD 指令开始的逻辑块如图 3-67 所示。

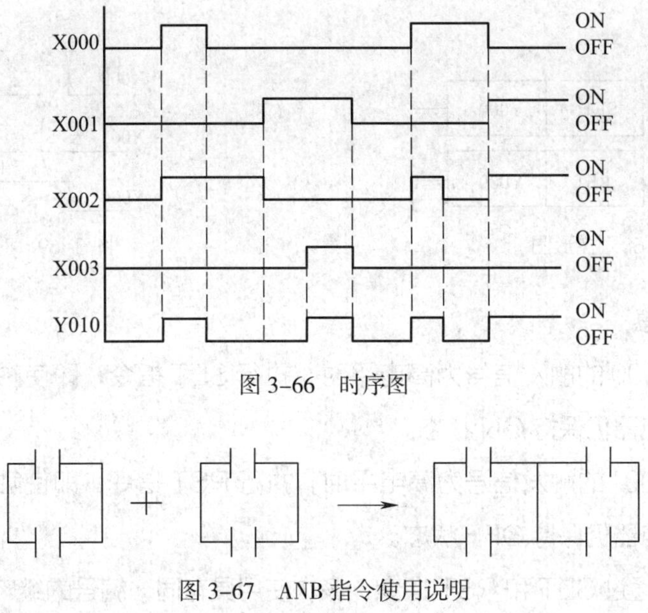

图 3-66　时序图

图 3-67　ANB 指令使用说明

编程时注意：

（1）ANB 指令是不带软元件编号的独立指令。

（2）多个并联回路块按顺序和前面的回路串联时，ANB 指令的使用次数没有限制。

（3）ANB 指令也可成批使用，但由于 LD、LDI 指令的重复次数限制在 8 次以内，因此在编程时务必注意。

三、置位与复位指令

置位和复位指令，即 SET 和 RST 指令。

1. 指令概述

SET：当满足执行条件时，输出变为 ON，并且保持 ON 状态。

RST：当满足执行条件时，输出变为 OFF，并且保持 OFF 状态。

2. 举例

梯形图举例如图 3-68 所示。SET 的操作数为 Y、M、S 触点。RST 的操作数为 Y、M、S、T、C、D、V、Z 触点。

当 X000=ON 时，Y000 为 ON 并 保 持 ON； 当 X001=ON 时，Y000 为 OFF 并保持 OFF，时序图如图 3-69 所示。

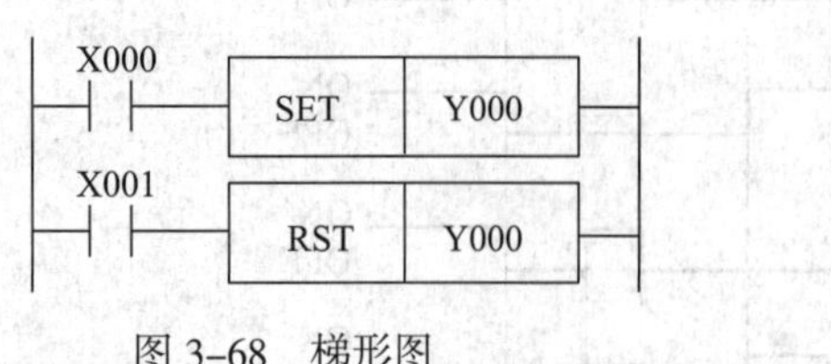

图 3-68　梯形图

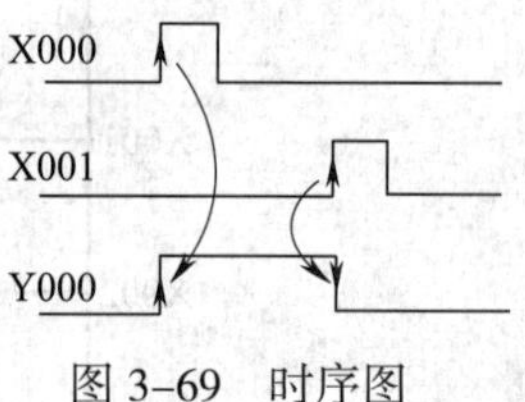

图 3-69　时序图

编程时注意：

（1）当 X000 的触发信号为高电平时，执行 SET 指令，即使触发信号为低电平，Y000 继电器仍保持 ON 状态。

（2）当 X001 的触发信号为高电平时，执行 RST 指令，即使触发信号为低电平，Y000 继电器仍保持 OFF 状态。

（3）可以通过 SET 和 RST 指令，多次使用具有同一编号的继电器输出，顺序可随意，但最后执行者依然有效。

（4）为了便于程序的调试、优化，务必在 SET 和 RST 指令之前使用微分指令。当在程序中若干处对同一输出目标进行操作时，此方法非常有效。

四、PLS、PLF 指令

脉冲上升沿微分指令 PLS 和脉冲下降沿微分指令 PLF，用于在输入信号的上升沿和下降沿时产生脉冲输出。

使用 PLS 时，仅在驱动输入为 ON 后的一个扫描周期内目标元件为 ON，如图 3-70 所示，M0 仅在 X000 的常开触点由断到通时的一个扫描周期内为 ON；使用 PLF 指令时只是利用输入信号的下降沿驱动，其他与 PLS 相同。

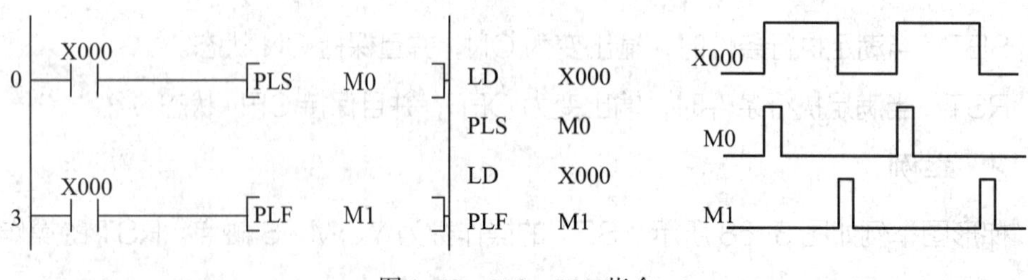

图 3-70　PLS、PLF 指令

PLS、PLF 指令的目标元件只有 Y 和 M（特殊辅助继电器除外），如图 3-71 所示。

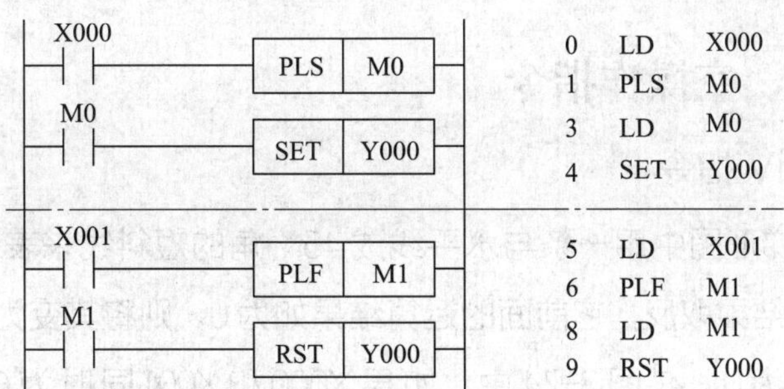

图 3-71 PLS、PLF 指令的目标元件

其时序图如图 3-72 所示。

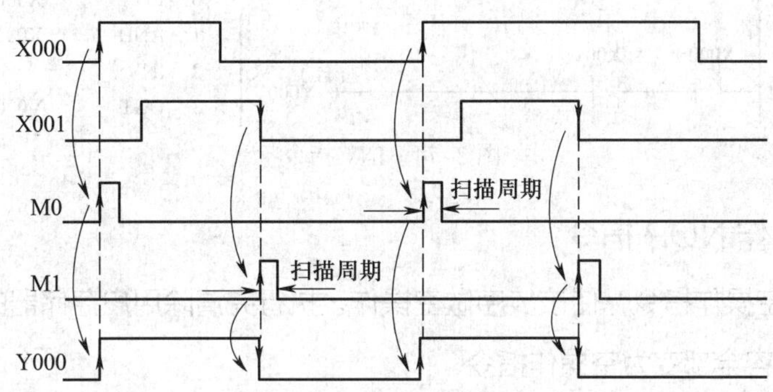

图 3-72 PLS、PLF 指令时序图

五、栈存储器指令

在 FX 系列 PLC 中有 11 个存储单元，如图 3-73 所示，它们采用先进后出的数据存取方式，专门用来存储程序运算的中间结果，称为栈存储器。

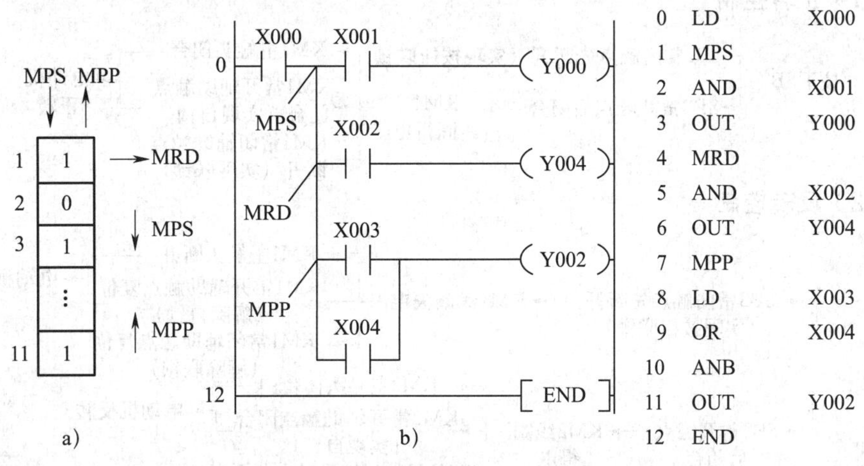

图 3-73 栈存储器指令功能图示

六、取反、空操作指令

1. 取反 INV 指令

INV 指令在梯形图中用一条与水平线成 45° 角的短斜线来表示，它将执行该指令之前的运算结果取反，它前面的运算结果如为 0，则将其变为 1，如运算结果为 1，则将其变为 0。在图 3-74 中，如果 X000 和 X001 同时为 ON，则 Y000 为 OFF；反之 Y000 则为 ON。INV 指令也可以用于 LDP、LDF、ANDP、ANDF、ORP、ORF 等脉冲触点指令。

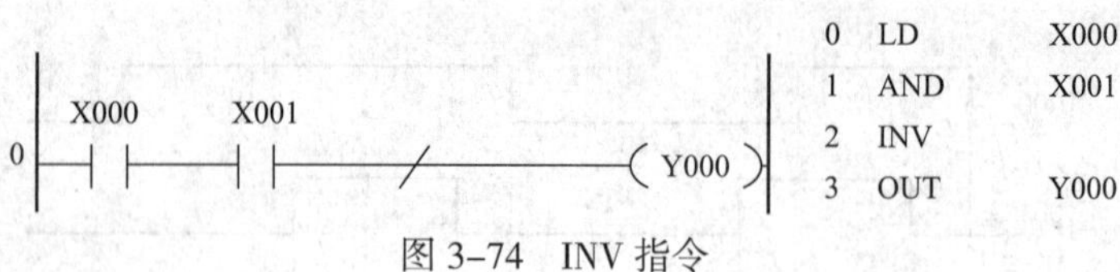

图 3-74　INV 指令

2. 空操作 NOP 指令

NOP 为空操作指令，使该步序做空操作。执行完清除用户存储器的操作后，用户存储器的内容全部变为空操作指令。

七、技能训练

1. 分析工作原理图并确定 I/O 地址

接触器、按钮双重联锁正反转控制电路如图 3-75 所示，其工作原理分析如下（首先闭合电源开关 QF）。

（1）正转控制

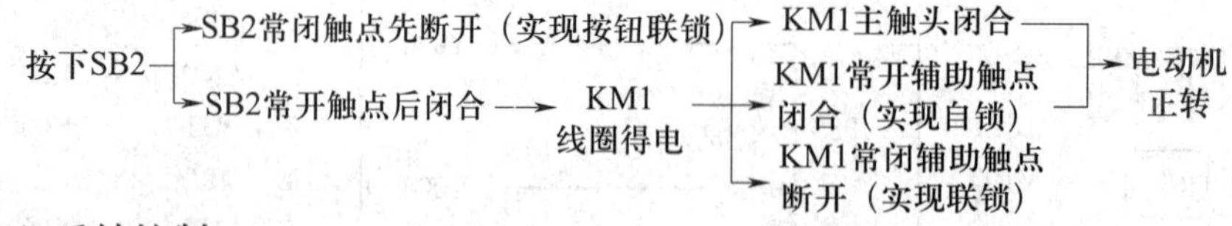

（2）反转控制

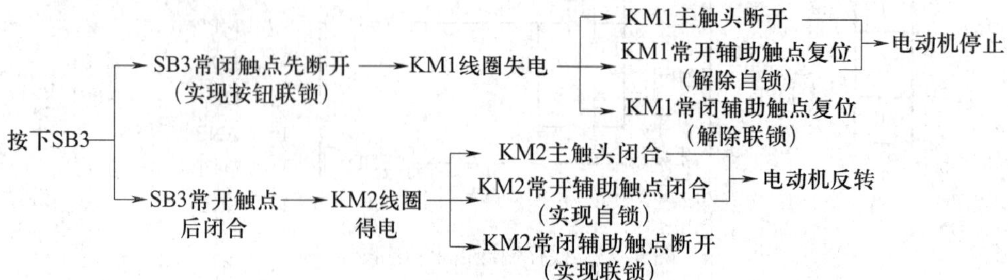

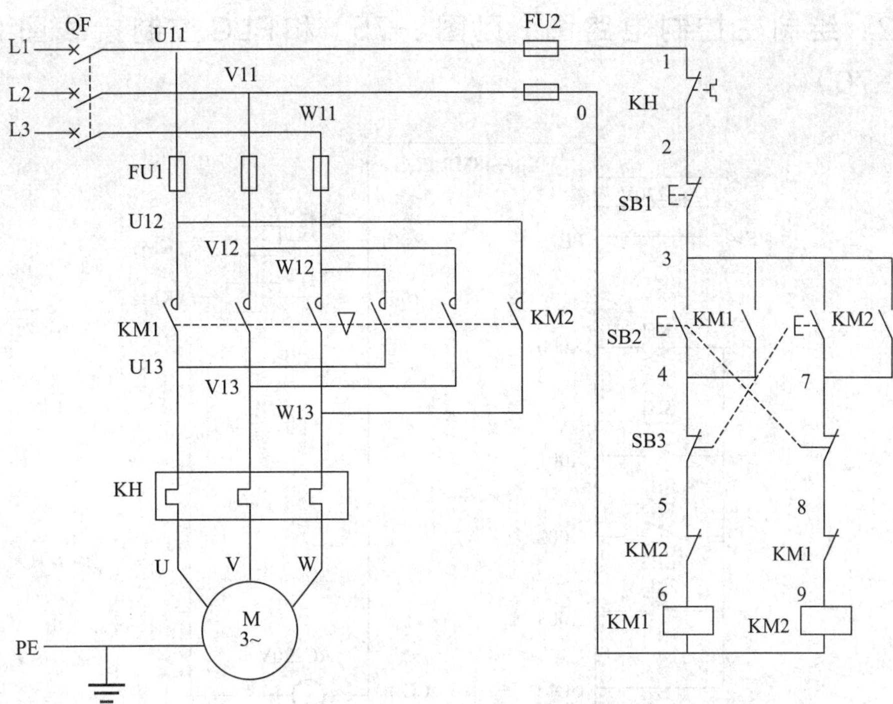

图 3-75 接触器、按钮双重联锁正反转控制电路图

（3）停止控制

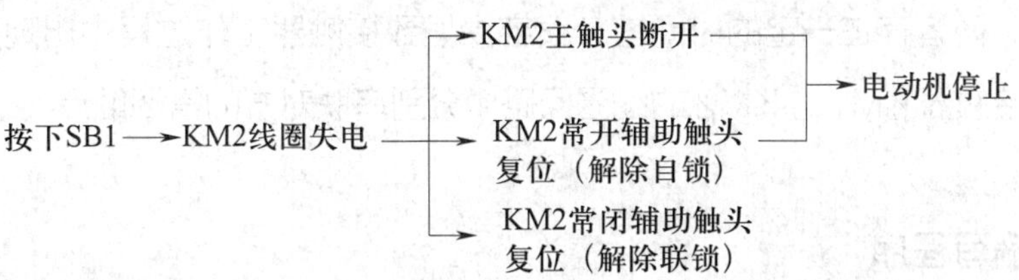

根据图 3-75 的控制要求，确定 I/O 地址。表 3-11 为 PLC 输入 / 输出地址分配表。

表 3-11 PLC 输入 / 输出地址分配表

输入			输出		
名称	符号	地址	地址	符号	名称
热继电器	KH	X000	Y001	KM1	正转接触器
停止按钮	SB1	X001	Y002	KM2	反转接触器
正转启动按钮	SB2	X002			
反转启动按钮	SB3	X003			

2. 绘制主控制电路图（见图3-75）和PLC控制接线图（见图3-76）

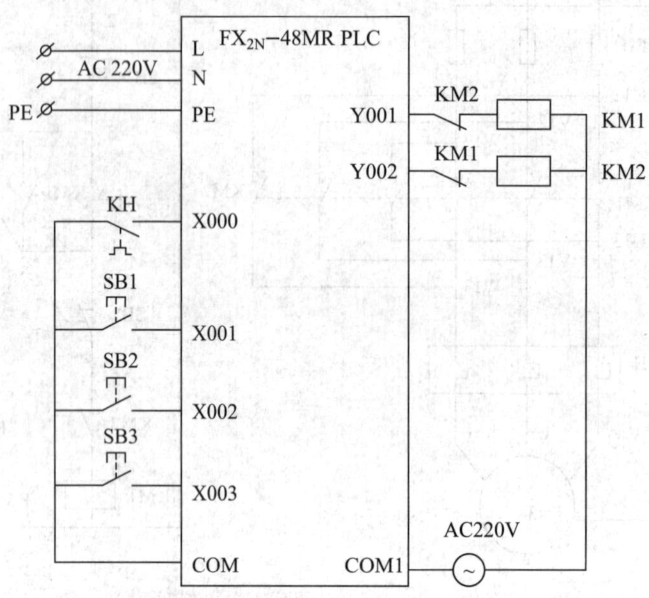

图 3-76　双重联锁正反转 PLC 控制接线图

提示：由于 PLC 程序执行时间很短（一个扫描周期仅几微秒），而接触器动作需要时间，两者存在一定的时间差，很容易导致接触器工作过程中出现短路故障。因此，在接触器 KM1 与 KM2 的线圈回路中分别串联对方的常闭触点实现电气联锁很有必要。

3. 编写程序

双重联锁正反转 PLC 控制梯形图如图 3-77 所示。

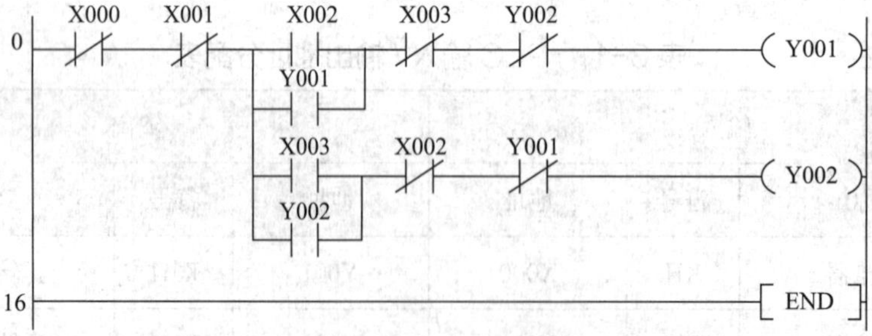

图 3-77　双重联锁正反转 PLC 控制梯形图

图 3-77 所示的梯形图不符合“上重下轻，左重右轻”的编程原则，必须进行调整和优化。

优化后的梯形图程序如图 3-78 所示。当按下正转启动按钮 SB2，X002 动作，Y001 输出，控制 KM1 动作，电动机正转运行。按下反转按钮 SB3，X003 动作，首先切断 Y001 回路，KM1 复位，电动机停止正转，然后 Y002 输出，控制 KM2 动作，电动机反转运行。按下停止按钮 SB1，X001 动作，切断 Y002 回路，KM2 复位，电动机停止反转。在电动机正转或反转的过程中，如果发生过载，则热继电器 KH 的常开触点闭合，X000 动作，切断 Y001 或 Y002 回路，KM1 或 KM2 复位，电动机停止运行。

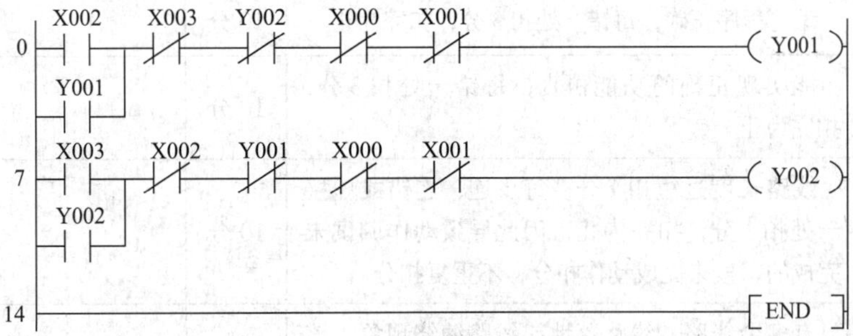

图 3-78　优化后的梯形图程序

4. 系统接线

根据图 3-75 和图 3-76，连接 PLC 控制系统线路。连接时须注意：

（1）所有接线都必须在断电时进行。

（2）布线要紧固，不露铜过长，不损伤绝缘或线芯；每个端子必须配上规定的号码管。

（3）PLC 的接地端必须采用单独的接地装置接地，且接地线应尽量短而粗。

（4）电路安装完毕后，必须自检，自检正确后，经过指导教师同意，有专人监护才能通电试运行。

5. 输入程序至 PLC 并调试、运行

6. 评价

评价表

班级		姓名		学号		日期	年　月　日
评价指标	评价要素				配分	得分	
设备和工具准备	能提前准备任务所需的设备和工具，未准备不得分，每漏准备一样扣 0.5 分，扣完为止				5 分		

续表

评价指标	评价要素	配分	得分
绘制主电路和 PLC 接线图并编写程序	选择合理的图幅，图幅太大、太小都扣 2 分，扣完为止	5 分	
	根据现有元件，选用合适的元件，元件每选错、绘错一个扣 2 分，扣完为止	10 分	
	主电路和 PLC 接线图动作功能绘制齐全，每缺一个动作扣 2 分，扣完为止	10 分	
	编写程序正确，每错一处扣 3 分，扣完为止	10 分	
	能实现正确的功能仿真，每错一处扣 3 分，扣完为止	10 分	
安装与调试	线路长度过短扣 1 分；每少连、连错或虚接一处扣 1 分，扣完为止，因此导致动作调试未完成的，按未完成动作扣分，不重复扣分	10 分	
	有多余线路、线路落地或线路缠绕现象，该项不得分	10 分	
	每少连接一个元件扣 3 分，扣完为止，影响调试动作的，按未完成动作扣分，不重复扣分	10 分	
	各动作符合任务要求，每错一个动作扣 5 分，扣完为止	15 分	
5S	安装与调试过程中遵守 5S 管理规定，不合格一处扣 1 分，扣完为止	5 分	
总分		100 分	

课题四
小车自动往返控制程序的设计与调试

如图 3-79 所示是一种简单运送、装卸装置，初始状态运料小车停在左限位。其工作过程为：按下启动按钮后，运货小车右行至右限位→到位后小车停止右行，7 s 后货被装上→小车左行至左限位→到位后小车停止左行，5 s 后货被卸下，完成一次装卸过程。若需要重新开始运料，则应保证小车停在左侧后，按下启动按钮才能开始运料。

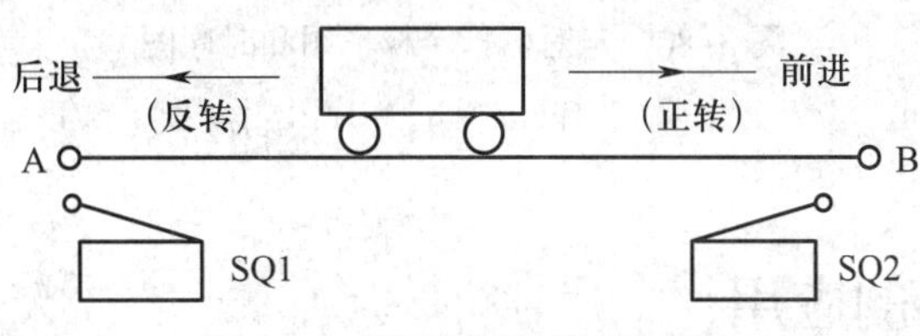

图 3-79　运料小车运行示意图

一、定时器指令

定时器在 PLC 中的作用相当于一个时间继电器，它有一个设定值寄存器（字）、一个当前值寄存器（字）、一个线圈以及无数个触点（位）。通常在一个 PLC 中有几十至数百个定时器，可用于定时操作，起延时接通或断开电路的作用。

在 PLC 内部，定时器是通过对内部某一时钟脉冲进行计数来完成定时的。常用计时脉冲有三类，即 1 ms、10 ms 和 100 ms 脉冲。不同的计时脉冲计时精度不同。当用户需要定时操作时，可通过设定脉冲的个数来完成，见表 3-12。

表 3-12　FX_{2N} 系列 PLC 的定时器地址号

	100 ms 型 0.1 ~ 3276.7 s	10 ms 型 0.01 ~ 327.67 s	1 ms 累计型 0.001 ~ 32.767 s	100 ms 累计型 0.1 ~ 3276.7 s	电位器型 0 ~ 255 数值
FX_{2N}、FX_{2NC} 系列	T0 ~ T199 200 点 一般用程序 T192 ~ T199	T200 ~ T245 46 点	T246 ~ T249 4 点 保持用	T250 ~ T255 6 点 执行中断的 保持用	功能扩展板 8 点

当定时器 T200 的驱动输入 X000 为 ON 时，T200 用当前值累计 10 ms 的时钟脉冲，当该值等于设定值 K123 时，定时器的输出触点动作，也就是说，输出触点在驱动定时器线圈 1.23 s 后动作。当 X000 为 OFF 时，定时器复位，输出触点复位，如图 3-80 所示。

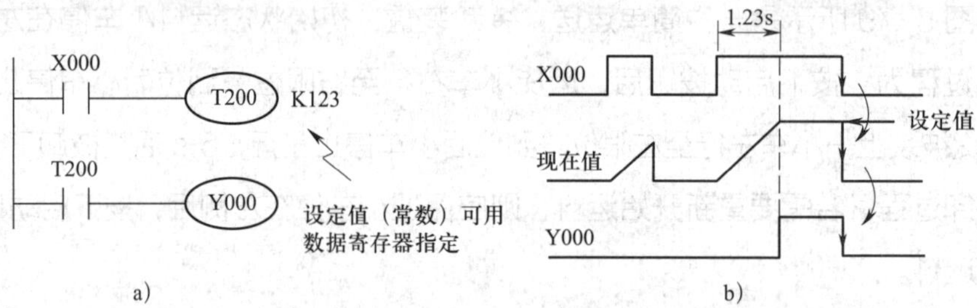

图 3-80　定时器指令梯形图和时序图

a）梯形图　b）时序图

二、定时器的应用

1. 失电延时电路

失电延时电路如图 3-81 所示。

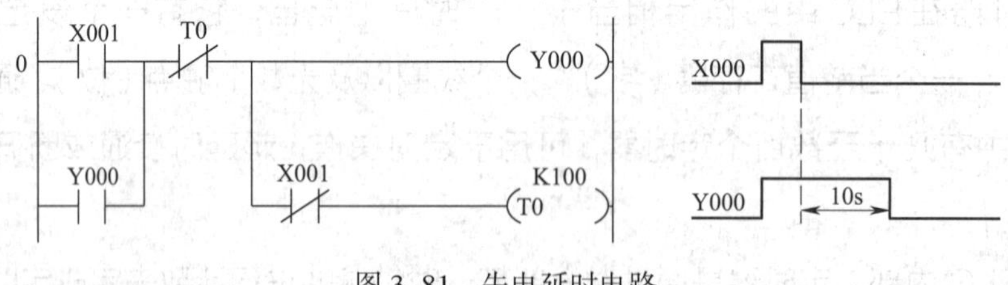

图 3-81　失电延时电路

说明：当 X001 为 ON 时，其常开触点闭合，Y000 接通并自动保持；当 X001 断开时，定时器开始得电延时，当 X001 断开的时间到达定时器设置的时间时，Y000 由 ON 变为 OFF，实现失电延时。

2. 定时器自复位电路

定时器自复位电路如图 3-82 所示。

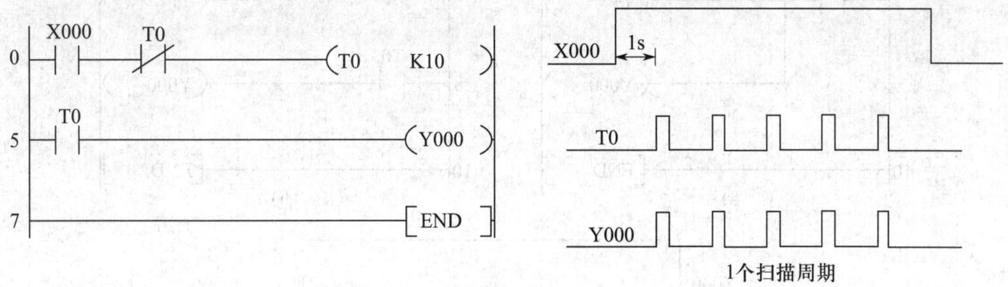

图 3-82　定时自复位电路

说明: X000 接通 1 s，T0 状态为 ON，Y000 状态输出为 ON，T0 的状态为 ON 使其常闭触点动作，T0、Y000 状态变为 OFF。当 X000 一直处于 ON 状态时，经过一个扫描周期，重复前面状态。

3. 定时器的扩展

FX 系列 PLC 的延时都有最大值，如延时大于定时器的最大值，可以采用多个定时器延时接力，如图 3-83 和图 3-84 所示。

具体方法如下:

(1) 用前一个定时器的常开触点启动下一个定时器。

(2) 计数器和定时器配合。

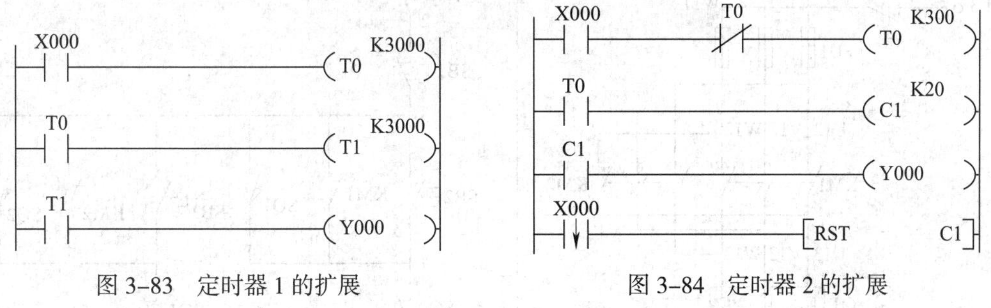

图 3-83　定时器 1 的扩展

图 3-84　定时器 2 的扩展

4. 振荡电路

振荡电路可以产生特定的通断时序脉冲，它应用在脉冲信号源或闪光报警电路中。例如，一种由定时器组成的振荡电路如图 3-85 所示。

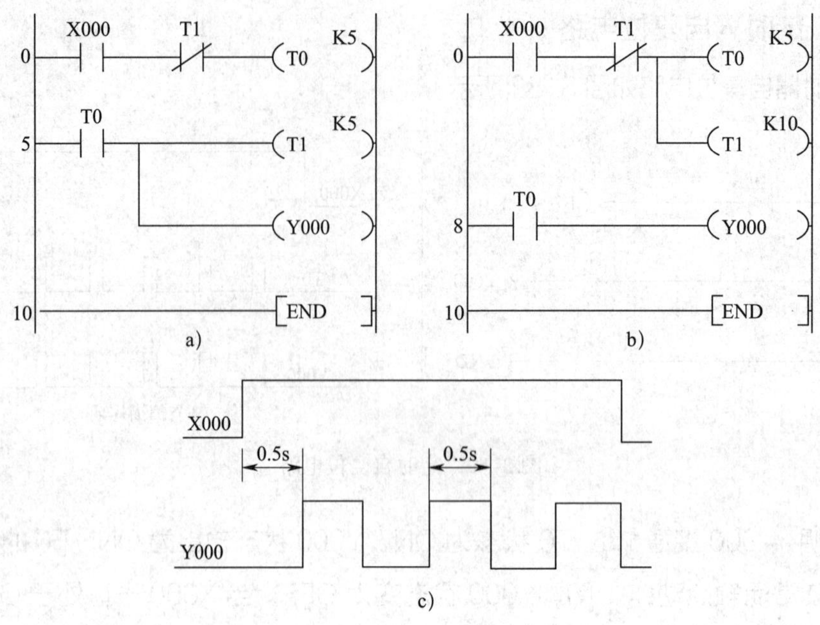

图 3-85 振荡电路

a）方法 1：定时器分别记时 b）方法 2：定时器累计记时 c）波形图

三、技能训练

1. 分析工作原理图并确定 I/O 地址

自动往返控制电路如图 3-86 所示。

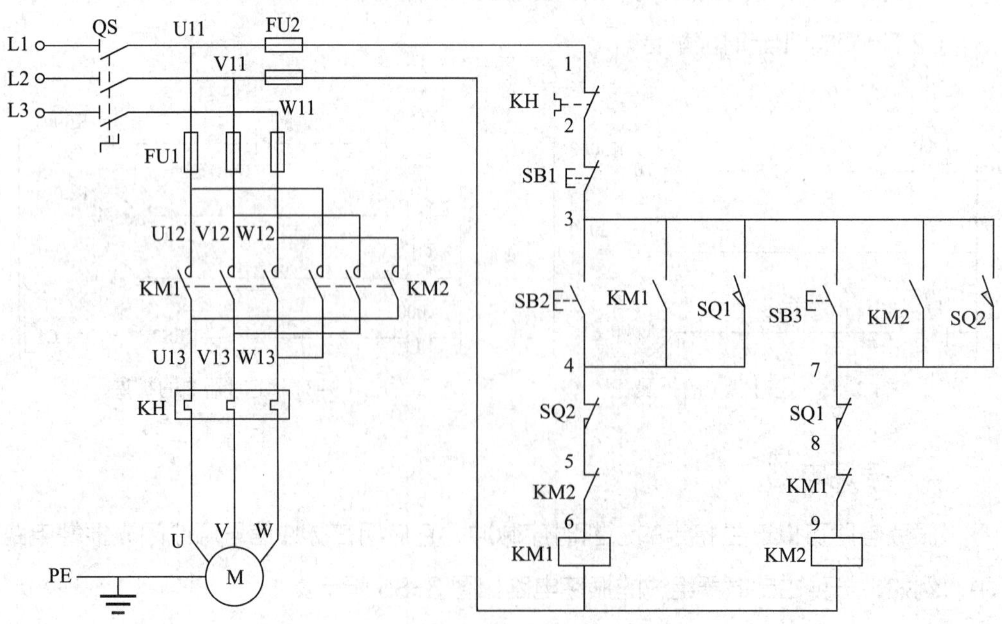

图 3-86 自动往返控制电路图

自动往返控制电路的工作原理分析如下，首先闭合电源开关 QF。

（1）自动往返运动

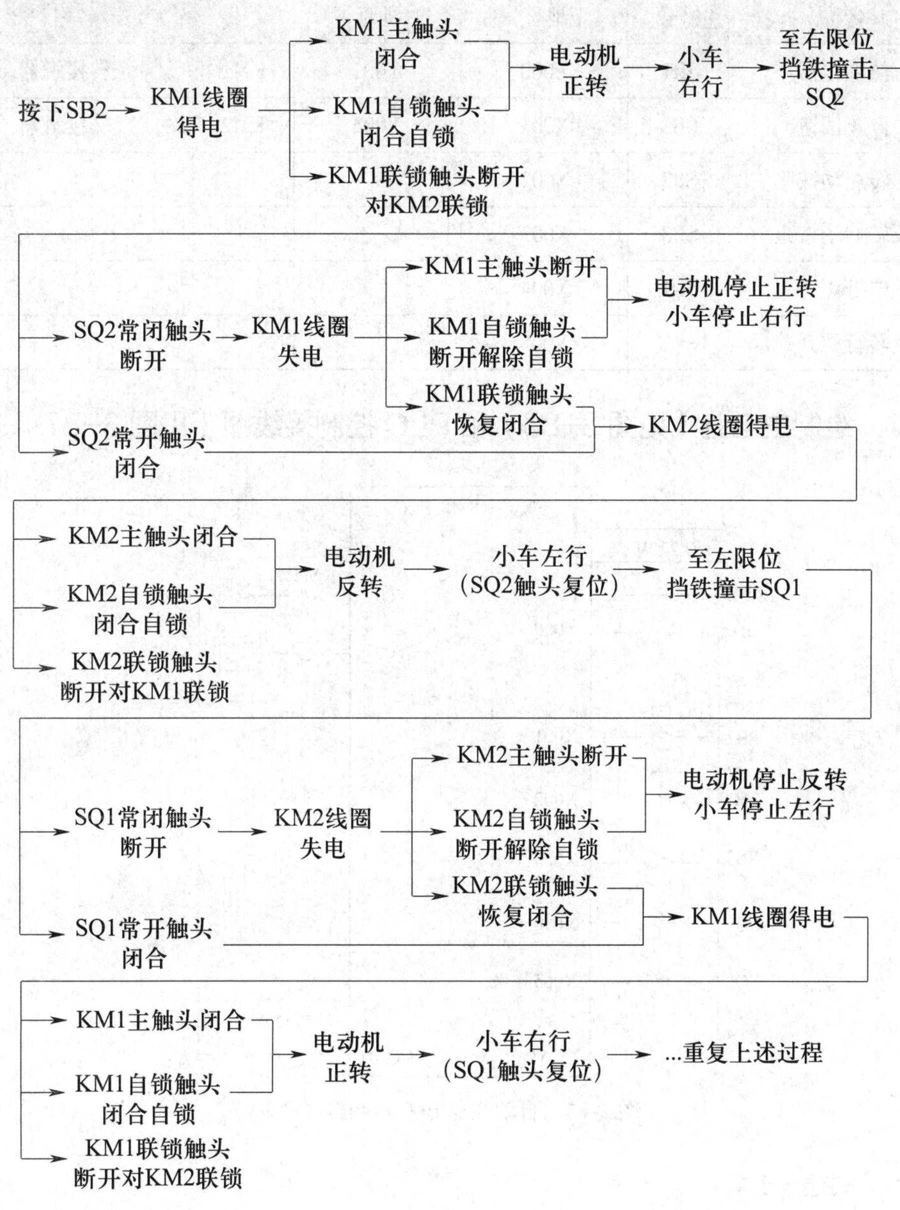

（2）停止

按下SB1 → 整个控制电路失电 → KM1或KM2主触头断开 → 电动机停转 → 小车停止

根据图 3-86 所示的控制要求，确定 I/O 地址。表 3-13 为 PLC 输入 / 输出地址分配表。

表 3-13　PLC 输入 / 输出地址分配表

输入			输出		
名称	符号	地址	地址	符号	名称
热继电器	KH	X000	Y001	KM1	正转接触器
停止按钮	SB1	X001	Y002	KM2	反转接触器
正转启动按钮	SB2	X002			
反转启动按钮	SB3	X003			
正转行程开关	SQ1	X004			
反转行程开关	SQ2	X005			

2. 绘制主电路（见图 3-86）和 PLC 控制接线图（见图 3-87）

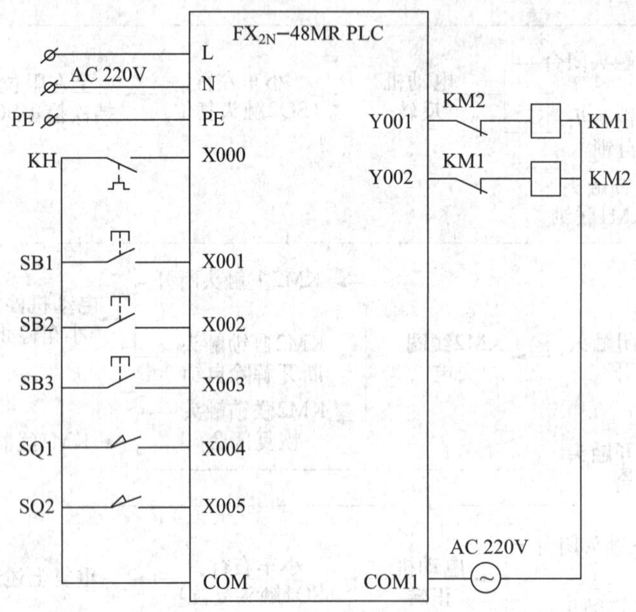

图 3-87　自动往返 PLC 控制接线图

3. 编写程序

如图 3-88 所示，当按下正转启动按钮 SB2 时，X002 动作，Y001 输出，控制 KM1 动作，电动机正转运行，带动工作台向右行走。当碰触到右边的行程开关 SQ2 时，X005 动作，首先切断 Y001 回路，KM1 复位，电动机停止正转，然后 Y002 输出，控制 KM2 动作，电动机反转运行，带动工作台向左行走。当碰触到左边的行程开关 SQ1 时，X004 动作，首先切断 Y002 回路，KM2 复位，电动机停止反转，然后 Y001 输出，控制 KM1 动作，电动机正转运行，带动工作台向右行走，如此反复运行。当按下停止按钮 SB1 时，X001 动作，切断 Y001 或 Y002 回路，KM1 或 KM2 复位，电动机停止正转或反转，工作台停止往返。在电动机正转或反转的过程中，如果发生过载，则热继电器 KH 的常开触点闭合，X000 动作，切断 Y001 或 Y002 回路，KM1 或 KM2 复位，电动机停止运行。

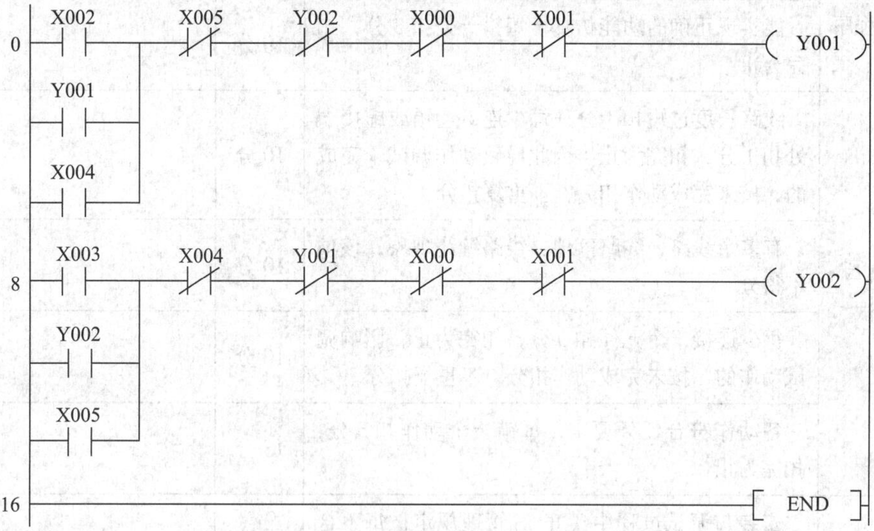

图 3-88　自动往返 PLC 控制梯形图

4. 系统接线

按照图 3-86 和图 3-87 进行线路连接。

5. 输入程序至 PLC 并调试、运行

6. 评价

评价表

<table>
<tr><td>班级</td><td></td><td>姓名</td><td></td><td>学号</td><td></td><td>日期</td><td>年　月　日</td></tr>
<tr><td>评价指标</td><td colspan="4">评价要素</td><td>配分</td><td colspan="2">得分</td></tr>
<tr><td>设备和工具准备</td><td colspan="4">能提前准备任务所需的设备和工具，未准备不得分，漏准备一样扣 0.5 分，扣完为止</td><td>5 分</td><td colspan="2"></td></tr>
<tr><td rowspan="2">绘制主电路和 PLC 接线图并编写程序</td><td colspan="4">选择合理的图幅，图幅太大、太小都扣 2 分，扣完为止</td><td>5 分</td><td colspan="2"></td></tr>
<tr><td colspan="4">根据现有元件，选用合适的元件，元件每选错或绘错一个扣 2 分，扣完为止</td><td>10 分</td><td colspan="2"></td></tr>
</table>

续表

评价指标	评价要素	配分	得分
绘制主电路和 PLC 接线图并编写程序	主电路和 PLC 接线图动作功能绘制齐全，每缺一个动作扣 2 分，扣完为止	10 分	
	编写程序正确，每错一处扣 3 分，扣完为止	10 分	
	能实现正确的功能仿真，每错一处扣 3 分，扣完为止	10 分	
安装与调试	线路长度过短扣 1 分；每少连、连错或虚接一处扣 1 分，扣完为止，因此导致动作调试未完成的，按未完成动作扣分，不重复扣分	10 分	
	有多余线路、线路落地、线路缠绕现象，该项不得分	10 分	
	每少连接一个元件扣 3 分，扣完为止，影响调试动作的，按未完成动作扣分，不重复扣分	10 分	
	各动作符合任务要求，每错一个动作扣 5 分，扣完为止	15 分	
5S	安装与调试过程中遵守 5S 管理规定，每不合格一处扣 1 分，扣完为止	5 分	
总分		100 分	

课题五
挖掘机工作装置液压回路及 PLC 自动控制系统设计与装调

液压挖掘机是在传统机械系统基础之上发展起来的一种周期性作业土方机器。液压工作装置为挖掘机的执行元件，它拥有三个双作用液压缸。由于在动力元件与执行元件之间采用液压传动，因此液压工作装置具有输出力大、工作平稳等特点。液压挖掘机结构组成如图 3-89 所示。

图 3-89　液压挖掘机结构组成

一、单缸液压回路 PLC 自动控制

1. 单缸液压回路分析

图 3-90 所示为单缸液压回路，液压源提供液压动力，换向阀改变液压油的流向，单向节流阀调节流入缸体内液压油的流量，并改变活塞杆的运行速度。

图 3-90 所示液压回路较好地展示了液压系统的基本组成，即动力元件、执行元件、控制元件以及辅助元件。

（1）如图 3-91 所示，当液压回路三位四通 O 型中位机能电磁换向阀 5 处于左位时（左位电磁阀得电，液压缸活塞向右运动），回路分析如下：

进油路：油箱 1→单向定量液压泵 2→过滤器 3→单向阀 4→三位四通 O 型中位机能电磁换向阀 5（左位得电）→单向节流阀 8→双作用液压缸 7 左腔；

回油路：双作用液压缸 7 右腔→单向节流阀 6→三位四通 O 型中位机能电磁换向阀 5（左位得电）→油箱 1。

（2）如图 3-92 所示，当三位四通 O 型中位机能电磁换向阀 5 处于右位时（右位电磁阀得电，液压缸活塞向左运动），回路分析如下：

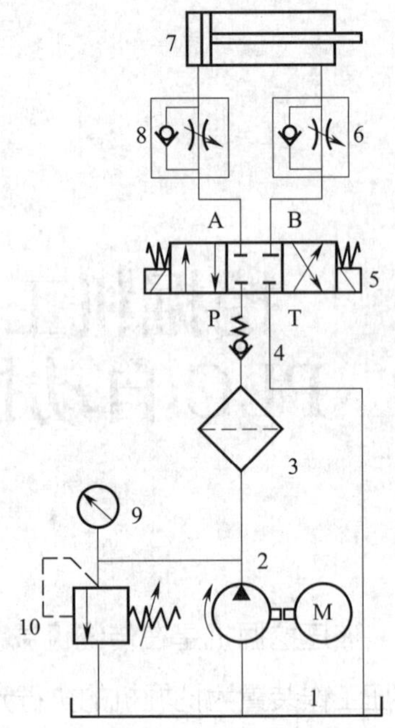

图 3-90 单缸液压回路图

1—油箱 2—单向定量液压泵 3—过滤器 4—单向阀 5—三位四通 O 型中位机能电磁换向阀 6、8—单向节流阀 7—双作用液压缸 9—油位计 10—溢流阀

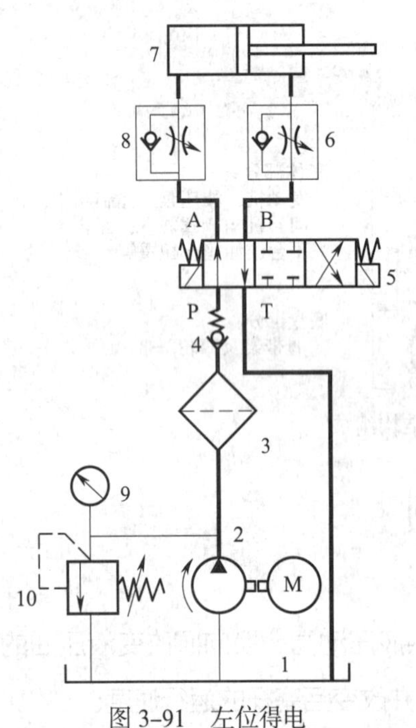

图 3-91 左位得电

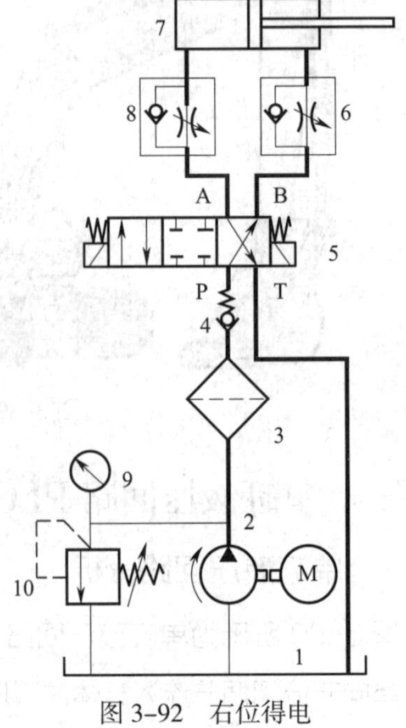

图 3-92 右位得电

进油路：油箱 1→单向定量液压泵 2→过滤器 3→单向阀 4→三位四通 O 型中位机能电磁换向阀 5（右位得电）→单向节流阀 6→双作用液压缸 7 右腔；

回油路：双作用液压缸 7 左腔→单向节流阀 8→三位四通 O 型中位机能电磁换向阀 5（右位得电）→油箱 1。

2. 单缸液压缸回路 PLC 自动顺序控制

针对图 3-90 所示的单缸液压回路，利用 PLC 梯形图程序实现对液压缸行程的自动化顺序控制。定义输入地址 2 个，分别为 I0.0、I0.1；行程开关（又称限位开关）2 个，分别为 I0.2、I0.3；输出地址 2 个，分别为 Q0.0、Q0.1。YA1、YA2 对应三位四通 O 型中位机能电磁换向阀的左、右位电磁铁。输入 / 输出地址分配见表 3-14 和表 3-15。

表 3-14　输入地址分配表

输入地址	定义
I0.0	启动开关
I0.1	停止开关
I0.2	右侧行程开关（限位开关）
I0.3	左侧行程开关（限位开关）

表 3-15　输出地址分配表

输出地址	定义
Q0.0	三位四通 O 型中位机能电磁换向阀左位得电（YA1）
Q0.1	三位四通 O 型中位机能电磁换向阀右位得电（YA2）

PLC 梯形图控制电磁阀的得失电，电磁阀改变液压油的流动方向，液压油驱动执行机构运动，单缸顺序控制的关键在于 PLC 梯形图程序对电磁阀得失电的控制。活塞杆右行至尽头触发右侧行程开关，活塞左行至左侧尽头触发左侧行程开关，完成一个运动周期。动作顺序功能图如图 3-93 所示，其 PLC 梯形图如图 3-94 所示，控制原理如下：

第一段：I0.0 得电，M0.0 线圈通电，常开触点闭合实现自锁，同时 Q0.0 得电，液压缸活塞杆右行接触行程开关 I0.2（常开触点变常闭，常闭触点变常开），Q0.0 断电；

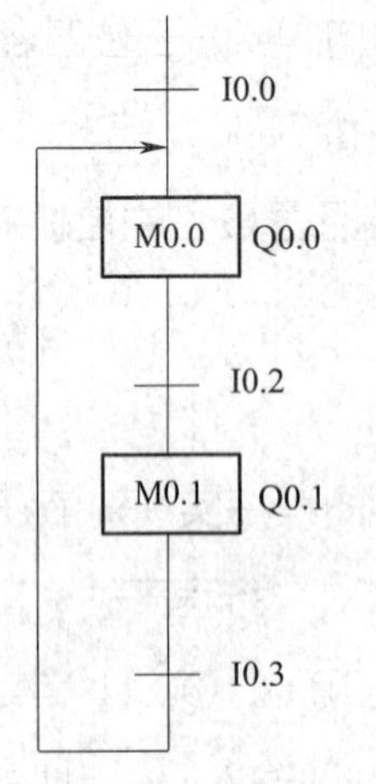

图 3–93　动作顺序功能图

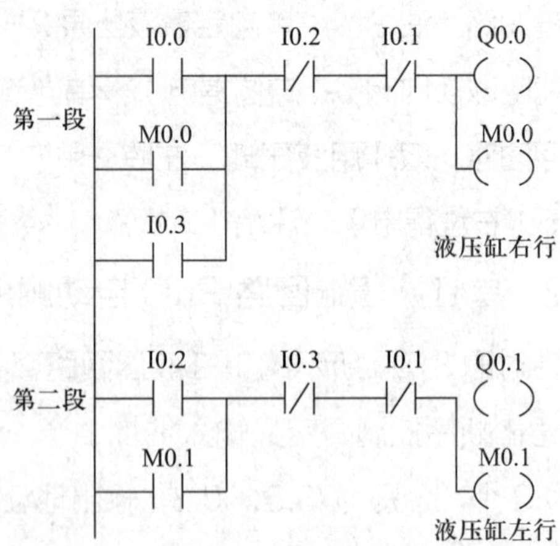

图 3–94　PLC 梯形图

第二段：I0.2 闭合，Q0.1 得电，液压缸活塞杆左行，接触行程开关 I0.3（常开触点闭合，常闭触点断开），Q0.1 断电，Q0.0 得电，完成一个周期控制。

根据系统资源分配表以及液压单缸控制要求，按图 3–95 所示完成 PLC 外部接线。

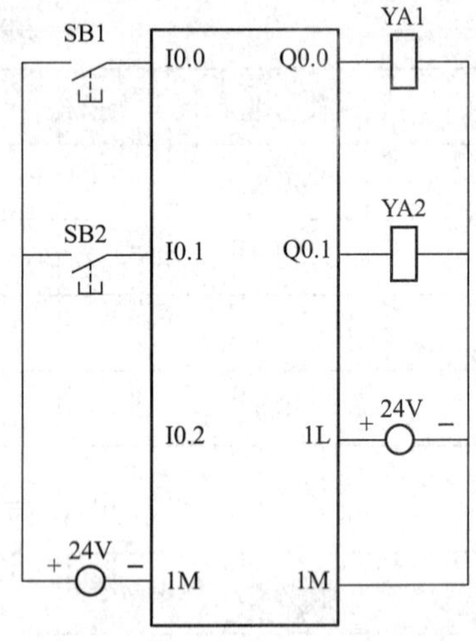

图 3–95　单缸控制 PLC 外部接线

二、双缸液压回路 PLC 自动控制

1. 双缸液压回路分析

图 3–96 所示为双缸液压回路，两液压缸处于并联状态，分别由两个电磁换向阀进行控制。

（1）如图 3–97 所示，当三位四通 O 型中位机能电磁换向阀 5 左位得电，双作用液压缸 11 活塞杆右行时

进油路：油箱 1→液压泵 2→过滤器 3→单向阀 4→三位四通 O 型中位机能电磁换向阀 5 左位→单向节流阀 7→双作用液压缸 11 左腔。

回油路：双作用液压缸 11 右腔→单向节流阀 8→三位四通 O 型中位机能电磁换向阀 5 左位→油箱 1。

（2）如图 3–98 所示，当三位四通 O 型中位机能电磁换向阀 6 左位得电，双作用液压缸 12 右行时

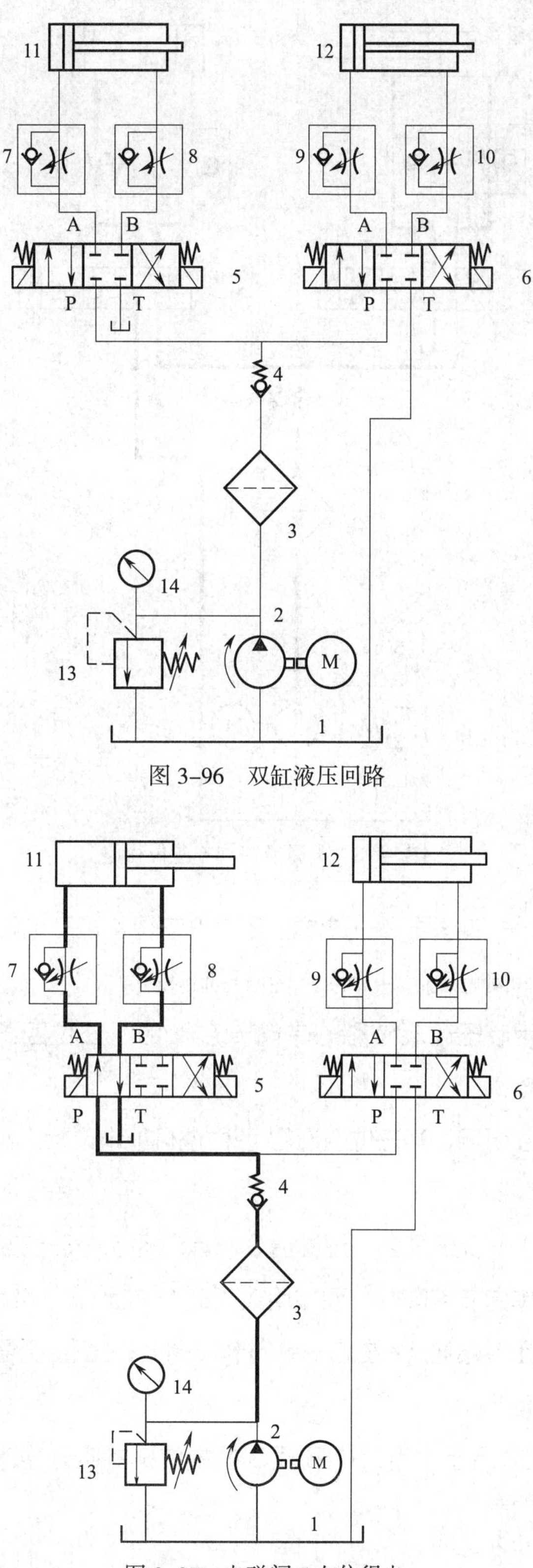

图 3–96　双缸液压回路

图 3–97　电磁阀 5 左位得电

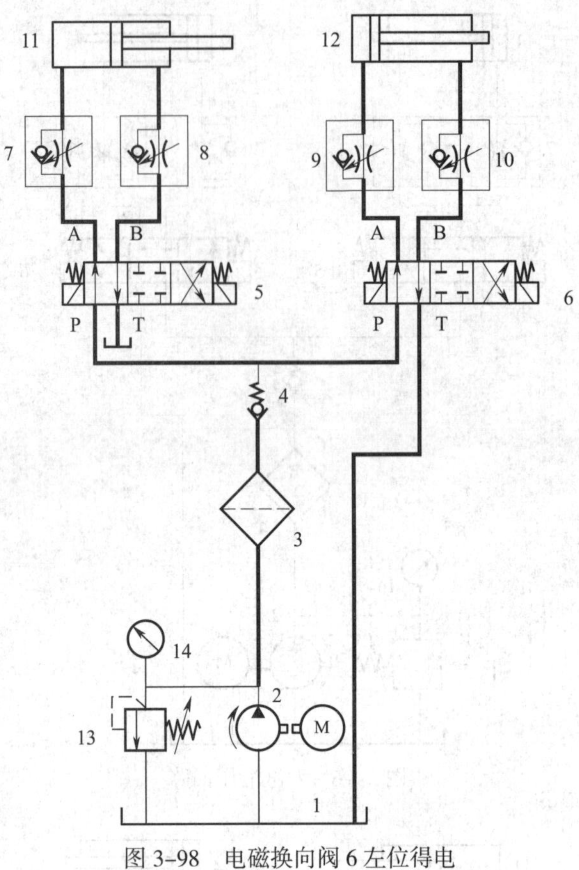

图 3-98　电磁换向阀 6 左位得电

进油路：油箱 1→液压泵 2→过滤器 3→单向阀 4→三位四通 O 型中位机能电磁换向阀 6 左位→单向节流阀 9→双作用液压缸 12。

回油路：双作用液压缸 12 右腔→单向节流阀 10→三位四通 O 型中位机能电磁换向阀 6 左位→油箱 1。

（3）如图 3-99 所示，当三位四通 O 型中位机能电磁换向阀 5 右位得电，双作用液压缸 11 左行时

进油路：油箱 1→液压泵 2→过滤器 3→单向阀 4→三位四通 O 型中位机能电磁换向阀 5 右位→单向节流阀 8→双作用液压缸 11 右腔。

回油路：双作用液压缸 12 左腔→单向节流阀 7→三位四通 O 型中位机能电磁换向阀 5 右位→油箱 1。

（4）如图 3-100 所示，当三位四通 O 型中位机能电磁换向阀 6 右位得电，双作用液压缸 12 左行时

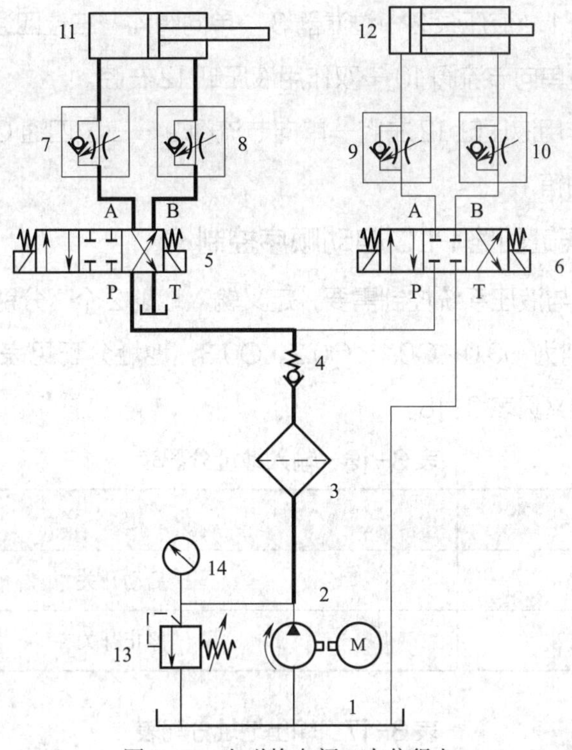

图 3-99　电磁换向阀 5 右位得电

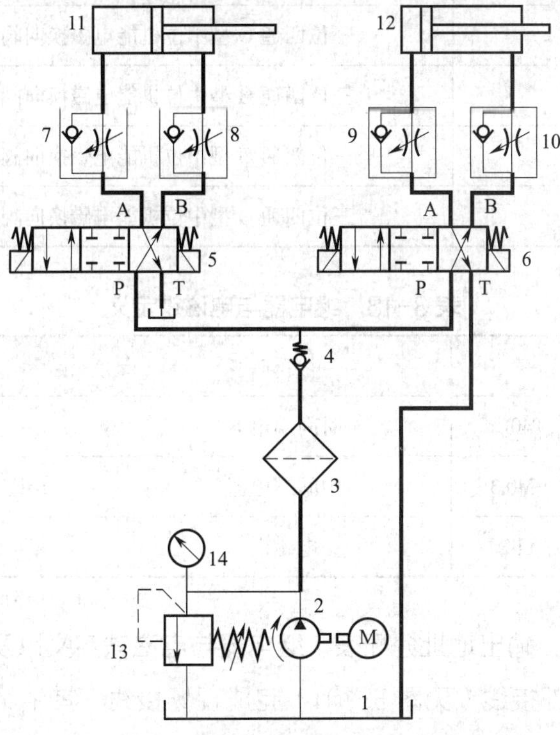

图 3-100　电磁换向阀 6 右位得电

进油路：油箱 1→液压泵 2→过滤器 3→单向阀 4→三位四通 O 型中位机能电磁换向阀 6 右位→单向节流阀 10→双作用液压缸 12 右腔。

回油路：双作用液压缸 12 左腔→单向节流阀 9→三位四通 O 型中位机能电磁换向阀 6 右位→油箱 1。

2. 双缸液压缸回路 PLC 自动顺序控制

根据图 3-96 与液压系统控制需要，定义输入地址 2 个，分别为 I0.0、I0.1；输出地址 4 个，分别为 Q0.0、Q0.1、Q0.2、Q0.3，地址分配见表 3-16 和表 3-17，继电器与电磁铁定义见表 3-18。

表 3-16　输入地址分配表

输入地址	定义
I0.0	启动开关
I0.1	停止开关

表 3-17　输出地址分配表

输出地址	定义
Q0.0	三位四通 O 型中位机能电磁换向阀 5 左位得电
Q0.1	三位四通 O 型中位机能电磁换向阀 5 右位得电
Q0.2	三位四通 O 型中位机能电磁换向阀 6 左位得电
Q0.3	三位四通 O 型中位机能电磁换向阀 6 右位得电

表 3-18　继电器与电磁铁定义

元件	名称	功能
T37、T38、T39、T40	时间继电器	实现定时控制
M0.0、M0.1、M0.2、M0.3	中间继电器	实现自锁、互锁功能
YA1、YA2、YB1、YB2	电磁铁	改变回路

根据系统输入 / 输出地址分配表、继电器与电磁铁定义以及液压回路控制要求，根据 PLC 外部接线（见图 3-101）完成现场接线，其中 YA1、YA2、YB1、YB2 电磁铁分别对应 Q0.0、Q0.1、Q0.2、Q0.3 PLC 的输出，时间继电器 T37、

T38、T39、T40 起定时切换功能，中间继电器 M0.0、M0.1、M0.2、M0.3 实现自锁、互锁功能。根据上述定义完成 PLC 梯形图程序的编写，动作顺序功能图如图 3-102 所示，编写的 PLC 梯形图如图 3-103 所示。

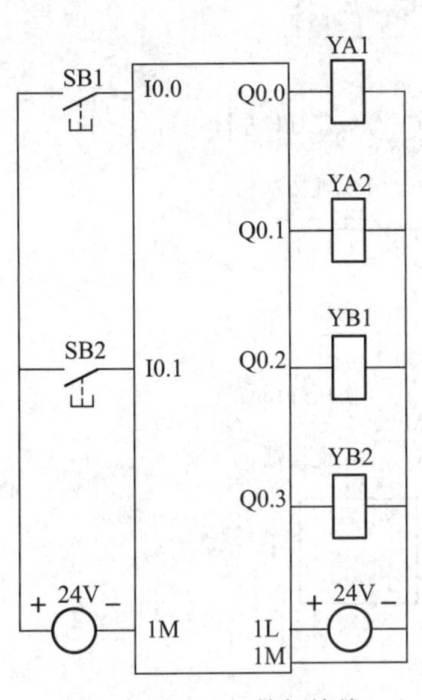

图 3-101　PLC 外部接线

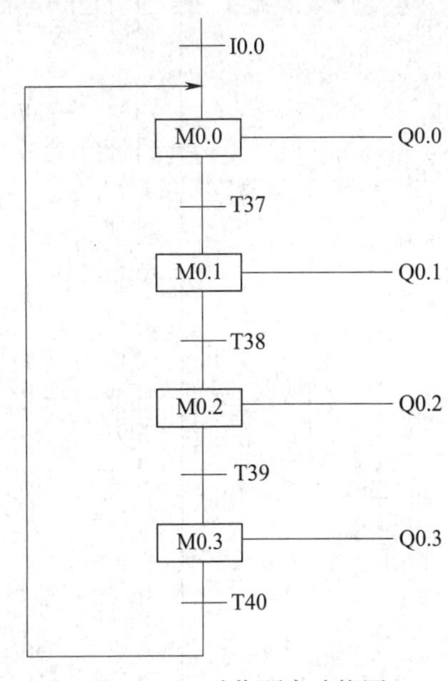

图 3-102　动作顺序功能图

控制原理说明:

第一段: 按下 I0.0，中间继电器 M0.0 线圈得电，常开触点闭合，实现自锁，同时 Q0.0 得电（液压缸 11 右行），时间继电器 T37 开始计时（设定 3 s）;

第二段: T37 计时 3 s 后其常开触点闭合，中间继电器 M0.1 线圈得电，常开触点闭合，实现自锁，同时 Q0.1 得电（液压缸 11 左行），Q0.0 断电，实现互锁，时间继电器 T38 开始计时（设定 3 s）;

第三段: T38 计时 3 s 后其常开触点闭合，中间继电器 M0.2 线圈得电，常开触点闭合，实现自锁，同时 Q0.2 得电（液压缸 12 右行），Q0.1 断电，实现互锁，时间继电器 T39 开始计时（设定 3 s）;

第四段: T39 计时 3 s 后其常开触点闭合，中间继电器 M0.3 线圈得电，常开触点闭合，实现自锁，同时 Q0.3 得电（液压缸 12 左行），Q0.2 断电，实现互锁，时间继电器 T40 开始计时（设定 3 s 重复第二个周期）。

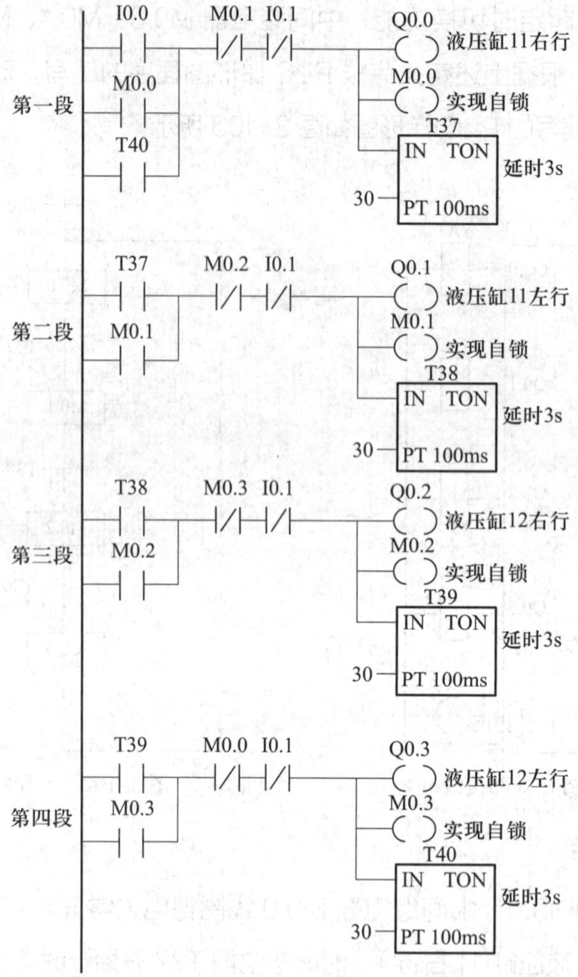

图 3-103 PLC 梯形图

三、技能训练

1. 设备和工具准备

（1）设备：预装 PLC 编程软件和液压仿真软件的计算机；挖掘机模型；液压训练台；各种相关附件。

（2）工具：锤子、梅花扳手、呆扳手、活扳手、旋具等。

2. 回路的设计与装调

（1）挖掘机斗杆和铲斗工作过程的分析

挖掘机工作装置是模拟人的手臂发明设计出来的（见图 3-104），由动臂、铲斗、斗杆等组成，其典型的工作循环过程是：动臂上升→斗杆外摆→铲斗外翻→动臂下降→斗杆内收→铲斗内收。动作控制过程如下：斗杆内收→铲斗内收→斗杆外摆→铲斗外翻，如图 3-105 所示。

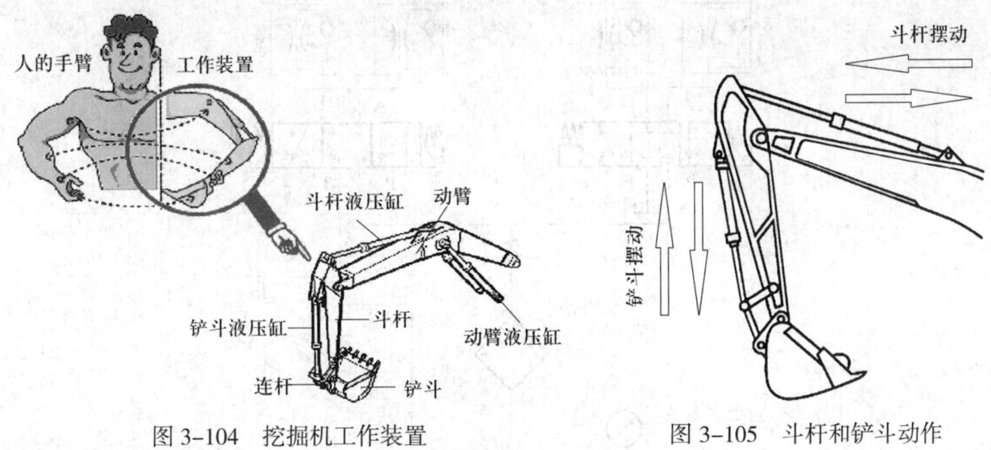

图 3-104　挖掘机工作装置　　图 3-105　斗杆和铲斗动作

（2）元器件选择

根据任务要求选择元器件，检查元件是否完好，并在表 3-19 中填写元器件在回路中的作用。

表 3-19　元件及其作用

序号	元器件名称	型号	数量	作用
1	油箱		1	
2	泵		1	
3	溢流阀		1	
4	滤芯		1	
5	单向阀		1	
6	三位四通 O 型换向阀		1	
7	单向节流阀		1	
8	双作用单出杆液压缸		1	

（3）液压回路设计与仿真

1）液压回路设计（见图 3-106）

2）液压回路仿真

①斗杆内收。三位四通 O 型中位机能电磁换向阀 6 左位得电，油路流向如图 3-107 所示（沿箭头方向），斗杆液压缸 10 右行，斗杆内收，液压油流向如下。

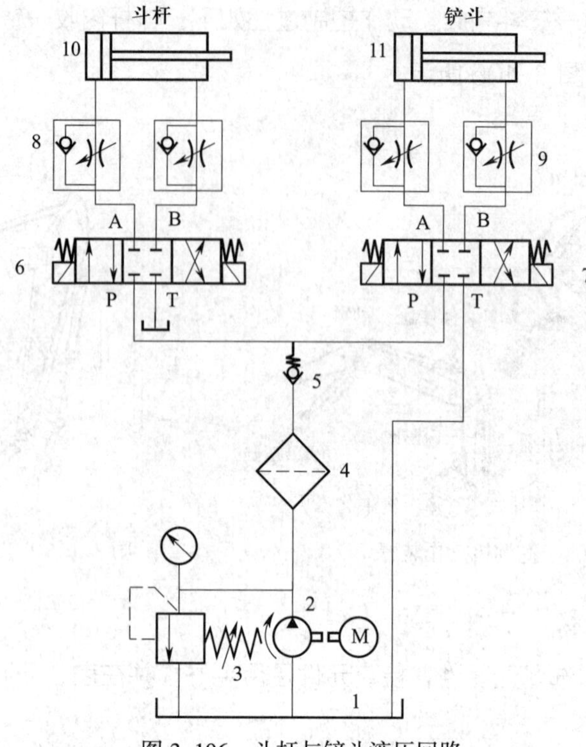

图 3-106　斗杆与铲斗液压回路

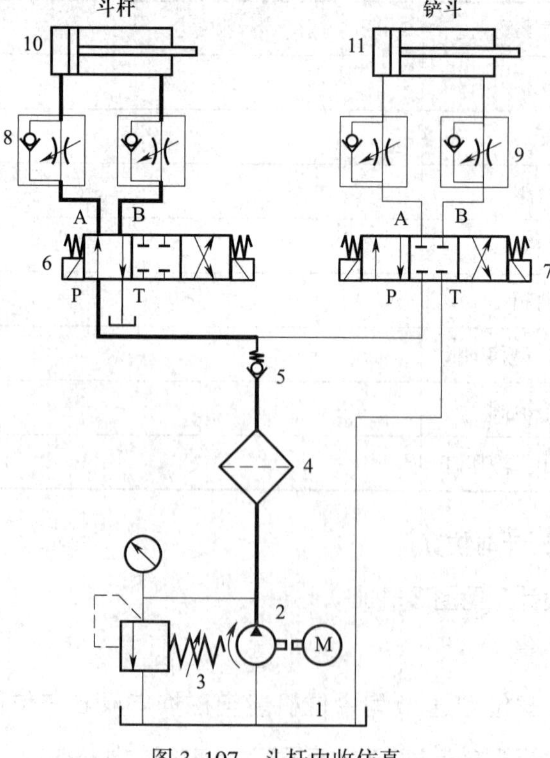

图 3-107　斗杆内收仿真

进油路：液压泵 2 →过滤器 4 →单向阀 5 →三位四通 O 型中位机能电磁换向阀 6（左）→单向节流阀 8（左）→斗杆液压缸 10（左）（实现斗杆内收功能）；

回油路：斗杆液压缸 10（右）→单向节流阀 8（右）→三位四通 O 型中位机能电磁换向阀 6（左）→油箱 1。

②铲斗内收。三位四通 O 型中位机能电磁换向阀 7 左位得电时，油路流向如图 3-108 所示（沿箭头方向），铲斗液压缸 11 活塞杆伸长，铲斗内收的回路流向如下。

进油路：液压泵 2 →过滤器 4 →单向阀 5 →三位四通 O 型中位机能电磁换向阀 7（左）→单向节流阀 9（左）→铲斗液压缸 11（左）（实现铲斗内收功能）；

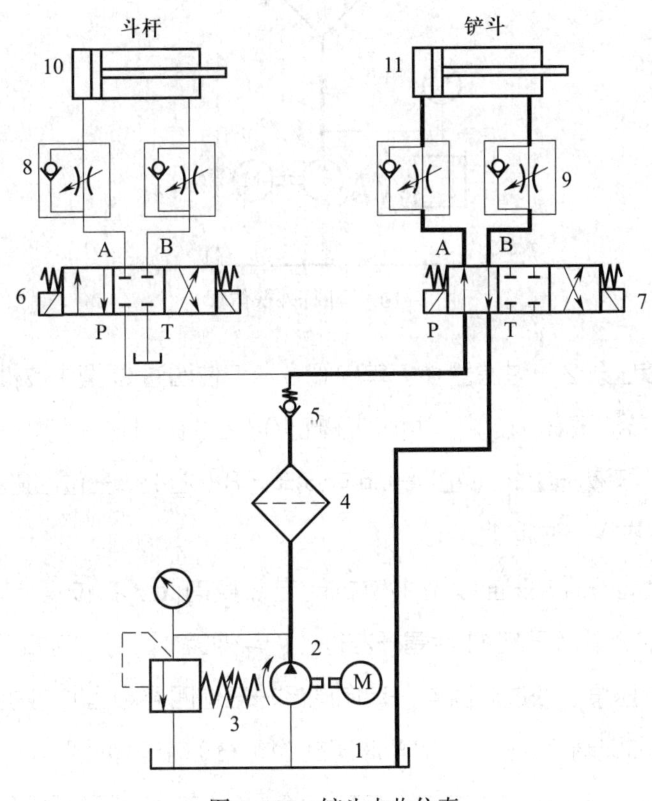

图 3-108　铲斗内收仿真

回油路：铲斗液压缸 11（右）→单向节流阀 9（右）→三位四通 O 型中位机能电磁换向阀 7（左）→油箱 1。

③斗杆外摆。三位四通 O 型中位机能电磁换向阀 6 右位得电，回路流向如图 3-109 所示，斗杆液压缸 10 左行，斗杆外摆，回路流向如下。

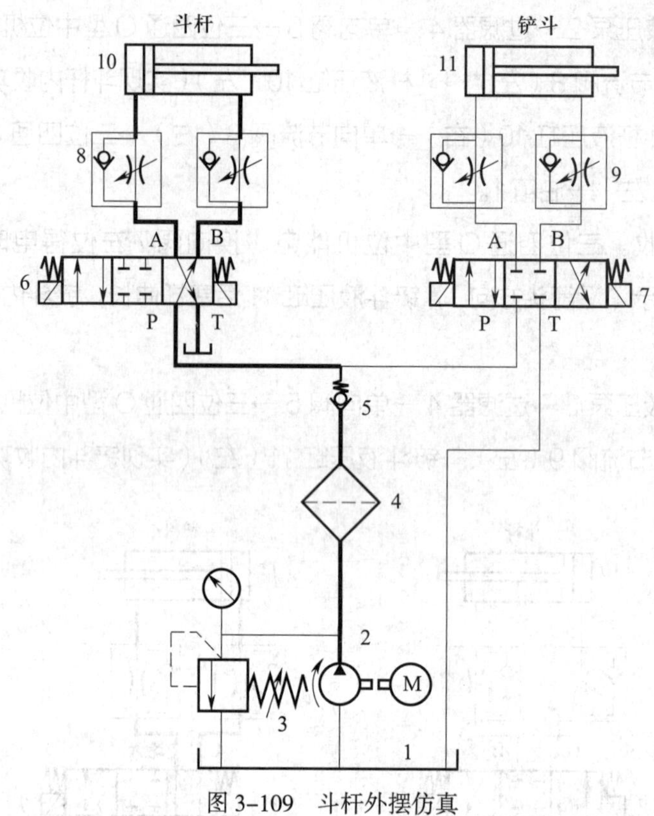

图 3-109　斗杆外摆仿真

进油路：液压泵 2→过滤器 4→单向阀 5→三位四通 O 型中位机能电磁换向阀 6（右）→单向节流阀 8（右）→斗杆液压缸 10（右）（斗杆外摆）。

回油路：斗杆液压缸 10（左）→单向节流阀 8（左）→三位四通 O 型中位机能电磁换向阀 6（右）→油箱 1。

④铲斗外翻。三位四通 O 型中位机能电磁换向阀 7 右位得电，回路流向如图 3-110 所示，铲斗液压缸 11 活塞杆左行，铲斗外翻，回路流向如下。

进油路：液压泵 2→过滤器 4→单向阀 5→三位四通 O 型中位机能电磁换向阀 7（右）→单向节流阀 9（右）→铲斗液压缸 11（右）（铲斗外翻）。

回油路：铲斗液压缸 11（左）→单向节流阀 9（左）→三位四通 O 型中位机能电磁换向阀 7（右）→油箱 1。

（4）PLC 编程

根据液压挖掘臂四大运动过程，利用 PLC 实现动作顺序控制。定义控制系统输入地址 2 个，分别为 I0.0、I0.1；输出地址 4 个，分别为 Q0.0、Q0.1、Q0.2、Q0.3。输入 / 输出地址分配见表 3-20。

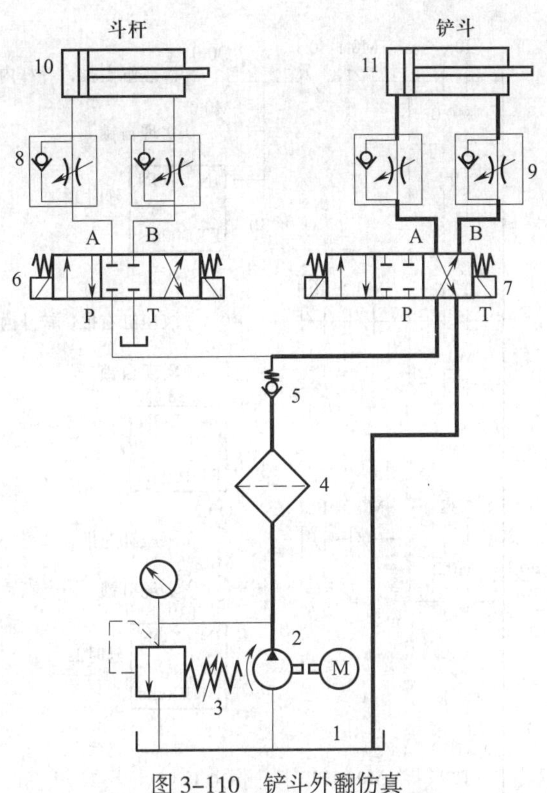

图 3-110　铲斗外翻仿真

表 3-20　输入 / 输出地址分配表

输入		输出	
名称	地址	名称	地址
启动开关	I0.0	斗杆内收	Q0.0
停止开关	I0.1	铲斗内收	Q0.1
—	—	斗杆外摆	Q0.2
—	—	铲斗外翻	Q0.3

PLC 自动化实时顺序控制原理如下：通过 PLC 控制电磁换向阀左、右位的得、失电，间接改变液压回路，最后利用液压缸活塞杆驱动输出机构或外界负载进行工作。挖掘工作装置各动作先后顺序可以借助时间继电器触点或行程开关实现，液压挖掘机斗杆和铲斗主要完成以下四个基本动作：斗杆内收、铲斗内收、斗杆外摆、铲斗外翻，也可以对这四个基本动作自由组合，组合出一套完整的动作顺序控制过程。针对上述所提出的动作组合，绘制梯形图，实现动作控制。PLC 梯形图如图 3-111 所示，梯形图控制功能具体实现过程（动作顺序功能图参照图 3-102）如下。

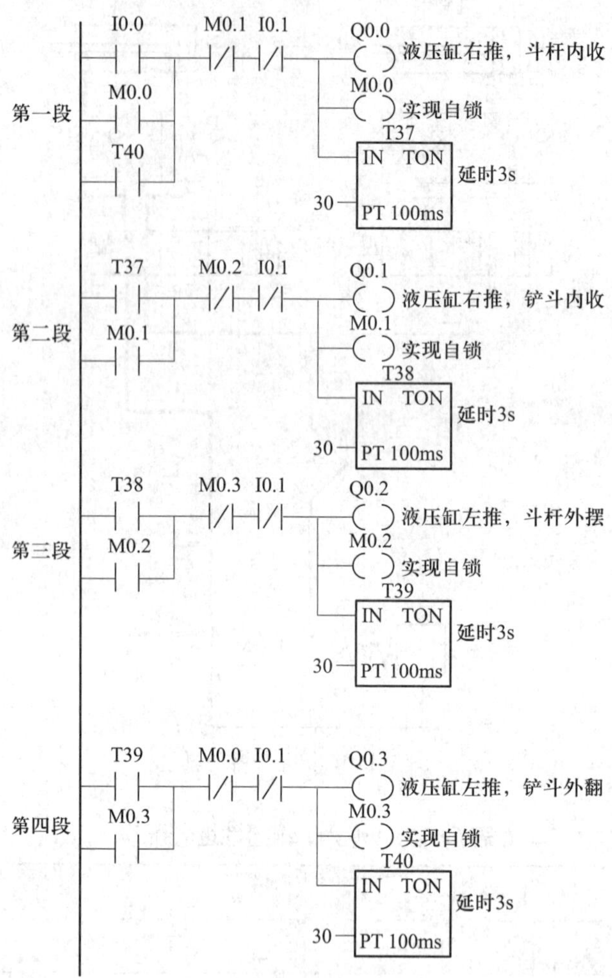

图 3-111 PLC 梯形图

第一段：I0.0 触点闭合通电，M0.0 线圈得电，常开触点闭合，实现自锁，Q0.0 得电，液压缸右推，时间继电器 T37 计时；

第二段：T37 计时 3 s 后，常开触点闭合，M0.1 线圈得电，常开触点闭合，Q0.1 得电，实现自锁，同时 Q0.0 断电，实现互锁，时间继电器 T38 计时；

第三段：T38 计时 3 s 后，常开触点闭合，M0.2 线圈得电，常开触点闭合，Q0.2 得电，实现自锁，同时 Q0.1 断电，实现互锁，时间继电器 T39 计时；

第四段：T39 计时 3 s 后，常开触点闭合，M0.3 线圈得电，常开触点闭合，Q0.3 得电，实现自锁，同时 Q0.2 断电，实现互锁，时间继电器 T40 计时；

第一段：T40 计时 3 s 后，常开触点闭合，M0.0 线圈得电，常开触点闭合，Q0.0 得电，实现自锁，同时 Q0.3 断电，实现互锁，时间继电器 T37 计时，重复下一个周期过程。

（5）系统安装

根据表 3-20 定义的 PLC 输入 / 输出地址分配表，按图 3-112 接线图完成 PLC 外部接线，其中 YA1、YA2、YB1、YB2 分别对应控制 Q0.0、Q0.1、Q0.2、Q0.3 的电磁阀，SB1、SB2 分别为启动、停止按钮，完成外部接线后可将编写好的梯形图导入 PLC 模块。

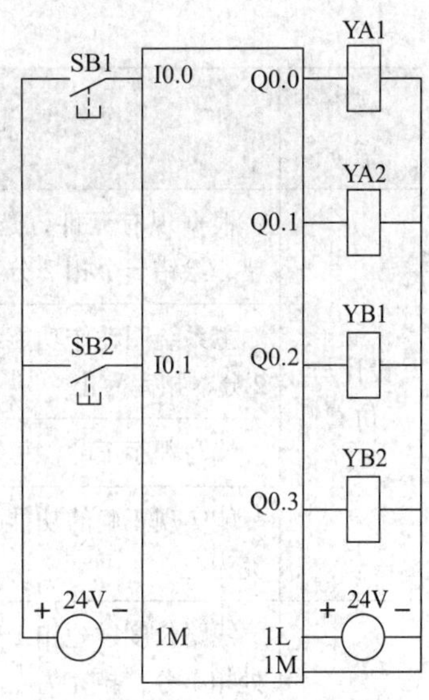

图 3-112　外部接线图

（6）检查调试

完成安装后，对系统进行全面检查，检查的顺序如下：

1）检查实物接线是否与仿真软件所设计的液压回路一致。

2）检查每一根油管快换接头是否有松动。

3）检查进油路与回油路是否反接。

4）检查 PLC 外部接线正负极是否接反。

5）检查电磁阀正负极是否接错。

系统调试过程如下：在 PLC 控制器与计算机间连接数据线，在梯形图编写软件界面导入程序，启动 PLC 控制程序，观察电磁阀动作情况（灯是否按顺序依次亮、灭），随后启动液压泵，观察挖掘工作装置的先后动作顺序。检测调试完毕后，先停止液压泵，再关闭 PLC。

3. 评价

评价表

班级		姓名		学号		日期	年　月　日
评价指标	评价要素				配分	得分	
设备和工具准备	能提前准备任务所需的设备和工具，未准备不得分，每漏准备一样扣 0.5 分，扣完为止				5 分		
设计与仿真	选择合理的图幅，图幅太大、太小都扣 2 分，扣完为止				5 分		

续表

评价指标	评价要素	配分	得分
设计与仿真	根据现有元件，选用合适的元件，元件每选错、绘错一个扣 2 分，扣完为止	10 分	
	主系统图动作功能绘制齐全，每缺一个动作扣 2 分，扣完为止	10 分	
	编写程序正确，每错一处扣 3 分，扣完为止	10 分	
	能实现正确的功能仿真，每错一处扣 3 分，扣完为止	10 分	
安装与调试	线路长度过短扣 1 分；每少连、连错或虚接一处扣 1 分，扣完为止，因此导致动作调试未完成的，按未完成动作扣分，不重复扣分	10 分	
	有多余线路、线路落地、线路缠绕现象，该项不得分	10 分	
	每少连接一个元件扣 3 分，扣完为止，影响调试动作的，按未完成动作扣分，不重复扣分	10 分	
	各动作符合任务要求，每错一个动作扣 5 分，扣完为止	15 分	
5S	安装与调试过程中遵守 5S 管理规定，不合格一处扣 1 分，扣完为止	5 分	
总分		100 分	

课题六
机械手气动回路 PLC 自动控制系统设计与装调

机械手（Mechanical Hand），是指能模仿人的手和臂的某些动作功能，按固定程序实现抓取搬运物品或操作工具的自动操作装置。机械手是最早出现的工业机器人，也是最早出现的现代机器人，它可以通过编程来完成各种预期的作业任务，在构造和性能上兼具有人和机器各自的优点，尤其体现了人的技能和适应性，因而可以代替人从事繁重的、重复性的劳动，实现机械化和自动化，并且能在有害环境下替代人进行一些危险的训练操作，其作业的准确性和持久的耐力超过人的极限工作能力，从而保护人身安全，因此被广泛应用于机械制造、冶金、电子、轻工和原子能等行业，机械手在国民经济各领域有着广阔的发展前景，机械手应用如图 3-113 所示。

图 3–113　机械手

一、机械手的组成

机械手主要由执行机构、驱动系统、控制系统以及位置检测装置等组成。

1. 执行机构

执行机构一般主要由手部或手爪、手腕、手臂、立柱、门座、行走机构等组成。

执行机构中的执行元件根据动力源的不同有液压缸、液压马达等液压执行元件，气缸、气马达等气动执行元件，变频电动机、步进电动机、伺服电动机、电磁铁等电动执行元件。

（1）手部

手部主要用来拿取物品，是机械手与物品接触的部分。根据与物品接触的形式不同，可分为夹持式和吸附式两种形式。

夹持式的手部由手指（或手爪）构成，指数有双指式、多指式等。一般棒形、块状物品多用手指形手部实现抓取物品。

吸附式手部由吸盘构成，它靠吸附力吸附物件，相应的吸附式手部有负压吸盘和电磁吸盘两类。对于轻小片状零件、光滑薄板材料等，通常用负压吸盘吸料。对于导磁性的环类和带孔的盘类零件，以及有网孔状的板料等，通常用电磁吸盘吸料。

总之，机械手的手部具有针对性，其性能和结构要根据被抓取物件的形状、尺寸、质量、材料性质和作业要求等进行有针对性的特殊设计。

（2）手腕

手腕是连接手部和手臂的部件，可用来调整被抓取物件的方位（即姿势）。不是所有的机械手都具有手腕。

（3）手臂

手臂是支撑被抓物品、手部、手腕的重要部件。手臂的作用是带动手指去抓取物品，并按预定要求将其搬运到指定的位置。

一般机械手的手臂由液压缸、气缸、齿轮齿条机构、连杆机构、螺旋机构、凸轮机构等组成，与动力源（如液压源、气压源或电动机等）相配合，实现手臂的伸缩、回转、摆动等各种运动来完成手部的定位移动。

（4）立柱

立柱是支撑手臂的部件，立柱可以作为独立部分，也可以是手臂的一部分，手臂的回转运动和升降（或俯仰）运动均与立柱有密切的联系。机械手的立柱一般可以升降和回转，可以有一定角度的倾斜，也可以采用固定不动形式，其功能和受力强度要满足机械手的整体要求，是机械手的整体受力主要部件，立柱的形式和高度等指标与要抓取物品的质量、运动轨迹、运动的速度以及手、腕、臂的动作形式有关。

（5）机座

机座是机械手的基础部分，立柱直接与机座相连，机械手的控制系统和驱动系统一般均安装于机座上，机座起固定、支撑和连接作用，是机械手的基础。

（6）行走机构

当机械手需要完成较远距离的操作，或扩大使用范围时，可在机座上安装滚轮、轨道等行走机构，实现工业机械手的定位移动。行走机构可分为有轨运行和无轨运行两种方式，有轨运行借助于轨道定向，检测开关和挡铁定位，一般自动化仓库大都采用有轨运行方式，有轨运行方式控制简单、可靠、效率高、成本低。无轨运行是采用寻迹控制实现定向，控制形式复杂，一般用于智能机器人控制、无人驾驶控制等。

2. 驱动系统

驱动系统是机械手执行机构运动的动力装置，通常由动力源、控制调节装置和辅助装置组成。常用的动力源有液压源、气压源、电源等，因而驱动系统有液压传动、气压传动、电力传动以及增加中间传动机构的机械传动等方式。

3. 控制系统

控制系统是机械手的指挥中心，相当于人的大脑中枢，指挥机械手的工作顺序、应达到的位置等，如立柱上下移动、回转等；手臂伸缩、回转摆动等；手腕上下摆动或左右摆动等；各个手指的开闭动作，以及各个动作的顺序、时间、速度等，通过各个运动部位的执行元件和传动机构，按照工艺控制过程的规定并符合坐标轴的定位值要求而进行。

目前的机械手控制技术涉及力学、机械学、电（气、液）的自动控制技术、传感器技术和计算机技术等领域，是一门跨学科综合技术。

4. 位置检测装置

在机械手执行机构的每个执行元件上都设有位置检测装置，为控制系统提供执行元件的位置状态，位置检测一般采用行程开关、接近开关、光电开关等检测元件。

5. 机械手的自由度

机械手各运动机构的升降、伸缩、旋转等独立运动方式，称为机械手的自由度。为了抓取空间中任意位置和方位的物体，一般需要有 6 个平面运动，每个平面运动代表一个自由度。自由度是机械手设计的关键参数。自由度越多，机械手的灵活性越大，通用性越广，其结构也越复杂。一般专用机械手不少于 2 ~ 3 个自由度。

二、气动机械手

本课题中的气动机械手具有四个自由度，分别为松夹、升降、伸缩、旋转，具体结构如图 3-114 所示。气压系统执行元件一般由气缸或摆动缸驱动，气缸实现直线往复式机械运动，摆动缸实现旋转往复运动，气源均为高压气体。气动机械手的升降运动、伸缩运动采用气缸驱动，松夹功能主要通过气缸驱动齿条与不完全齿轮配合实现，旋转功能通过摆动气缸实现。

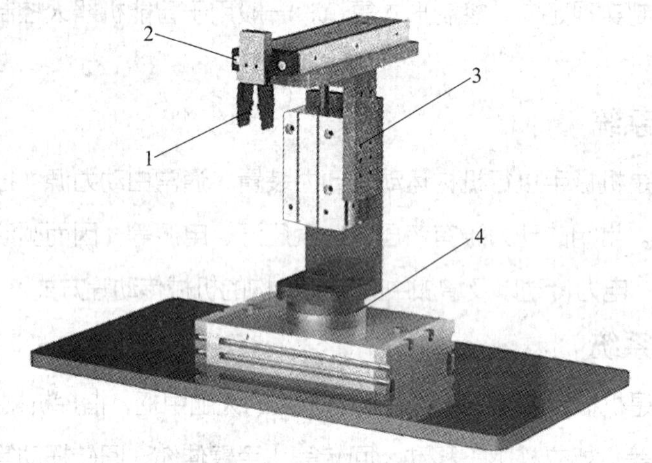

图 3-114　气压机械手自由度

1—松夹机构　2—伸缩臂　3—升降臂　4—旋转臂

机械手升降臂是支撑与驱动水平伸缩臂的元部件，可实现机械手的垂直升降功能。机械手采用的是标准支点开闭型气爪，由齿条与不完全齿轮配合实现夹紧、松开运动。机械手升降臂和气爪的结构分别如图 3-115 和图 3-116 所示。

伸缩臂为机械手执行水平伸缩运动的机构，它是连接机械手末端执行器和竖直升降手臂的元部件，它的基本作用是完成末端执行器的伸出与缩回运动。为了提高伸缩臂沿伸缩方向的承载能力与运动精度，需对其设置导向装置，常用的有单导向杆和双导向杆。本训练中伸缩臂采用的是新型带双导向杆的气缸，该气缸体积小，轻巧，耐横向负载能力强，耐扭矩能力强，抗回转精度高。伸缩臂的结构如图 3-117 所示。

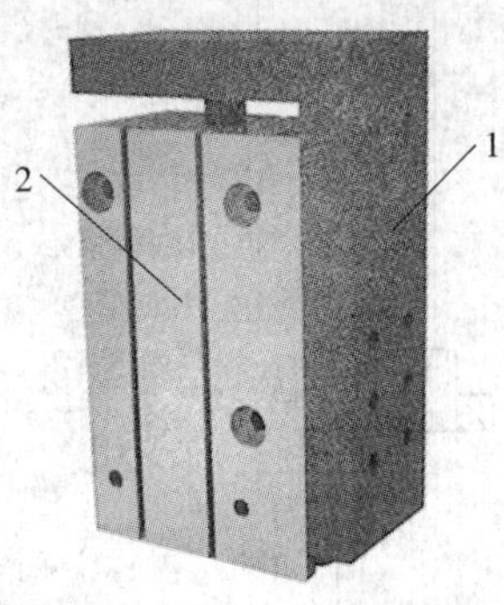

图 3-115　升降臂的结构

1—竖直滑动块　2—夹紧块

图 3-116　机械手气爪的结构

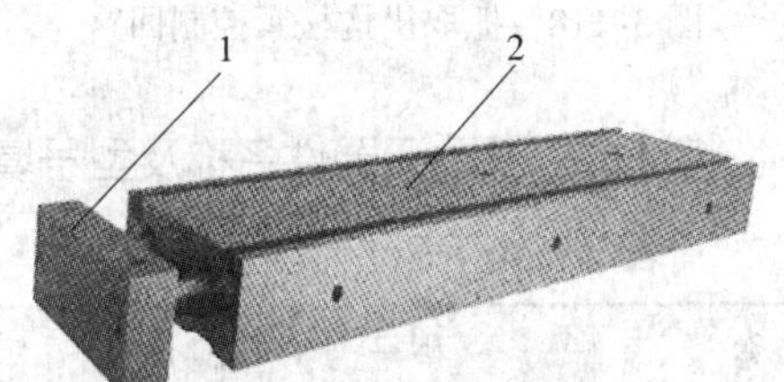

图 3-117　伸缩臂的结构

1—伸缩块　2—固定块

旋转臂位于机械手结构的底端，承担着机械手的全部重量，因此对承载能力有较高的要求，此外旋转臂要带动整个机械手转动，在回转的过程中要保持平稳性，按照相关设计要求，机械手要实现 0° ~ 180°旋转运动。

三、技能训练

1. 设备和材料及工具准备

（1）设备：预装 PLC 编程软件和液压仿真软件的计算机；PLC 及配套编程电缆；气动机械手组件；气动控制训练台；各种相关附件。

（2）材料：磁性开关、电感式接近开关；开关按钮；截面积为 1 mm^2 的连接导线。

（3）工具：万用表、一字旋具、十字旋具、尖嘴钳等常用电工工具。

2. 回路的设计与装调

（1）抓取机构松夹控制回路的设计与装调

1）抓取气动回路设计如图 3-118 所示。

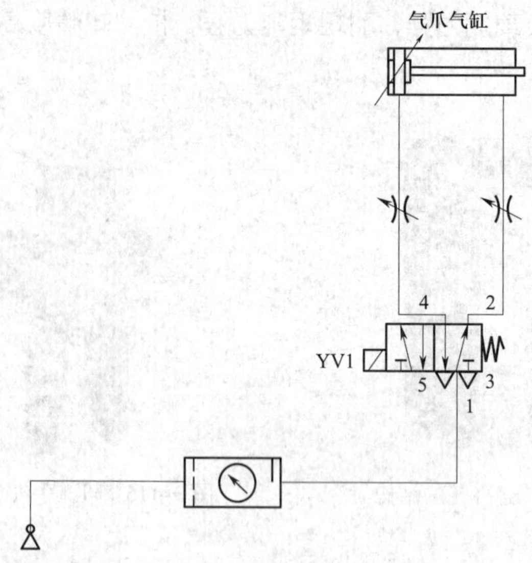

图 3-118　抓取机构松紧控制回路

2）气动元器件选型。将选择的气动元器件名称及型号填入表 3-21 中。

表 3-21　气动元器件选型

序号	气动元件名称	型号	用途
1	气动手爪		
2	二位五通单电控换向阀		

3）连接气路。将气源与二位五通单电控换向阀的输入口 1 连接起来。将二位五通单电控换向阀的工作口 4 连接气缸的左腔，工作口 2 连接气缸的右腔。

4）气路检查和功能调试

①气路检查。气路连接结束后，进行通气检查，保证气路连接正确，没有不符合工艺要求的现象。进行通气检测时，确保通气后所有气缸都能回到要求的初始位置。通过调节气压和节流阀来调节气缸运动的速度，使各气缸运动平稳、无振动和冲击。

②功能调试。在初始位置，二位五通单电控换向阀右位接入系统，压缩空气经阀的输入口 1 到达输出口 2，进入气缸的右腔，活塞收回；当 YV1 得电接通时，二位五通单电控换向阀左位接入系统，压缩空气进入气缸的左腔，活塞杆伸出；当 YV1 失电断开时，在弹簧力的作用下，二位五通单电控换向阀右位接入系统，活塞杆回到初始位置。

5）分配 PLC 输入 / 输出地址。根据控制要求分配 PLC 的输入 / 输出地址，见表 3-22。

表 3-22　PLC 输入 / 输出地址分配

输入			输出	
外接元件	功能	地址	功能	地址
SB1	启动按钮	X0	夹紧电磁阀线圈 YV1	Y1
SB2	停止按钮	X1	—	—
K1	气爪夹紧限位传感器	X10	—	—

6）系统接线。根据表 3-22 所示的 PLC 输入 / 输出信号地址分配，连接 PLC 电气控制原理图（见图 3-119）。

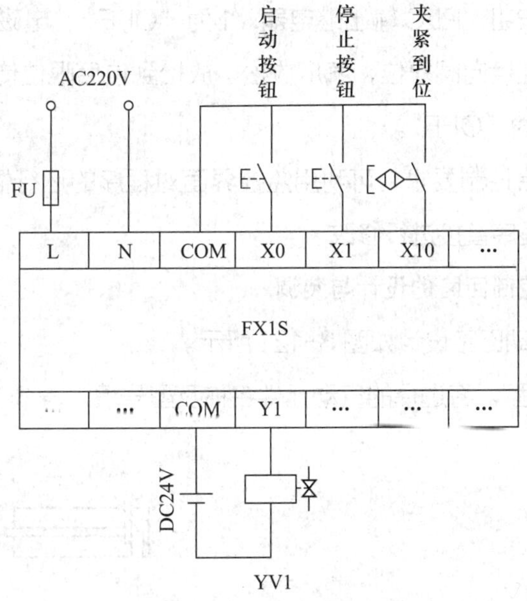

图 3-119　PLC 电气控制原理图

7）编制 PLC 控制程序。用 PLC 编程软件编译梯形图程序，PLC 程序如图 3-120 所示。

```
     X000
0  ──┤ ├──────────────────────[SET   Y001 ]

     X001
2  ──┤ ├──────────────────────[RST   Y001 ]

4  ───────────────────────────[NED        ]
```

图 3-120　PLC 程序

8）调试运行

①根据电气控制原理图连接电路，创建一个项目，在该项目下，录入所编写的PLC 控制程序。

②对所录入的控制程序进行认真检查，经检查确认无误后，再进行实际的运行调试。重点应检查各执行机构之间是否存在冲突。

③调试程序并利用程序监控界面对程序的运行进行监控。

按下“启动”按钮，PLC 输出继电器 Y1 为“ON”，电磁阀线圈 YV1 得电吸合，二位五通单电控换向阀换向，气爪夹紧，夹紧到位后限位传感器接通，PLC 输入信号指示灯 X10 为“ON”。

按下“复位”按钮，PLC 输出继电器 Y1 为“OFF”，电磁阀线圈 YV1 失电断开，二位五通单电控换向阀复位，气爪放松，放松到位后限位传感器断开，PLC 输入信号指示灯 X10 为“OFF”。

④若程序不符合控制要求，可利用监控界面对程序的运行情况进行分析，采用在线修改的方式对程序直接进行修改。

（2）悬臂伸缩控制回路的设计与装调

1）悬臂伸缩气动回路设计如图 3-121 所示。

2）气动元件选型。将选择的气动元件名称及型号填入表 3-23 中。

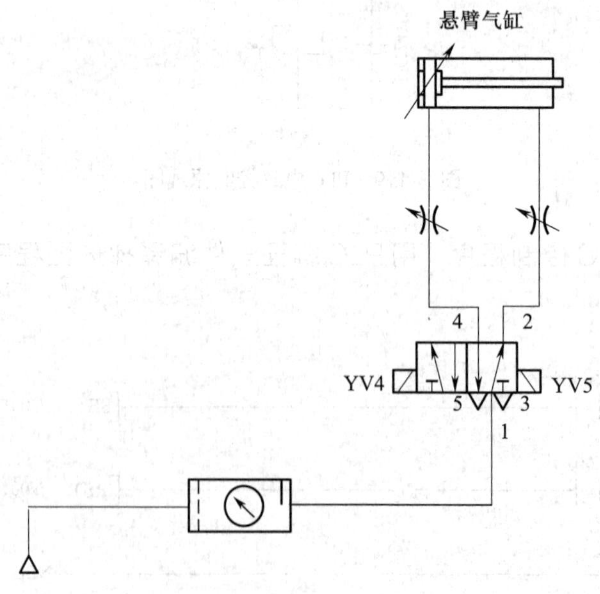

图 3-121　悬臂伸缩控制回路

表 3-23　气动元件选型

序号	气动元件名称	型号	用途
1	双作用气缸		
2	二位五通双电控换向阀		

3）连接气路

①将气源与二位五通双电控换向阀的进气口 1 连接起来。

②将二位五通双电控换向阀的工作口 4 连接气缸的左腔，工作口 2 连接气缸的右腔。

4）气路检查和功能调试

①气路检查。气路连接结束后，进行通气检查，保证气路连接正确，没有不符合工艺要求的现象。进行通气检测时，确保通气后所有气缸都能回到要求的初始位置。通过调节气压和节流阀来调节气缸运动的速度，使各气缸运动平稳、无振动和冲击。

②功能调试。在初始位置，二位五通双电控换向阀右位接入系统，压缩空气经阀的输入口 1 到达输出口 2，进入气缸的右腔，活塞收回；当 YV4 得电接通时，二位五通双电控换向阀左位接入系统，压缩空气进入气缸的左腔，活塞杆伸出；当 YV5 得电（YV4 失电断开）接通时，二位五通双电控换向阀右位接入系统，活塞杆回到初始位置。

5）分配 PLC 输入 / 输出地址。根据控制要求分配 PLC 的输入 / 输出地址，见表 3-24。

表 3-24　PLC 输入 / 输出地址分配

输入			输出	
外接元件	功能	地址	功能	地址
SB1	启动按钮	X0	伸出电磁阀线圈 YV4	Y4
SB2	停止按钮	X1	缩回电磁阀线圈 YV5	Y5
K4	悬臂气缸前限位传感器	X4	—	—
K5	悬臂气缸后限位传感器	X5	—	—

6）系统接线。根据表 3-24 所示的 PLC 输入 / 输出地址分配，连接 PLC 电气控制原理图（见图 3-122）。

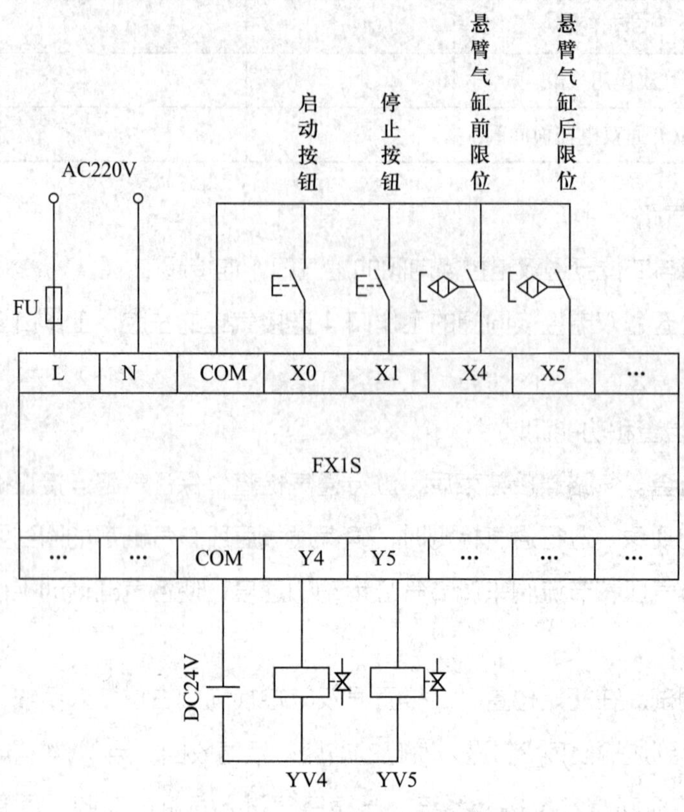

图 3-122　PLC 电气控制原理图

7）编制 PLC 控制程序。用 PLC 编程软件编译梯形图程序，PLC 程序如图 3-123 所示。

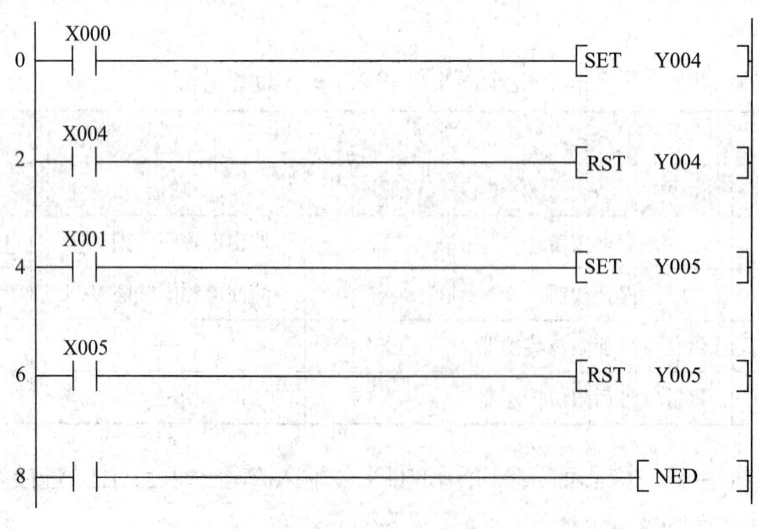

图 3-123　PLC 程序

8）调试运行

①根据电气控制原理图连接电路，创建一个项目，在该项目下，录入所编写的 PLC 控制程序。

②对所录入的控制程序进行认真检查，经检查确认无误后，再进行实际的运行调试。重点应检查各执行机构之间是否存在冲突。

③调试程序并利用程序监控界面对程序的运行进行监控。

按下“启动”按钮，PLC 输出继电器 Y4 为“ON”，电磁阀线圈 YV4 得电吸合，二位五通双电控换向阀换向，悬臂气缸伸出，伸出到位后限位传感器接通，PLC 输入信号指示灯 X4 为“ON”，PLC 输出继电器 Y4 为“OFF”，电磁阀线圈 YV4 失电断开。

按下“复位”按钮，PLC 输出继电器 Y5 为“ON”，电磁阀线圈 YV5 得电吸合，二位五通双电控换向阀换向，悬臂气缸缩回，缩回到位后限位传感器断开，PLC 输入信号指示灯 X5 为“ON”，PLC 输出继电器 Y5 为“OFF”，电磁阀线圈 YV5 失电断开。

④若程序不符合控制要求，可利用监控界面对程序的运行情况进行分析，采用在线修改的方式对程序直接进行修改。

（3）立柱升降控制回路的设计与装调

1）立柱升降控制回路设计如图 3-124 所示。

2）气动元件选型。将选择的气动元件名称及型号填入表 3-25 中。

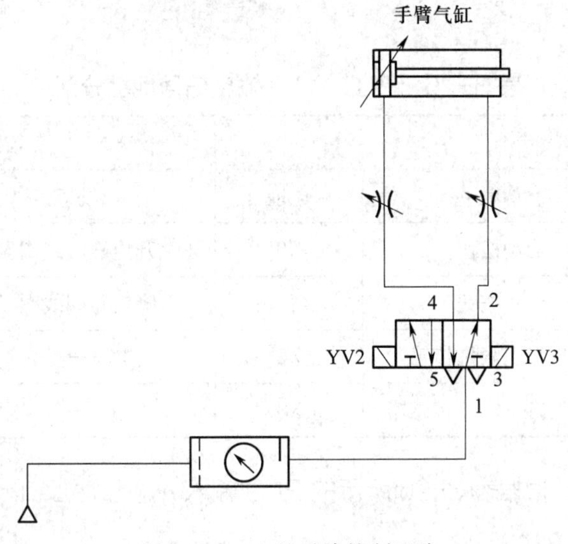

图 3-124　立柱升降控制回路

表 3-25　气动元件选型

序号	气动元件名称	型号	用途
1	双作用气缸		
2	二位五通双电控换向阀		

3）连接气路

①将气源与二位五通双电控换向阀的输入口 1 连接起来。

②将二位五通双电控换向阀的工作口 4 连接气缸的左腔，工作口 2 连接气缸的右腔。

4）气路检查和功能调试

①气路检查。气路连接结束后，进行通气检查，保证气路连接正确，没有不符合工艺要求的现象。进行通气检测时，确保通气后所有气缸都能回到要求的初始位置。通过调节气压和节流阀来调节气缸运动的速度，使各气缸运动平稳、无振动和冲击。

②功能调试。在初始位置，二位五通双电控换向阀右位接入系统，压缩空气经阀的进气口 1 到达出口 2，进入气缸的右腔，活塞收回；当 YV2 得电接通时，二位五通双电控换向阀左位接入系统，压缩空气进入气缸的左腔，活塞杆伸出；当 YV3 得电（YV2 失电断开）接通时，二位五通双电控换向阀右位接入系统，活塞杆回到初始位置。

5）分配 PLC 输入 / 输出地址。根据控制要求分配 PLC 的输入 / 输出地址，见表 3-26。

表 3-26　PLC 输入 / 输出信号地址分配

输入			输出	
外接元件	功能	地址	功能	地址
SB1	启动按钮	X0	上升电磁阀线圈 YV2	Y2
SB2	停止按钮	X1	下降电磁阀线圈 YV3	Y3
K2	手臂气缸上限位传感器	X2	—	—
K3	手臂气缸下限位传感器	X3	—	—

6）系统接线。根据表 3-26 所示的 PLC 输入 / 输出地址分配，连接 PLC 电气控制原理图（见图 3-125）。

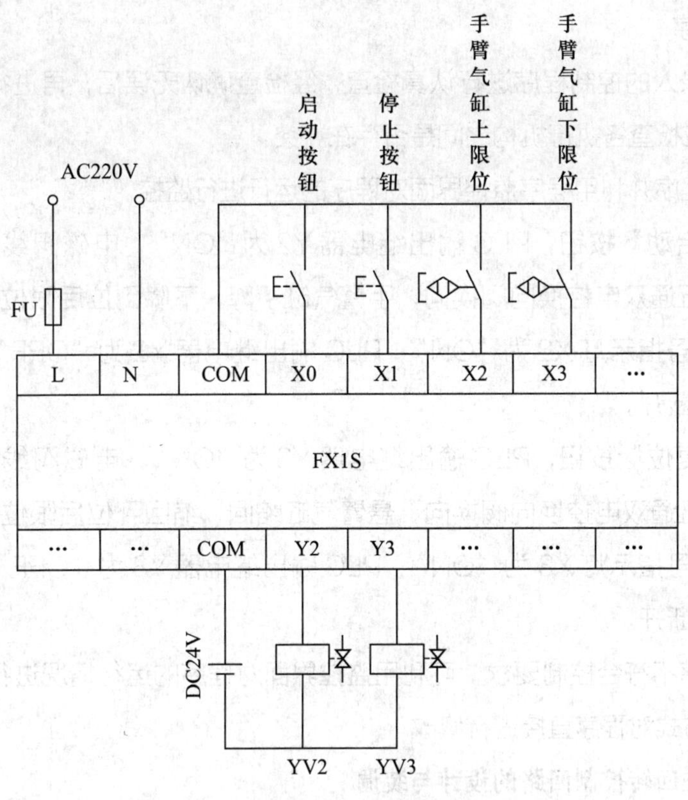

图 3-125　PLC 电气控制原理图

7）编制 PLC 控制程序。用 PLC 编程软件编译梯形图程序，PLC 程序如图 3-126 所示。

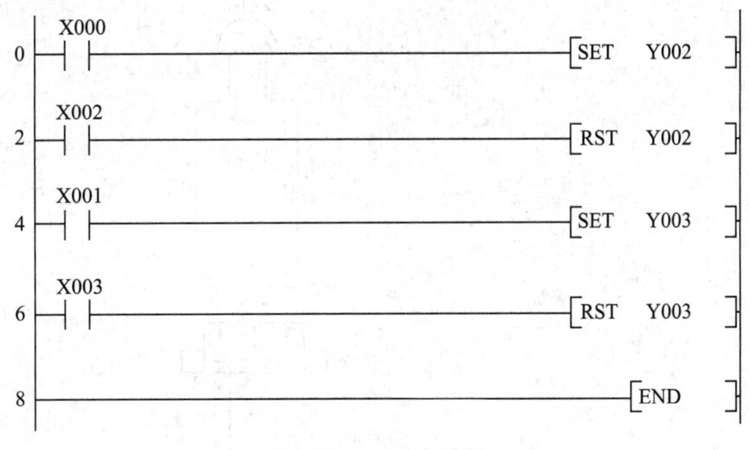

图 3-126　PLC 程序

8）调试运行

①根据电气控制原理图连接电路，创建一个项目，在该项目下，录入所编写的

PLC 控制程序。

②对所录入的控制程序进行认真检查，经检查确认无误后，再进行实际的运行调试。重点应检查各执行机构之间是否存在冲突。

③调试程序并利用程序监控界面对程序的运行进行监控。

按下“启动”按钮，PLC 输出继电器 Y2 为“ON”，电磁阀线圈 YV2 得电吸合，二位五通双电控换向阀换向，手臂气缸下降，下降到位后限位传感器接通，PLC 输入信号指示灯 X2 为“ON”，PLC 输出继电器 Y2 为“OFF”，电磁阀线圈 YV2 失电断开。

按下“复位”按钮，PLC 输出继电器 Y3 为“ON”，电磁阀线圈 YV3 得电吸合，二位五通双电控换向阀换向，悬臂气缸缩回，缩回到位后限位传感器断开，PLC 输入信号指示灯 X3 为“ON”，PLC 输出继电器 Y3 为“OFF”，电磁阀线圈 YV3 失电断开。

④若程序不符合控制要求，可利用监控界面对程序的运行情况进行分析，采用在线修改的方式对程序直接进行修改。

（4）立柱回转控制回路的设计与装调

1）立柱回转控制回路设计如图 3-127 所示。

2）气动元件选型。请选择的气动元件名称及型号填入表 3-27 中。

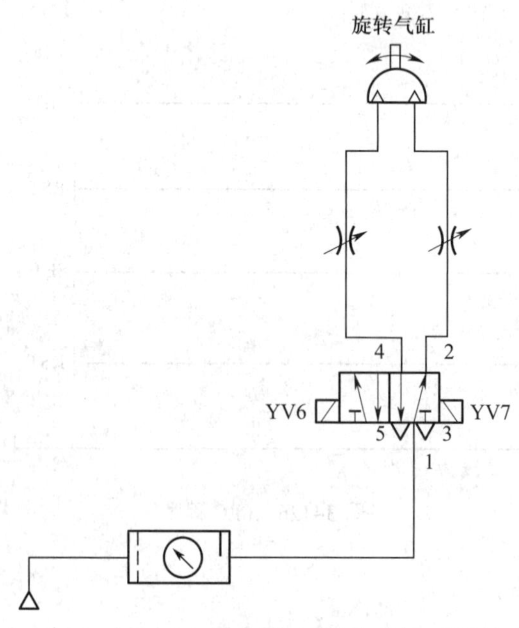

图 3-127　立柱回转控制回路

表 3-27　气动元件选型

序号	气动元件名称	型号	用途
1	双作用气缸		
2	二位五通双电控换向阀		

3）连接气路

①将气源与二位五通双电控换向阀的输入口 1 连接起来。

②将二位五通双电控换向阀的工作口 4 连接气缸的左腔，工作口 2 连接气缸的右腔。

4）气路检查和功能调试

①气路检查。气路连接结束后，进行通气检查，保证气路连接正确，没有不符合工艺要求的现象。进行通气检测时，确保通气后所有气缸都能回到要求的初始位置。通过调节气压和节流阀来调节气缸运动的速度，使各气缸运动平稳、无振动和冲击。

②功能调试。在初始位置，二位五通双电控换向阀右位接入系统，压缩空气经阀的输入口 1 到达输出口 2，进入气缸的右腔，活塞收回；当 YV6 得电接通时，二位五通双电控换向阀左位接入系统，压缩空气进入气缸的左腔，活塞杆伸出；当 YV7 得电（YV6 失电断开）接通时，二位五通双电控换向阀右位接入系统，活塞杆回到初始位置。

5）分配 PLC 输入 / 输出地址。根据控制要求分配 PLC 的输入 / 输出信号地址，见表 3-28。

表 3-28　PLC 输入 / 输出地址分配

输入			输出	
外接元件	功能	地址	功能	地址
SB1	启动按钮	X0	左移电磁阀线圈 YV6	Y6
SB2	停止按钮	X1	下降电磁阀线圈 YV7	Y7
K6	旋转气缸左限位传感器	X6	—	—
K7	旋转气缸右限位传感器	X7	—	—

6）系统接线。根据表 3-28 所示的 PLC 输入 / 输出地址分配，连接 PLC 电气控制原理图（见图 3-128）。

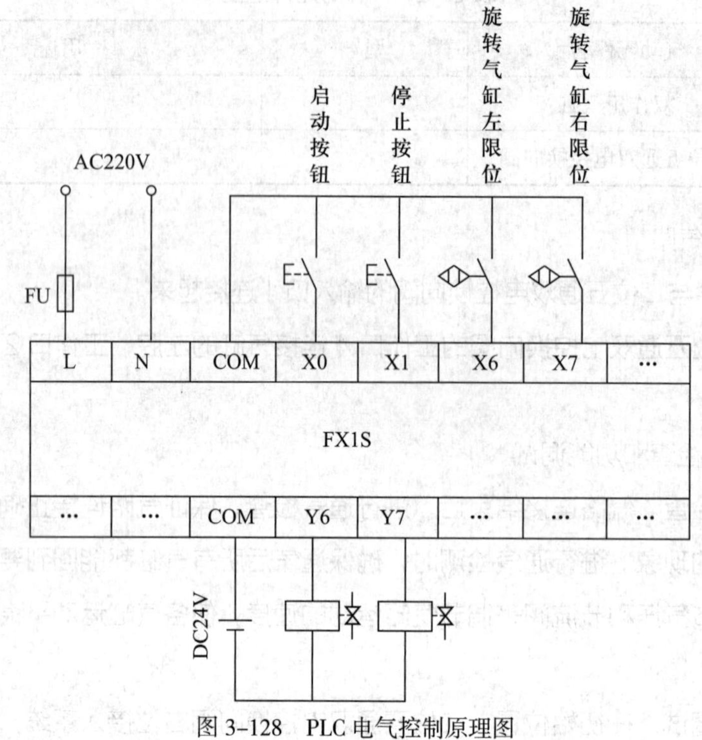

图 3-128　PLC 电气控制原理图

7）编制 PLC 控制程序。用 PLC 编程软件编译梯形图程序，PLC 程序如图 3-129 所示。

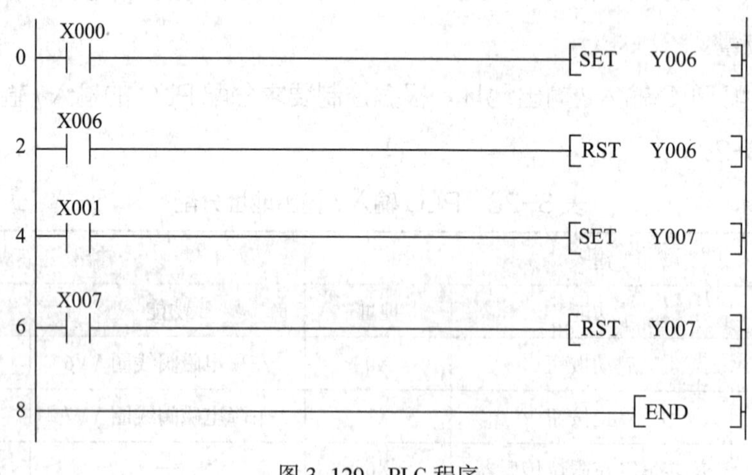

图 3-129　PLC 程序

8）调试运行

①根据电气控制原理图连接电路，创建一个项目，在该项目下，录入所编写的 PLC 控制程序。

②对所录入的控制程序进行认真检查，经检查确认无误后，再进行实际的运行调试。重点应检查各执行机构之间是否存在冲突。

③调试程序并利用程序监控界面对程序的运行进行监控。

按下“启动”按钮，PLC 输出继电器 Y6 为“ON”，电磁阀线圈 YV6 得电吸合，二位五通双电控换向阀换向，手臂气缸下降，下降到位后限位传感器接通，PLC 输入信号指示灯 X6 为“ON”，PLC 输出继电器 Y6 为“OFF”，电磁阀线圈 YV6 失电断开。

按下“复位”按钮，PLC 输出继电器 Y7 为“ON”，电磁阀线圈 YV7 得电吸合，二位五通双电控换向阀换向，悬臂气缸缩回，缩回到位后限位传感器断开，PLC 输入信号指示灯 X7 为“ON”，PLC 输出继电器 Y7 为“OFF”，电磁阀线圈 YV7 失电断开。

④若程序不符合控制要求，可利用监控界面对程序的运行情况进行分析，采用在线修改的方式对程序直接进行修改。

（5）联机调试机械手气动控制系统

1）连接气动控制回路。气动机手的旋转气缸、悬臂气缸、手臂气缸均用二位五通带手控开关的双电控电磁阀控制，气爪气缸用二位五通带受控开关的单电控电磁阀控制。机械手气动控制回路如图 3-130 所示。

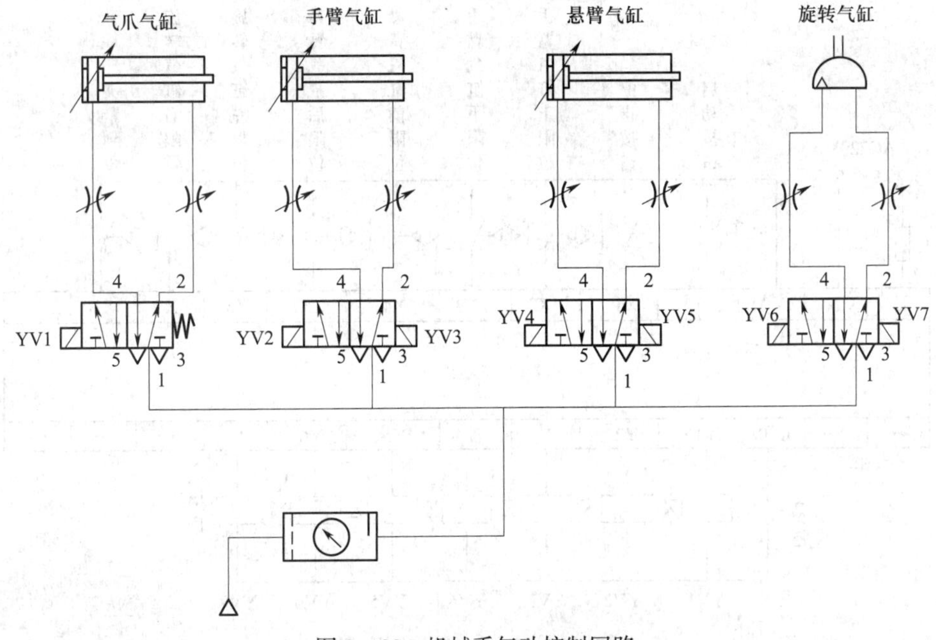

图 3-130　机械手气动控制回路

2）分配 PLC 输入 / 输出地址。根据机械手工作任务的描述，使用三个二位五通双电控电磁阀和一个二位五通单电控电磁阀分别驱动机械手的四个气缸，PLC 输入 / 输出地址分配见表 3-29。

表 3-29　PLC 输入 / 输出地址分配

输入			输出	
外接元件	功能	地址	功能	地址
SB1	启动按钮	X0	夹紧电磁阀线圈 YV1	Y1
SB2	停止按钮	X1	上升电磁阀线圈 YV2	Y2
K1	气爪夹紧限位传感器	X10	下降电磁阀线圈 YV3	Y3
K2	手臂气缸上限位传感器	X2	伸出电磁阀线圈 YV4	Y4
K3	手臂气缸下限位传感器	X3	缩回电磁阀线圈 YV5	Y5
K4	悬臂气缸前限位传感器	X4	左移电磁阀线圈 YV6	Y6
K5	悬臂气缸后限位传感器	X5	右移电磁阀线圈 YV7	Y7
K6	旋转气缸左限位传感器	X6	—	—
K7	旋转气缸右限位传感器	X7	—	—

3）系统连接。根据表 3-29 的 PLC 输入 / 输出地址分配和图 3-131，连接电气控制回路。

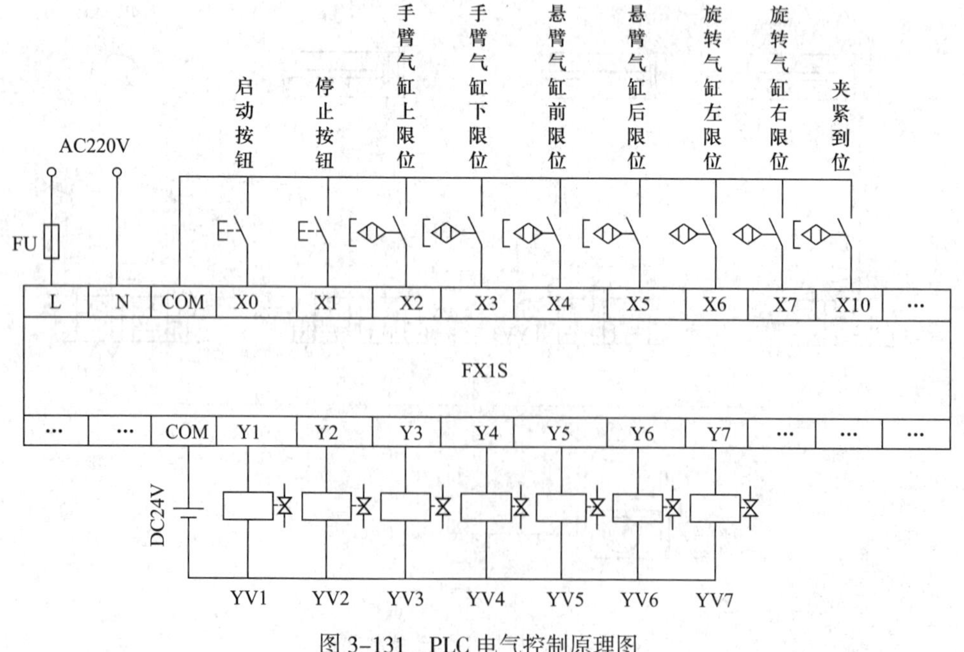

图 3-131　PLC 电气控制原理图

4）编制 PLC 控制程序。根据机械手的动作特点，采用步进指令编译梯形图程序，PLC 程序如图 3-132 所示。

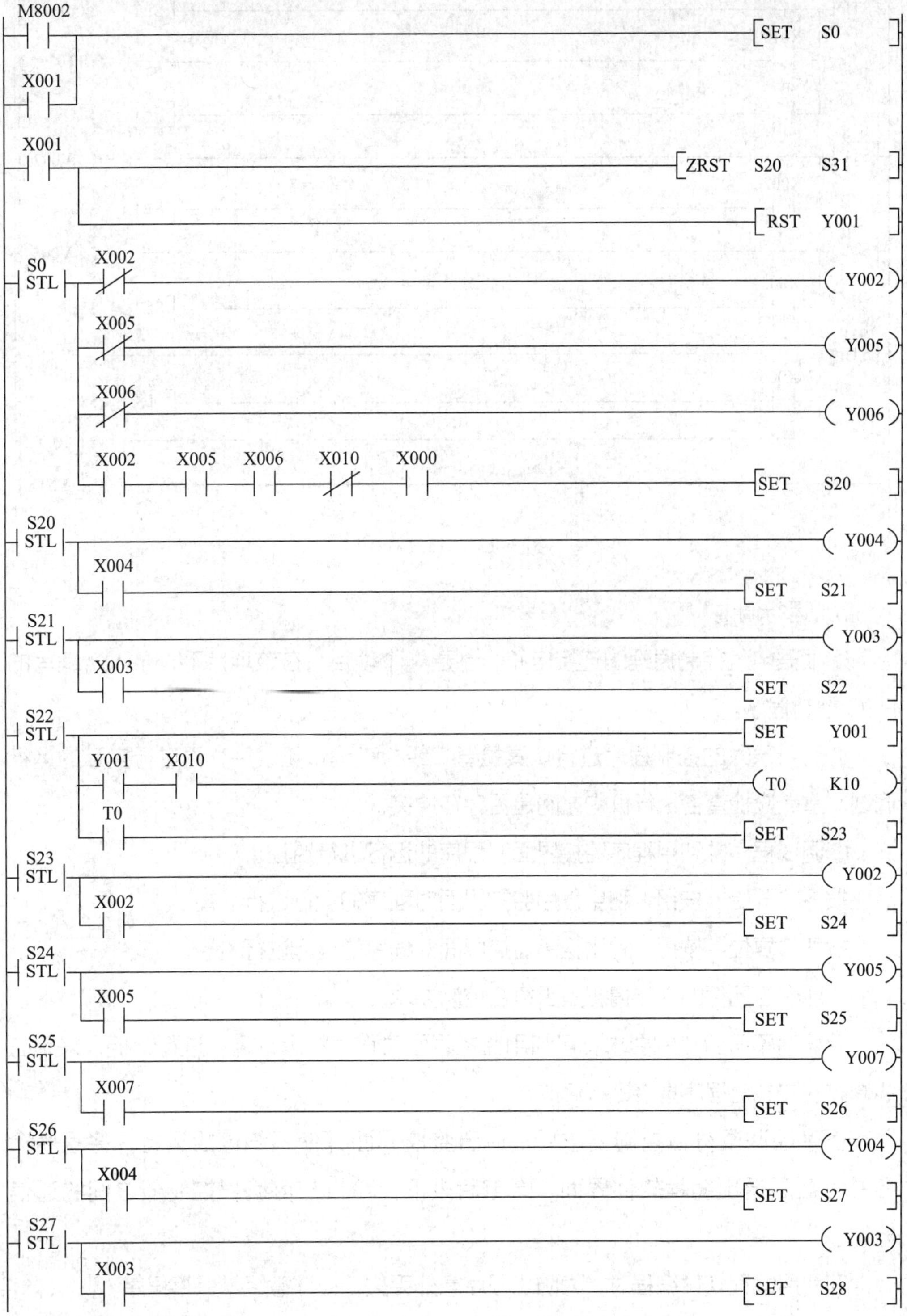

M8002 | X001 — [SET S0]
X001 — [ZRST S20 S31]
— [RST Y001]
S0 STL — X002 — (Y002)
— X005 — (Y005)
— X006 — (Y006)
— X002 X005 X006 X010 X000 — [SET S20]
S20 STL — (Y004)
— X004 — [SET S21]
S21 STL — (Y003)
— X003 — [SET S22]
S22 STL — [SET Y001]
— Y001 X010 — (T0 K10)
— T0 — [SET S23]
S23 STL — (Y002)
— X002 — [SET S24]
S24 STL — (Y005)
— X005 — [SET S25]
S25 STL — (Y007)
— X007 — [SET S26]
S26 STL — (Y004)
— X004 — [SET S27]
S27 STL — (Y003)
— X003 — [SET S28]

```
S28
STL ─────────────────────────── [SET   Y001]
    ── X010 ──────────────────── (T1    K10 )
    ── T1 ────────────────────── [SET   S29 ]
S29
STL ─────────────────────────── (Y002)
    ── X002 ──────────────────── [SET   S30 ]
S30
STL ─────────────────────────── (Y005)
    ── X005 ──────────────────── [SET   S31 ]
S31
STL ─────────────────────────── (Y006)
    ── X006 ──────────────────── [SET   S20 ]
    ───────────────────────────── [RET]
─────────────────────────────────  [END]
```

图 3–132　PLC 程序

5）运行调试

①根据电气控制原理图连接电路，创建一个项目，在该项目下，录入所编写的 PLC 控制程序。

②对所录入的控制程序进行认真检查，经检查确认无误后，再进行实际的运行调试。重点应检查各执行机构之间是否存在冲突。

③调试程序并利用程序监控界面对程序的运行进行监控。

按下“开始”按钮，利用程序监控界面对程序的运行进行监控。

按下“复位”按钮，利用程序监控界面对程序的运行进行监控。

④观察各元件的动作情况是否符合控制要求。

若程序不符合控制要求，可利用监控界面对程序的运行情况进行分析，采用在线修改的方式对程序直接进行修改。

程序经调试符合控制要求后，退出监控界面并使系统停止运行，将程序命名并存盘后退出编程软件界面，断电后拔下计算机与可编程控制器之间的通信电缆。

在利用编程软件编程时，为防止程序意外丢失，应注意经常保存程序。

3. 评价

评价表

<table>
<tr><td>班级</td><td></td><td>姓名</td><td></td><td>学号</td><td></td><td>日期</td><td>年 月 日</td></tr>
<tr><td>评价指标</td><td colspan="5">评价要素</td><td>配分</td><td>得分</td></tr>
<tr><td>设备和工具准备</td><td colspan="5">能提前准备任务所需的设备和工具，未准备不得分，每漏准备一样扣 0.5 分，扣完为止</td><td>5 分</td><td></td></tr>
<tr><td rowspan="5">设计与仿真</td><td colspan="5">选择合理的图幅，图幅太大、太小都扣 2 分，扣完为止</td><td>5 分</td><td></td></tr>
<tr><td colspan="5">根据现有元件，选用合适的元件，元件每选错、绘错一个扣 2 分，扣完为止</td><td>10 分</td><td></td></tr>
<tr><td colspan="5">主系统图动作功能绘制齐全，每缺一个动作扣 2 分，扣完为止</td><td>10 分</td><td></td></tr>
<tr><td colspan="5">编写程序正确，每错一处扣 3 分，扣完为止</td><td>10 分</td><td></td></tr>
<tr><td colspan="5">能实现正确的功能仿真，每错一处扣 3 分，扣完为止</td><td>10 分</td><td></td></tr>
<tr><td rowspan="4">安装与调试</td><td colspan="5">线路长度过短扣 1 分；每少连、连错或虚接一处扣 1 分，扣完为止，因此导致动作调试未完成的，按未完成动作扣分，不重复扣分</td><td>10 分</td><td></td></tr>
<tr><td colspan="5">有多余线路、线路落地或线路缠绕现象，该项不得分</td><td>10 分</td><td></td></tr>
<tr><td colspan="5">每少连接一个元件扣 3 分，扣完为止，影响调试动作的，按未完成动作扣分，不重复扣分</td><td>10 分</td><td></td></tr>
<tr><td colspan="5">各动作符合任务要求，每错一个动作扣 5 分，扣完为止</td><td>15 分</td><td></td></tr>
<tr><td>5S</td><td colspan="5">安装与调试过程中遵守 5S 管理规定，不合格一处扣 1 分，扣完为止</td><td>5 分</td><td></td></tr>
<tr><td colspan="6">总分</td><td>100 分</td><td></td></tr>
</table>